T0074223

Edition HMD

Herausgegeben von:

Hans-Peter Fröschle
i.t-consult GmbH
Stuttgart, Deutschland

Knut Hildebrand
Hochschule Weihenstephan-Triesdorf
Freising, Deutschland

Josephine Hofmann
Fraunhofer IAO
Stuttgart, Deutschland

Matthias Knoll
Hochschule Darmstadt
Darmstadt, Deutschland

Andreas Meier
University of Fribourg
Fribourg, Schweiz

Stefan Meinhardt
SAP Deutschland SE & Co KG
Walldorf, Deutschland

Stefan Reinheimer
BIK GmbH
Nürnberg, Deutschland

Susanne Robra-Bissantz
TU Braunschweig
Braunschweig, Deutschland

Susanne Strahringer
TU Dresden
Dresden, Deutschland

EBOOK INSIDE

Die Zugangsinformationen zum eBook inside finden Sie
am Ende des Buchs.

Die Fachbuchreihe „Edition HMD" wird herausgegeben von Hans-Peter Fröschle, Prof. Dr. Knut Hildebrand, Dr. Josephine Hofmann, Prof. Dr. Matthias Knoll, Prof. Dr. Andreas Meier, Stefan Meinhardt, Dr. Stefan Reinheimer, Prof. Dr. Susanne Robra-Bissantz und Prof. Dr. Susanne Strahringer.

Seit über 50 Jahren erscheint die Fachzeitschrift „HMD – Praxis der Wirtschafts-informatik" mit Schwerpunktausgaben zu aktuellen Themen. Erhältlich sind diese Publikationen im elektronischen Einzelbezug über SpringerLink und Springer Professional sowie in gedruckter Form im Abonnement. Die Reihe „Edition HMD" greift ausgewählte Themen auf, bündelt passende Fachbeiträge aus den HMD-Schwerpunktausgaben und macht sie allen interessierten Lesern über online- und offline-Vertriebskanäle zugänglich. Jede Ausgabe eröffnet mit einem Geleitwort der Herausgeber, die eine Orientierung im Themenfeld geben und den Bogen über alle Beiträge spannen. Die ausgewählten Beiträge aus den HMD-Schwerpunktausgaben werden nach thematischen Gesichtspunkten neu zusammengestellt. Sie werden von den Autoren im Vorfeld überarbeitet, aktualisiert und bei Bedarf inhaltlich ergänzt, um den Anforderungen der rasanten fachlichen und technischen Entwicklung der Branche Rechnung zu tragen.

Weitere Bände in dieser Reihe:
http://www.springer.com/series/13850

Stefan Reinheimer
Hrsg.

Industrie 4.0

Herausforderungen, Konzepte und Praxisbeispiele

Herausgeber
Stefan Reinheimer
BIK GmbH
Nürnberg, Deutschland

Das Herausgeberwerk basiert auf vollständig neuen Kapiteln und auf Beiträgen der Zeitschrift HMD – Praxis der Wirtschaftsinformatik, die entweder unverändert übernommen oder durch die Beitragsautoren überarbeitet wurden.

ISSN 2366-1127 ISSN 2366-1135 (electronic)
Edition HMD
ISBN 978-3-658-18164-2 ISBN 978-3-658-18165-9 (eBook)
DOI 10.1007/978-3-658-18165-9

Die Deutsche Nationalbibliothek verzeichnet diese Publikation in der Deutschen Nationalbibliografie; detaillierte bibliografische Daten sind im Internet über http://dnb.d-nb.de abrufbar.

Springer Vieweg
© Springer Fachmedien Wiesbaden GmbH 2017
Das Werk einschließlich aller seiner Teile ist urheberrechtlich geschützt. Jede Verwertung, die nicht ausdrücklich vom Urheberrechtsgesetz zugelassen ist, bedarf der vorherigen Zustimmung des Verlags. Das gilt insbesondere für Vervielfältigungen, Bearbeitungen, Übersetzungen, Mikroverfilmungen und die Einspeicherung und Verarbeitung in elektronischen Systemen.
Die Wiedergabe von Gebrauchsnamen, Handelsnamen, Warenbezeichnungen usw. in diesem Werk berechtigt auch ohne besondere Kennzeichnung nicht zu der Annahme, dass solche Namen im Sinne der Warenzeichen- und Markenschutz-Gesetzgebung als frei zu betrachten wären und daher von jedermann benutzt werden dürften.
Der Verlag, die Autoren und die Herausgeber gehen davon aus, dass die Angaben und Informationen in diesem Werk zum Zeitpunkt der Veröffentlichung vollständig und korrekt sind. Weder der Verlag, noch die Autoren oder die Herausgeber übernehmen, ausdrücklich oder implizit, Gewähr für den Inhalt des Werkes, etwaige Fehler oder Äußerungen. Der Verlag bleibt im Hinblick auf geografische Zuordnungen und Gebietsbezeichnungen in veröffentlichten Karten und Institutionsadressen neutral.

Gedruckt auf säurefreiem und chlorfrei gebleichtem Papier

Springer Vieweg ist Teil von Springer Nature
Die eingetragene Gesellschaft ist Springer Fachmedien Wiesbaden GmbH
Die Anschrift der Gesellschaft ist: Abraham-Lincoln-Str. 46, 65189 Wiesbaden, Germany

Vorwort

Es ist immer so eine Sache, einen aktuellen Hype-Begriff aufzunehmen und ihn zum Titel eines Herausgeberwerkes zu machen. Im Rest der Welt spricht man in der jeweiligen Landessprache von „Digitalisierung" oder – weitgehend sprachneutral – dem „Internet of Things". Im vorliegenden Falle scheint mir die von der Bundesregierung im Rahmen ihrer Hightech-Strategie gewählte Bezeichnung „Industrie 4.0" aber genauso aussagekräftig wie einleuchtend und kreativ. Außerdem kann es nicht schaden, sich mit einem eigenen Branding vom Rest der Welt abzuheben. Es bleibt zu hoffen, dass dies in der deutschsprachigen Wirtschaft nicht nur durch das individuelle Schlagwort gelingt, sondern unsere Unternehmen und die notwendige Infrastruktur auch sonst Highlights im Umgang mit den technischen Möglichkeiten setzen, die die vierte industrielle Revolution gebracht hat.

Autonome Kommunikation und vor allem Kollaboration in einer homogenen Produktionslandschaft, bestehend aus Maschinen und Menschen – dies ist der Anspruch, den die aktuellen Optimierungsbemühungen in den Unternehmen verfolgen. Dies soll nicht nur innerhalb des Unternehmens selbst stattfinden, sondern das gesamte Netzwerk umspannen – von den Lieferanten, über die Partner und das eigene Unternehmen hinweg, bis hin zum Kunden. Dies ist ein hehrer Anspruch und setzt auf die Ziele der industriellen Vorläufer-Revolution noch einen drauf: Handelte es sich früher „nur" um die Einführungen von durchaus disruptiven Technologien (Dampfmaschinen in der ersten, elektrischer Strom in der zweiten und der Mikrocomputer in der dritten industriellen Revolution), so geht es jetzt um den ersten integrativen Ansatz zwischen Mensch und Maschine. Man könnte zugespitzt sagen, dass das Ziel der Industrie 4.0-Projekte in der Praxis die Schaffung eines Cyborg-Unternehmenskomplexes sein muss – eine möglichst perfekte Symbiose aller beteiligten Elemente, seien sie mechanischer, elektronischer oder menschlicher Natur. Glücklicherweise wird dabei wohl kaum die Assimilation des Menschen in ein maschinelles Konglomerat angestrebt. Vielmehr wird der Mensch im Industrie 4.0-Konzept weiterhin das steuernde und treibende Element bleiben, aber eben möglichst reibungslos mit allen seinen technischen und zunehmend selbstständigen Helferlein interagieren – zum Wohle von Produktivität und Innovation.

Im vorliegenden Herausgeberwerk habe ich mich um eine möglichst multidimensionale Betrachtung des Themas bemüht. Den Auftakt bilden zwei Beiträge, die sich der Frage widmen, welche neuen Geschäftsmodelle durch Industrie 4.0 möglich werden. Wie sind die Konzepte, welche Treiber gibt es und welchen Nutzen haben wir? Interessant dabei ist, dass ein Artikel aus dem akademischen Umfeld, allerdings mit hoher Praxisrelevanz, stammt und der zweite aus dem Hause SAP, einem aufgrund der großen Verbreitung ihrer Plattform zentralen „Enabler" von Industrie 4.0, wenn Sie mir einen weiteren Anglizismus an dieser Stelle gestatten. Es folgen zwei Beiträge, die aus völlig unterschiedlichen Betrachtungswinkeln technische Grundlagen beleuchten: Auf der einen Seite steht die Industrial Cloud im Fokus, die als Grundlage für erfolgreiches „Industrie 4.0ing" postuliert wird. Auf der anderen Seite die nur scheinbar profane Problematik der notwendigen Vereinheitlichung der Kommunikation von Messdaten, die uns von den Massen an Sensoren geliefert werden. Man bedenke schließlich, dass die 125 Mio. USD teure Marssonde Climate Orbiter am Ende des letzten Jahrtausends wegen eines solchen Maßeinheiten-Fehlers abstürzte. Die nächsten beiden Artikel geben praktische Anregungen, indem sie Beispiele von Industrie 4.0-Ansätzen in der Lebensmittelindustrie und in der Baubranche aufzeigen. Weg von der Technik, hin zum Menschen – das könnte ein übergreifendes Motto für drei Beiträge sein, die sich mit der Akzeptanz des neuen Konzeptes sowie den Auswirkungen auf den Menschen und das Personalmanagement befassen. Ein durchaus kritischer Beitrag fordert eine Anpassung der öffentlichen Verwaltung an die (Förder-)Bedürfnisse von Unternehmen in Zeiten von Industrie 4.0 und gibt auch gleich pragmatische Anregungen für notwendige Veränderungen.

Nicht mit einem lehrerhaft gereckten Zeigefinger, sondern nüchtern verweisend auf ethische Aspekte von Industrie 4.0 rundet der letzte Fachbeitrag das Herausgeberwerk ab. Zum guten Schluss, aber dennoch als Zwischen- und nicht als Nachruf gedacht, quasi außerhalb der gewichtigen fachlichen Inhalte des vorliegenden Sammelwerkes und damit postfaktisch, beleuchtet ein letzter Artikel die Projizierung des Konzeptes Industrie 4.0 auf die Hochschulausbildung mit der unmissverständlichen Aufforderung zum Überdenken bestehender Ansätze.

Es wird deutlich, dass sich das Sammelwerk „Industrie 4.0 – Herausforderungen, Konzepte und Praxisbeispiele" dem Thema aus den verschiedensten Richtungen nähert. Es würde mich freuen, wenn ich mit der Beitragsauswahl und die Autoren mit ihren Inhalten Ihre Gedankengänge rund um die Auswirkungen und Anforderungen der vierten industriellen Revolution anregen. Machen wir uns nichts vor: Bei Fortsetzung der bisher zu beobachtenden Zeitreihe mit sich halbierenden Zeiträumen zwischen den Revolutionen aus dem 18. Jahrhundert bis heute ist bereits um 2030 mit der fünften industriellen Revolution zu rechnen. Bereits in der Schule haben wir lernen müssen, dass man Versäumnisse mehrerer Jahre nicht innerhalb kurzer Zeit aufholen kann. Die Digitalisierung wird sicherlich noch rücksichtsloser mit den Zauderern umgehen und sie in kürzester Zeit von der Business-Landkarte entfernen. Ein guter Anhaltspunkt, dass Sie mit Ihrem Unternehmen nicht dazugehören werden, ist bereits die Tatsache, dass Sie die Inhalte dieses Buches als Anregung für Ihr geschäftliches Verhalten in Erwägung ziehen. Ich wünsche Ihnen viele gute Erkenntnisse beim Studieren der Beiträge und viel Erfolg in der Umsetzung der Digitalisierung, denn sie ist primär eine Chance und birgt nur sekundär Risiken!

Nürnberg im April 2017   Stefan Reinheimer

Inhaltsverzeichnis

Die Autoren

Prof. Dr. Oliver Bendel Oliver Bendel lehrt und forscht als Professor für Wirtschafts-informatik und Informationsethik an der Hochschule für Wirtschaft der Fachhochschule Nordwestschweiz FHNW, mit den Schwerpunkten E-Learning, Wissensmanagement, Social Media, Wirtschaftsethik, Informationsethik und Maschinenethik.

Jörg Brezl Jörg Brezl ist Geschäftsführer der SLA Software Logistik Artland GmbH in Quakenbrück, welche besonderen Wert auf die vollständige Prozessinte-gration in Produktion und Logistik, auf Qualitätssicherung und lückenlose Herkunfts-nachweise legt. Im Zeitalter von Industrie 4.0 hat es sich SLA zur Herausforderung gemacht, Unternehmen auf dem Weg in die digitale Transformation zu begleiten.

Michael Brockschmidt Michael Brockschmidt ist Vertriebsleiter bei der SLA Software Logistik Artland GmbH in Quakenbrück, welche modernste Soft- und Hardware zur Prozessoptimierung entwickelt. Mit RFID- und Robotik-Integration, mobilen Apps, dem einzigartigen Connector, der Produktion und ERP herstellerun-abhängig verbindet, sowie weiteren Lösungen, macht SLA Unternehmen fit für die Automatisierungskette der Zukunft.

Prof. Dr. Michael Fellmann Michael Fellmann ist Juniorprofessor für Wirt-schaftsinformatik, insbesondere Betriebliche Informationssysteme, an der Univer-sität Rostock. Seine Forschungsschwerpunkte beinhalten Sensing Enterprise Systems, Semantische Technologien und Wissensrepräsentation, Assistenzsysteme für den Technischen Kundendienst sowie Industrie 4.0.

Prof. Dr. Elgar Fleisch Elgar Fleisch ist Professor für Informations- und Techno-logiemanagement an der Universität St. Gallen und Direktor am dortigen Institut für Technologiemanagement sowie Professor für Informationsmanagement an der ETH Zürich. Erforschung betriebswirtschaftlicher Auswirkungen und Infrastrukturen des ubiquitären Computings; zahlreiche Forschungsprojekte in enger Zusammenar-beit mit der Industrie. Elgar Fleisch ist Mitgründer mehrerer Spin-off Unternehmen und Mitglied in diversen Verwaltungsräten sowie akademischen Steuerungsaus-schüssen.

Prof. Dr.-Ing. Norbert Gronau Norbert Gronau ist Inhaber des Lehrstuhls für Wirtschaftsinformatik, insb. Prozesse und Systeme an der Universität Potsdam sowie wissenschaftlicher Direktor des Anwendungszentrums Industrie 4.0 und Leiter des Center for Enterprise Research. Seine Forschungsinteressen liegen in den Bereichen Gestaltung wandlungsfähiger Architekturen industrieller Informationssysteme, nachhaltiges betriebliches Wissensmanagement sowie industrielles Internet der Dinge. Er studierte Maschinenbau und Betriebswirtschaftslehre und promovierte am Fachbereich Informatik sowie habilitierte sich für das Lehrgebiet Wirtschaftsinformatik an der TU Berlin.

Dr. Frank Härtig Frank Härtig hat an der Universität Karlsruhe, heute Karlsruher Institut für Technologie, Maschinenbau studiert. Nach ca. 15-jähriger Erfahrung in der Industrie, ist er seit 2000 in der Physikalisch-Technischen Bundesanstalt. Dort hat er nach kurzer Zeit die Leitung der Arbeitsgruppe für „Verzahnung und Gewinde" geleitet, bevor er 2007 die Fachbereichsleitung „Koordinatenmesstechnik" übernahm. Seit April 2015 leitet er die Abteilung „Mechanik und Akustik" mit mehr als 150 Mitarbeitern.

Dr. Peter Heinrich Peter Heinrich ist seit 2017 Dozent an der School of Management and Law der Zürcher Hochschule für Angewandte Wissenschaften (ZHAW). Zuvor promovierte er am Lehrstuhl für Informationsmanagement an der Universität Zürich. Er beschäftigt sich als Design-Forscher insbesondere mit der Gestaltung kooperativer Informationssysteme und deren Beitrag zur Unterstützung komplexer menschlicher Interaktionen.

Prof. Dr. Frank Hogrebe Frank Hogrebe ist Forschungsdirektor und Professor für Betriebswirtschaftslehre und Volkswirtschaftslehre im Fachbereich Verwaltung an der Hessischen Hochschule für Polizei und Verwaltung (HfPV). Seit über 15 Jahren ist er in der Vermittlung ökonomischer Fächer sowie im Forschungsfeld der Verwaltungsmodernisierung aktiv. Hierzu bildet die mehr als 20-jährige praktische Verwaltungserfahrung ein solides Fundament. Seine Forschungsschwerpunkte liegen in der Prozessmodellierung, Usability-Analysen und im E-Government.

Daniel Huber Daniel Huber arbeitet bei SAP als Produktmanager für Strategien und Anwendungen im Bereich Internet der Dinge und Industrie 4.0. Nach seinem Studium als Maschinenbauingenieur in Karlsruhe arbeitete Daniel Huber als Konstrukteur und Vertriebsingenieur und ist seit 2001 bei SAP beschäftigt.

Thomas Kaiser Thomas Kaiser ist Senior Vice President für Internet of Things Application Services. Er hat einen Master-Abschluss in Wirtschaftsinformatik der Fachhochschule Konstanz und ist seit 1992 bei SAP tätig. Er hatte verschiedene Führungspositionen in den Bereichen Consulting, Produktmanagement und Anwendungsentwicklung inne. Im Jahr 2009 übernahm Kaiser die Verantwortung für die SAP Business Suite Strategie und strategische Cross Development Initiativen wie Mobile Applications. Kaiser begann im Jahr 2012, im Internet der Dinge zu arbeiten

(IoT-Strategie im Auftrag des Vorstandes). Er entwickelte erste Cloud-basierte IoT-Anwendungen und ist heute Executive SVP für die „IoT Application Enablement Services", ein leistungsfähiges Set von Micro-Services, Big-Data-Management-Services, wiederverwendbare UI-Steuerungen und Entwicklungswerkzeuge, um sehr schnelle und effiziente neue IoT-Anwendungen zu entwickeln.

Wilfried Kruse Wilfried Kruse, Dipl. Verw. Beamter und Beigeordneter a.D., war 12 Jahre in Landesdiensten, in Mittelbehörden und im Innenministerium NRW, bevor er als Referent zum Deutschen Städte- und Gemeindebund wechselte. Seit 1983 war er Kommunaler Beigeordneter, zunächst in Hilden 8 Jahre, anschließend 12 Jahre in Neuss und in Düsseldorf zuletzt 8 Jahren als Beigeordneter für Wirtschaftsförderung, öffentliche Gesundheit, Sport, Personal, IT, Organisation und Verbraucherschutz ebenso tätig wie als Zweckverbandsvorsteher der ITK-Rheinland für die er u. a. die erfolgreiche Fusion der IT der Landeshauptstadt mit der ehemaligen KDVZ Neuss verantwortete. Wilfried Kruse ist ein ausgewiesener Experte für Strategieentwicklung, Digitalisierung und IT-Fusionen.

Prof. Dr.-Ing. Reinhard Langmann Reinhard Langmann ist Sprecher des Competence Center Automation Düsseldorf (CCAD) der Hochschule Düsseldorf und Leiter der Lern- und Forschungsfabrik Fab21. Er lehrt und forscht im Fachgebiet Prozessinformatik mit besonderem Schwerpunkt auf dem Gebiet der Internettechnologie in der Automation.

Dragana Majstorovic Dragana Majstorovic studierte Informatik an der Universität des Saarlandes und ist als wissenschaftliche Mitarbeiterin am Lehrstuhl für Management-Informationssysteme an der Universität des Saarlandes tätig. Ihre Forschungsinteressen fokussieren sich auf Arbeit 4.0 und Industrie 4.0.

Prof. Dr. Dr. h.c. mult. Peter Mertens Peter Mertens arbeitet als emeritierter Professor für Wirtschaftsinformatik an der Universität Erlangen-Nürnberg. Er ist dort Mitglied des Fachbereichs Wirtschaftswissenschaften und des Ingenieurwissenschaftlichen Fachbereichs. Vor seiner Berufung an eine Universität war er Mitarbeiter einer größeren Unternehmensberatung, zuletzt als einer der Geschäftsführer.

Seine gegenwärtigen Arbeitsgebiete gehören zur Informationsverarbeitung im Industriebetrieb und in der Öffentlichen Verwaltung, ferner sind es die Kontrolle von Unternehmensnetzen, große Herausforderungen (Grand Challenges) und Modeerscheinungen in der IT.

Prof. Dr. Bernd Müller Bernd Müller ist seit 2005 Professor für Software Engineering an der Fakultät Informatik der Ostfalia, Hochschule für angewandte Wissenschaften, in Wolfenbüttel. Zuvor war er Professor für Wirtschaftsinformatik an der Hochschule Harz in Wernigerode. Seit seinem Studium der Informatik an der Uni Stuttgart und Promotion an der Uni Oldenburg arbeitet er im Bereich der Entwicklung betrieblicher Informationssysteme und engagiert sich in Java User Groups.

Dr. Franca Piazza Franca Piazza promovierte am Lehrstuhl für Management-Informationssysteme zum Thema Data Mining im Personalmanagement. Sie arbeitete in zahlreichen Forschungs- und Praxisprojekten zum digitalen Personalmanagement. Heute ist sie als Beraterin im Bereich Business Intelligence tätig.

Prof. Dr. Alexander Richter Alexander Richter beschäftigt sich im Rahmen von Forschung und Lehre an der IT-Universität Kopenhagen und an der Universität Zürich mit der Frage, wie sich – unter Zuhilfenahme von Informationstechnologien – Arbeitspraktiken unterstützen und zukunftsorientiert gestalten lassen. Im Rahmen des europäischen Forschungsprojekts von dem hier berichtet wird, FACTS4WORKERS, ist er für die menschenzentrierte Anforderungsanalyse verantwortlich.

Dr. Melanie Steinhüser Melanie Steinhüser ist seit September 2016 am Institut für Informatik der Universität Zürich tätig. Sie arbeitet im EU Projekt FACTS4WORKERS. In diesem Rahmen erforscht sie Auswirkungen der Digitalisierung von Arbeitsplätzen auf die Mitarbeiter sowie Herausforderungen, die sich daraus für Unternehmen ergeben. Ihr besonderes Interesse liegt dabei in der Evaluation innovativer Softwarelösungen, womit sie sich seit ihrer Promotion an der Universität Osnabrück am Institut für Informationsmanagement und Unternehmensführung beschäftigt.

Michael Stiller Michael Stiller studierte Elektrotechnik/Automatisierungstechnik an der Technischen Universität München und arbeitet als wissenschaftlicher Mitarbeiter am Fraunhofer Institut für eingebettete Systeme und Kommunikationstechnik. Seine Forschungsinteressen liegen im Bereich Industrie 4.0 bzw. in der Vernetzung von Maschinen und Anlagen und deren Anbindung an Cloudinfrastrukturen.

Dr. Alexander Stocker Alexander Stocker beschäftigt sich seit über 14 Jahren mit dem Einsatz computergestützter Informationssysteme in Unternehmen. Seit 2013 arbeitet er als Key Researcher für Information & Process Management am Kompetenzzentrum – Das Virtuelle Fahrzeug in Graz. Zuvor war er Key Researcher und Projektmanager am Institut DIGITAL bei Joanneum Research, Executive Assistant to the CEO am Know-Center, Österreichs Kompetenzzentrum für Wissensmanagement, und Berater für Informationsmanagement und Informationstechnologie bei Datev.

Prof. Dr. Stefan Strohmeier Stefan Strohmeier ist Inhaber des Lehrstuhls für Management-Informationssysteme an der Universität des Saarlandes in Saarbrücken. Dort lehrt, forscht und berät er im Bereich Personalinformationssysteme und digitales Personalmanagement.

Prof. Dr. Frank Teuteberg Frank Teuteberg leitet das Fachgebiet Unternehmensrechnung und Wirtschaftsinformatik im Institut für Informationsmanagement und Unternehmensführung (IMU) an der Universität Osnabrück. Herr Teuteberg ist Verfasser von mehr als 240 wissenschaftlichen Publikationen in z. T. führenden deutschen und internationalen Fachzeitschriften und Konferenzserien in den

Forschungsbereichen Cloud Computing, eHealth, Industrie 4.0, Green IS, Mensch-Technik-Interaktion, Open Innovation sowie Smart Service Systems.

Christian Theres Christian Theres studierte Wirtschaftsinformatik an der Universität des Saarlandes und ist als wissenschaftlicher Mitarbeiter am Lehrstuhl für Management-Informationssysteme der Universität des Saarlandes tätig. Sein Forschungsschwerpunkt liegt im Bereich Internet der Dinge im Personalmanagement, speziell smarte Personaleinsatzplanung.

Christof Thim Christof Thim arbeitet am Lehrstuhl für Wirtschaftsinformatik, insb. Prozesse und Systeme an der Universität Potsdam. Er ist dort seit dem Abschluss seines Studiums in Wirtschaftsinformatik sowie Soziologie, Politik und Volkswirtschaftslehre als wissenschaftlicher Mitarbeiter beschäftigt. Seine Arbeitsschwerpunkte sind Prozess- und Wissensmanagement sowie die Untersuchung von Technologieeinführungen im Organisationskontext. Derzeit forscht er zu organisationalem Lernen und Vergessen im Fabrikkontext.

Prof. Dr. Oliver Thomas Oliver Thomas ist Professor für Informationsmanagement und Wirtschaftsinformatik an der Universität Osnabrück und Direktor am dortigen Institut für Informationsmanagement und Unternehmensführung. Er ist stellvertretender Sprecher des Fachbereichs Wirtschaftsinformatik in der Gesellschaft für Informatik (GI) sowie Mitglied im Beirat des vom niedersächsischen Wirtschaftsministerium eingerichteten Netzwerks Industrie 4.0 Niedersachsen.

Thuy Duong Oesterreich Thuy Duong Oesterreich ist externe Doktorandin am Fachgebiet Unternehmensrechnung und Wirtschaftsinformatik im Institut für Informationsmanagement und Unternehmensführung (IMU) an der Universität Osnabrück. Sie studierte Betriebswirtschaftslehre an der Hochschule Osnabrück und ist seit 2009 im Controlling eines mittelständischen Bauunternehmens tätig. Im Rahmen ihrer externen Promotion beschäftigt sie sich mit den Implikationen der Digitalisierung in der Bauindustrie im Kontext von Industrie 4.0 mit Fokus auf sozio-technische und sozio-ökonomische Fragestellungen.

André Ullrich André Ullrich arbeitet am Lehrstuhl für Wirtschaftsinformatik, insb. Prozesse und Systeme an der Universität Potsdam seitdem er ein Studium der Betriebswirtschaftslehre an derselben Universität sowie an der Finanzakademie Moskau absolvierte. Der Fokus seiner wissenschaftlichen Arbeit liegt in der Untersuchung der Leistungsfähigkeit wandlungsfähiger Architekturmerkmale zur Bewertung von Organisationen. Weitere gegenwärtige Forschungsinteressen sind: Kompetenzentwicklung und Lernfabriken, organisationales Wissensmanagement im Zuge der Digitalisierung sowie Innovationsprozesse.

Gergana Vladova Gergana Vladova ist wissenschaftliche Mitarbeiterin am Lehrstuhl für Wirtschaftsinformatik, insb. Prozesse und Systeme an der Universität Potsdam seit 2009. Sie hat Internationale Wirtschaftsbeziehungen in Sofia sowie

Kommunikationswissenschaften und VWL an der Freien Universität Berlin studiert und promoviert im Themenbereich Kultur und Umgang mit Wissen. Zu ihren Forschungsschwerpunkten gehören weiterhin unter anderem Innovationsmanagement, Know-how und Produktschutz, der Faktor Mensch im Industrie 4.0 Kontext sowie menschliche und organisatorische Prozesse des Vergessens.

Markus Weinberger Mit der Entwicklung von Fahrerassistenzsystemen bei Bosch und seinem privaten Interesse am Internet hat Markus Weinbergers Begeisterung für vernetzte Dinge angefangen. Markus hat vier Jahre lang als Direktor das Bosch IoT Lab an der Universität St. Gallen geleitet und ist seit Oktober 2016 Professor im Studiengang Internet der Dinge – Digitale Technologien an der Hochschule Aalen. Markus promovierte in Maschinenbau an der TU München.

Prof. Dr. Felix Wortmann Felix Wortmann ist Assistenzprofessor am Institut für Technologiemanagement der Universität St. Gallen (HSG) und Akademischer Direktor des Bosch IoT Labs. Seine Forschungsinteressen liegen in den Bereichen Big Data und Internet der Dinge. Zuvor arbeitete Felix als Assistent der Geschäftsleitung bei SAP. Felix hält einen BScIS und MScIS der Universität Münster in Deutschland sowie einen Doktor in Management der Universität St. Gallen.

Dr. Novica Zarvić Novica Zarvić ist als Habilitand am Lehrstuhl Informationsmanagement und Wirtschaftsinformatik von Prof. Dr. Oliver Thomas an der Universität Osnabrück tätig. Zu seinen Forschungsschwerpunkten zählen das Dienstleistungsmanagement, das Management von IT-Unternehmensarchitekturen sowie die Themenbereiche Industrie 4.0 und Digitalisierung.

Geschäftsmodelle im Internet der Dinge

1

Elgar Fleisch, Markus Weinberger und Felix Wortmann

Zusammenfassung

Unternehmen, die heute primär in nicht-digitalen Branchen agieren, benötigen theoretisch und praktisch fundierte Hilfestellungen bei der Entwicklung und Umsetzung von Geschäftsmodellen im Internet der Dinge (Internet of Things, IoT). Durch unsere Untersuchung der Rolle des Internet in Geschäftsmodellen kommen wir zum Schluss, dass die Bedeutung des Internet in der Geschäftsmodellinnovation seit den 90er-Jahren laufend zugenommen hat, dass jede Internet-Welle zu neuen digitalen Geschäftsmodellmustern geführt hat und dass die größten Umbrüche bisher in digitalen Branchen stattgefunden haben. Wir zeigen, dass digitale Geschäftsmodellmuster neu auch in der physischen Industrie relevant werden. Die Trennung von physischen und digitalen Branchen ist damit endgültig vorbei. Der Schlüssel dazu ist das IoT, das physische Produkte und digitale Services zu hybriden Lösungen verschmelzen lässt. Wir leiten eine sehr allgemein gehaltene Geschäftsmodelllogik für das IoT ab und stellen konkrete Bausteine und Muster von Geschäftsmodellen vor. Für die zentralen Herausforderungen bei der Umsetzung solcher hybriden Geschäftsmodelle zeigen wir erste Lösungsansätze auf.

Unveränderter Original-Beitrag Fleisch et al. (2014) Geschäftsmodelle Im Internet der Dinge, HMD – Praxis der Wirtschaftsinformatik Heft 300, 51(6):812–826.

E. Fleisch (✉)
ETH Zurich, Zürich, Schweiz
E-Mail: efleisch@ethz.ch

M. Weinberger
Hochschule Aalen, Aalen, Deutschland
E-Mail: markus.weinberger@hs-aalen.de

F. Wortmann
Universität St. Gallen (HSG), St. Gallen, Schweiz
E-Mail: felix.wortmann@unisg.ch

© Springer Fachmedien Wiesbaden GmbH 2017
S. Reinheimer (Hrsg.), *Industrie 4.0*, Edition HMD,
DOI 10.1007/978-3-658-18165-9_1

Schlüsselwörter

Geschäftsmodelle • Geschäftsmodellmuster • Internet of Things • Internet der
Dinge • Cyber-Physical Systems

1.1   Einfluss des Internet auf Geschäftsmodelle bis heute

Ausgangspunkt der Überlegungen dieses Beitrags ist die Frage, wie und wo sich das
Internet auf die Entwicklung von Geschäftsmodellen bislang ausgewirkt hat.[1] Ihre
Beantwortung ermöglicht einerseits einen schärferen Blick auf die Rolle der
Informationstechnologie (IT) in der Geschäftsmodellinnovation bis heute, andererseits erlaubt sie einen qualifizierteren Ausblick auf mögliche weitere Geschäftsmodellinnovationen auf Basis neu entstehender Informationstechnologien, in
diesem Fall auf Basis des Internet der Dinge (Internet of Things, IoT). Als Grundlage
dieser ersten Untersuchung dienen die Ergebnisse von Gassmann et al. (2013). Mehr
als 300 Fallstudien zu Unternehmen werden hier analysiert, die die bisher gültige
Logik in ihrer Branche durchbrochen und nachhaltig verändert haben. In jahrelanger
Kleinarbeit haben Gassmann et al. diese Fallstudien nach Gemeinsamkeiten untersucht und ein Set von 55 sogenannten Geschäftsmodellmustern identifiziert. Dabei
ist ein Geschäftsmodellmuster (Gassmann et al. 2013) „eine bestimmte Konfiguration
der vier Kernelemente eines Geschäftsmodells (Wer sind die Kunden? Was wird
verkauft? Wie stellt man es her? Wie realisiert man einen Ertrag?), welche sich in
verschiedenen Firmen oder Industrien als erfolgreich erwiesen hat."

1.1.1   IT spielt eine zentrale Rolle in zahlreichen branchenverändernden Fallstudien und Geschäftsmodellmustern

Wir haben nun untersucht, welchen Einfluss IT auf die 55 Geschäftsmodellmuster
hat. Dabei unterscheiden wir drei verschiedene Rollen, welche IT in Geschäftsmodellmustern einnehmen kann:

- IT kann erstens konstituierend wirken, d. h. ohne sie kann ein Geschäftsmodellmuster nicht existieren. Beispiele sind die Geschäftsmodellmuster E-Commerce oder Crowdsourcing. Ohne IT sind sie nicht denkbar, deshalb bezeichnen
  wir sie als digitale Geschäftsmodellmuster.
- Zweitens kann IT aufwertend wirken. Muster wie Self Service haben auch vor
  der Ausbreitung von IT existiert und durch ihre Anwendung Branchen verändert.
  Mit IT, insbes. dem Internet, haben sie jedoch markant an Bedeutung im Sinne
  von Ausbreitung bzw. Marktanteil gewonnen.
- Drittens kann IT für ein Geschäftsmodellmuster irrelevant sein, wie etwa bei
  dem Geschäftsmodellmuster Franchising.

---

[1] Dieser Beitrag basiert im Wesentlichen auf dem Arbeitsbericht Fleisch et al. (2014).

Bei einer detaillierten Analyse fällt auf, dass IT seit den 90er-Jahren in sehr vielen Fallstudien eine hohe Bedeutung hat, auch wenn es nach wie vor branchenverändernde Geschäftsmodellinnovationen gibt, die ohne IT auskommen. Dies ist einerseits nicht verwunderlich, denn IT wird erst seit den Neunzigern in der Breite in der Wirtschaft eingesetzt. Andererseits ist die Dichte der IT-getriebenen Fälle in den letzten Jahren beeindruckend. Ein Großteil der neueren Fallstudien beruht auf digitalen Geschäftsmodellmustern.

1.1.2 Jede neue Internet-Welle hat bisher zu neuen digitalen Geschäftsmodellmustern geführt

Trägt man die durch IT neu ermöglichten Geschäftsmodellmuster bzw. die mit dem Geschäftsmodellmuster assoziierten branchenverändernden Fallstudien auf der Zeitachse auf, so ergibt sich folgendes Bild (vgl. Abb. 1.1): Ein erstes Set an durch IT neu ermöglichten Geschäftsmodellmustern taucht zwischen 1995 und 2000 auf. Diese Geschäftsmodellmuster basieren alle auf dem sogenannten Web 1.0, als das Internet das erste Mal als Geschäftsinfrastruktur gesehen und verwendet wurde. Zu den neu ermöglichten Geschäftsmodellmustern laut Nomenklatur Gassmann et al. zählen z. B. E-Commerce oder auch Open Source (bezogen auf Software).

Um 2005 ist ein nächstes Set an IT-ermöglichten Geschäftsmodellmustern entstanden. Sie basieren allesamt auf dem Web 2.0, das Internet, das es auch „einfachen" Anwendern ermöglicht beizutragen. Zu diesen Mustern zählen beispielsweise Crowdsourcing, Crowdfunding oder Long Tail.

1.1.3 Viele Internet-getriebene Geschäftsmodellmuster folgen drei übergeordneten Trends

Ob das IoT ebenfalls neue Geschäftsmodellmuster generiert – und falls ja, welche – ist die leitende Frage dieses Beitrags. Zu ihrer Beantwortung sind zwei weitere Erkenntnisse aus obiger Analyse hilfreich. Zunächst folgen viele der IT-beeinflussten

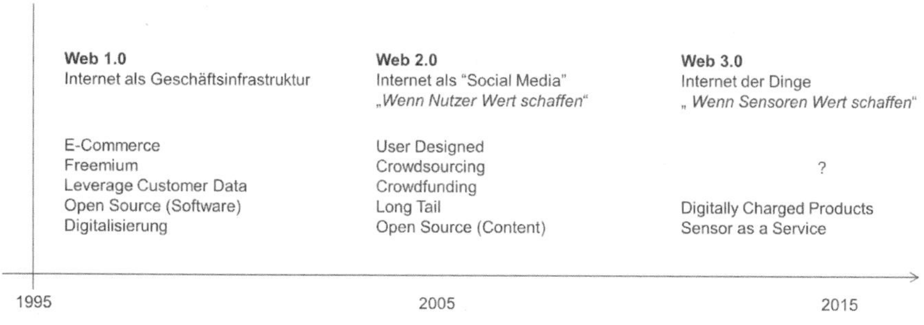

Web 1.0	Web 2.0	Web 3.0
Internet als Geschäftsinfrastruktur	Internet als "Social Media"	Internet der Dinge
	„Wenn Nutzer Wert schaffen"	„ Wenn Sensoren Wert schaffen"
E-Commerce	User Designed	
Freemium	Crowdsourcing	?
Leverage Customer Data	Crowdfunding	
Open Source (Software)	Long Tail	Digitally Charged Products
Digitalisierung	Open Source (Content)	Sensor as a Service
1995	2005	2015

Abb. 1.1 Internet-Wellen und daraus neu entstandene digitale Geschäftsmodellmuster. (Eigene Darstellung)

Geschäftsmodellmuster – unabhängig von der auslösenden Technologiewelle – drei übergeordneten Trends:

- Integration von Nutzern und Kunden: IT ermöglicht Unternehmen ein zunehmendes Einbinden ihrer Kunden in die Wertschöpfungskette. Mit anderen Worten: IT ermöglicht Unternehmen ihren Kunden Aufgaben zu übertragen. Beispiele liefern hier Geschäftsmodellmuster wie E-Commerce, Open Source (Content) oder Mass Customization.
- Dienstleistungsorientierung: Run Time Services bzw. der digitale Kontakt zum Kunden nach dem Verkauf nimmt zu. IT ermöglicht Unternehmen, die Kundenbeziehung auch nach dem Verkauf mittels IT-basierter Services aufrechtzuerhalten und zu nutzen. Beispielhafte Geschäftsmodellmuster hierzu sind Rent Instead of Buy, Subscription und Freemium.
- Kernkompetenz Analytics: Das zielgerichtete Sammeln und Analysieren von Transaktions- und Verwendungsdaten gewinnt an Bedeutung und ist eine Schlüsselfähigkeit für Produkt-, Preis- und Vertriebsgestaltung. Beispiele liefern hier die Geschäftsmodellmuster Subscription, Pay per Use und Performance-based Contracting.

1.1.4 Die großen Umbrüche brachten digitale Geschäftsmodellmuster bisher in digitalen Branchen

Die eindeutige Zuordnung der Rolle der IT zu den Geschäftsmodellmustern hat sich als herausfordernd erwiesen. Bei manchen Geschäftsmodellmustern spielt die IT je nach Fallbeispiel eine unterschiedliche Rolle. Erst die Klassifikation der Fallbeispiele nach ihrer Zugehörigkeit zu digitalen bzw. nicht-digitalen Branchen hat die notwendige Trennschärfe gebracht. Ein Unternehmen wird dabei einer digitalen Branche zugeordnet, wenn dessen Wesen digital ist. Ein Beispiel hierzu liefert das Geschäftsmodellmuster Hidden Revenue (Unternehmen generiert Hauptumsatz nicht durch Produkte oder Dienstleistungen sondern durch Werbefläche, die daran geknüpft ist). JCDecaux hat schon 1964 ganz ohne IT mit seinen Stadtmöbeln, z. B. Bushaltestellen, den Werbemarkt verändert. In diesen nicht-digitalen Branchen wirkt IT auf das Geschäftsmodellmuster heute aufwertend. Für die Anwendung des Musters Hidden Revenue in Unternehmen wie Google oder Facebook, die digitalen Branchen zuzuordnen sind, wirkt IT jedoch zwingend konstituierend. IT hat nicht nur alte Geschäftsmodellmuster neu belebt und neue Geschäftsmodellmuster generiert, sie hat eine gesamte neue digitale Branche ermöglicht und in dieser Branche alte Geschäftsmodellmuster neu definiert. Viele der digitalen Geschäftsmodellmuster wie z. B. Freemium (Produkt wird als freie Basis- und kostenpflichtige Premiumversion bereitgestellt) wurden bisher ausschließlich in der digitalen Welt angewendet. In der produzierenden Industrie hat das Internet bisher vor allem Abläufe vereinfacht und damit Kosten gespart sowie die Qualität und den Variantenreichtum erhöht. Die großen Umbrüche hat das Internet in den digitalen Industrien gebracht wie Google, Facebook, Paypal, eBay, Youtube u. a. zeigen.

1.2   Die betriebswirtschaftliche Kraft des IoT

In der Entwicklung von Unternehmen wechseln sich Phasen evolutionärer, inkrementeller und revolutionärer, radikaler Veränderung ab (Rüegg-Stürm 2003). Auf Phasen kontinuierlicher Optimierung folgen immer wieder auch Phasen grundlegender Erneuerung. Dieser Abschnitt skizziert die gestalterische Kraft des IoT in der Wirtschaft. Zunächst steht dabei die Optimierung im Vordergrund. Anschließend wird aufgezeigt, warum und wie das IoT auch Ausgangspunkt für grundlegende Erneuerung sein kann. Eine breitere und fundiertere Analyse der ökonomischen Perspektive des IoT findet sich bei Fleisch et al. (2005) und Fleisch (2010).

1.2.1   Das IoT ermöglicht High Resolution Management nun auch in der physischen Welt

Die digitale Welt – und damit auch ihre Branchen – unterscheiden sich in zahlreichen Dimensionen von der physischen Welt und deren Branchen, z. B. in den Bereichen Grenzkosten in Produktion, Transport und Lagerhaltung, in Transport- und Produktionsgeschwindigkeit sowie in der Fähigkeit zur Abstraktion und Simulation. Beispielsweise Google als prominenter Vertreter der digitalen Welt hat sich diese Eigenschaften zunutze gemacht und revolutioniert damit den Werbemarkt. Google analysiert Fragen in der Suchmaschine und Klicks auf Webseiten und misst so das Verhalten seiner Nutzer. Auf Basis dieser schärferen weil höher auflösenden Messdaten stellt die Firma jedem Nutzer zu jeder Zeit eine gewinnoptimale, individuelle Werbenachricht zu. Anhand der Nutzerreaktion misst Google wiederum in Echtzeit die Wirksamkeit des Banners, optimiert sein Allokationsmodell und verwendet dieselben Daten zur Rechnungsstellung an seine Werbekunden. Die Auflösung des Regelkreises, den Google zum Management seiner digitalen Werbung verwendet, ist um ein vielfaches höher als in der physischen Welt, in der immer noch ein unidirektionales Medium wie Fernseher oder Plakatwand eine statische Botschaft an eine unbekannte Masse an potenziellen Kunden sendet. Eine feingranulare Steuerung bringt große Vorteile mit sich, daher entwickelt sich der digitale Werbemarkt wesentlich dynamischer als der physische. Die Werbebudgets fließen seit Jahren von der physischen in die digitale Welt ab. Digitalisierung führt damit zu hochauflösendem Management (High Resolution Management), weil die Grenzkosten von Messung (in der Regelstrecke) und Aktuatorik (im Regler) gegen Null gehen und gleichzeitig Eingriffe nahezu in Lichtgeschwindigkeit stattfinden. Das IoT wendet diese Logik nun schrittweise auf die physische Welt an. Es steht für die Vision, in der jeder Gegenstand und Ort der physischen Welt Teil des Internet werden kann. Gegenstände und Orte erhalten dann meist einen Minicomputer und werden so zu smarten Dingen, die Informationen aus ihrer Umwelt aufnehmen und mit dem Internet bzw. anderen smarten Dingen kommunizieren können. Für den Menschen sind diese Minicomputer in der Regel kaum oder nicht sichtbar, der physische Teil des Gegenstands bleibt die wichtigste Schnittstelle für sie. Smarte Dinge sind also Hybride, zusammengesetzt aus Teilen der physischen und digitalen Welt.

Daher vereinen sie auch in der Anwendung die Gesetzmäßigkeiten beider Welten und führen so unter anderem das High Resolution Management in die physische Welt ein (Fleisch 2010). Folgendes Beispiel soll dies veranschaulichen: Weil die Messkosten in der physischen Lagerhaltung hoch sind, wird eine manuelle Messung so selten wie möglich durchgeführt – eine vollständige Inventur nur einmal pro Jahr. Der dazugehörige Managementregelkreis weist eine entsprechend niedrige Frequenz auf. Wenn nun IoT-Technologien vormals „agnostische" Lagerbehälter und Regale „smart" machen, d. h. mit Sensorik und Kommunikationsfähigkeit ausstatten, dann können die smarten Behälter und Regale zu jederzeit zu Grenzkosten von Null ihren spezifischen Füllstand übermitteln. Weil Unternehmen nur managen können, was sie auch messen können, führen diese neuen Messfähigkeiten zu neuen Managementfähigkeiten. Im Fallbeispiel eines Produzenten von Schrauben haben diese einen neuartigen Nachfüll-Service hervorgebracht. Das IoT wirkt auf die Betriebswirtschaftslehre ähnlich wie das Ultraschallgerät auf die Medizin oder das Rasterelektronenmikroskop (REM) auf die Physik. Mit den Technologien des IoT lassen sich Dinge vermessen und erkennen, die vorher nicht (wirtschaftlich) erkennbar waren. Ultraschall und REM trieben jeweils ihre gesamte Disziplin voran.

1.2.2 Digitale Geschäftsmodellmuster werden neu auch in der physischen Industrie relevant

Soll nun der Befestigungstechnikproduzent mit seinem „smarten" Regal die Bestandsinformationen seinen Kunden gratis zur Verfügung stellen? Oder als einen mit der physischen Lieferung integrierten Bezahlservice von Anfang an? Und: Wem gehören die Daten? Dem Kunden, in dessen Hallen sie entstehen, oder dem Lieferanten; ihm gehören ja die Behälter, die die Daten generieren? Können und sollen die Daten – anonymisiert, quer über die gesamte Kundenbasis – wertvolle und zeitnahe Entwicklungen in der Branche zeigen und im Rahmen des Geschäftsmodellmusters Leverage Customer Data kapitalisiert werden? Wie dem auch sei, Leverage Customer Data ist ein Beispiel dafür, dass plötzlich Geschäftsmodellmuster, die bisher den digitalen Branchen vorbehalten waren, auch für die klassischen, physischen Branchen relevant werden. Vielmehr noch, im IoT vermengen sich zwangsweise digitale Geschäftsmodellmuster mit solchen aus der nicht-digitalen Welt zu einem hybriden Konstrukt, wie aus den Wertschöpfungsstufen einer abstrakten IoT-Anwendung besonders gut sichtbar wird. Die Wertschöpfungsstufen einer IoT-Anwendung (vgl. Abb. 1.2) sind Ergebnis einer Analyse zahlreicher Anwendungen, die heute in Wissenschaft und Praxis dem IoT zugeordnet werden. Folgender Abschnitt erklärt sie am Beispiel einer „smarten" LED-Lampe.

Ebene 1 – Physisches Ding: Der physische Teil einer Lösung, in diesem Fall die LED-Lampe, bildet die erste Ebene des Wertschöpfungsmodells. Sie liefert den ersten direkten und physischen Nutzen an den Anwender – in Form von Wohlbehagen durch Licht. Weil die Lampe physischer Natur ist, ist sie immer an einen Ort gebunden und kann ihren Nutzen auf dieser Ebene nur in ihrer direkten Umgebung, beispielsweise in einem Raum liefern. Die Geschäftsmodellmuster für den Verkauf

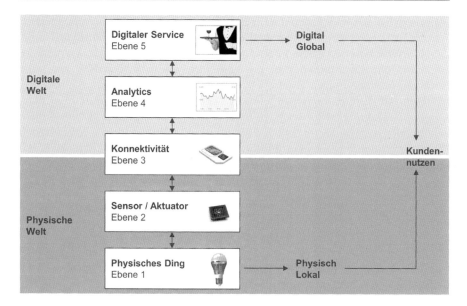

Abb. 1.2 Wertschöpfungsstufen einer Anwendung im IoT. (Eigene Darstellung)

oder die Vermietung von LED-Lampen sind den LED-Lampenproduzenten hinlänglich bekannt. Ebene 2 – Sensor/Aktuator: Ebene 2 fügt dem physischen Ding eine Minicomputer mit Sensorik und Aktuatorik hinzu. Die Sensorik misst lokale Daten, der Aktuator liefert lokale Services und erzeugt damit lokalen Nutzen. Im Beispiel der LED-Lampe misst ein Anwesenheitssensor laufend recht zuverlässig und kostengünstig, ob Menschen im Raum präsent sind. Der Aktuator schaltet die Lampe in Abhängigkeit der Anwesenheit automatisch ein und aus und liefert damit lokalen Nutzen – auch, weil die „smarte" LED-Lampe ohne separaten, verkabelten Bewegungsmelder auskommt und somit Anwesenheit per se erkennen kann. Ebene 3 – Konnektivität: Mit der Ebene 3 erhalten die unteren Ebenen, insbesondere Sensoren und Aktuatoren, einen Zugang zum Internet und damit globalen Zugriff. Die Lampe aus unserem Beispiel wird über ein eingebautes Funkmodul adressierbar und kann ihren Zustand autorisierten Abonnenten auf der ganzen Welt zu vernachlässigbaren Grenzkosten bekanntgeben. Eben 4 – Analytics: Konnektivität per se liefert keinen Mehrwert. Ebene 4 sammelt, speichert, plausibilisiert und klassifiziert Sensordaten, webt Erkenntnisse anderer Webservices mit ein und errechnet Konsequenzen für die Aktuatorik – typischerweise in einem Cloud-basierten Backendsystem. Im LED-Beispiel speichert Ebene 4 u. a. die Ein- und Ausschaltzeiten von Lampen in einem Haushalt, klassifiziert Bewegungsmuster und führt die Betriebsstunden einzelner Lampen mit. Ebene 5 – Digitaler Service: Auf dieser obersten Ebene werden die Möglichkeiten aus den unteren Ebenen in digitale Dienstleistungen strukturiert, in geeigneter Form verpackt – beispielsweise als Webservice oder mobile Applikation – und global zur Verfügung gestellt. Für diese digitalen Dienstleistungen, die untrennbar mit den Datengenerierenden „smarten"

Dingen verbunden sind, gelten die Eigenschaften digitaler Geschäftsmodellmuster. Aus der LED-Lampe mit Anwesenheitssensor wird erst hier eine Sicherheitslampe, die auf Wunsch bzw. App-Knopfdruck ihres Besitzers Anwesenheit vorspielt, im Fall eines unwillkommenen Eindringlings einen Alarm an den Besitzer, seine Nachbarn oder die Polizei absetzt, oder im „Fight-Back-Modus" den Einbrecher mit rotem Blitzlicht zu vertreiben versucht – und das alles wiederum zu vernachlässigbaren Grenzkosten. Eine wichtige Erkenntnis ist, dass die Ebenen 1 bis 5 nicht unabhängig voneinander erstellt werden können. Daher sind die verbindenden Pfeile bidirektional gezeichnet. Eine werthaltige IoT-Lösung ist i. d. R. nicht die reine Addition der Ebenen, sondern eine bis in die physische Ebene hineinreichende Integration. Der Bau der Hardware wird damit zunehmend von den darüber liegenden digitalen Ebenen beeinflusst. Eine getrennte Betrachtung der Ebenen wird viele attraktive digitale Services nicht ermöglichen können. Die Verschränkung von Hardware- und Internetlösungsentwicklung erscheint immer mehr als zwingende Notwendigkeit.

1.2.3   Physische Produkte und digitale Services verschmelzen zu hybriden Lösungen

Auf einer sehr abstrakten Ebene kann die Logik von Geschäftsmodellen im IoT auf eine einfache Formel reduziert werden (vgl. Abb. 1.3).

Sie besagt, dass der Wert einer IoT-Lösung auf der Herstellerseite aus der Kombination eines klassischen, in der Vergangenheit nicht mit dem Internet verknüpften Produktes besteht, das mit IT, genauer mit den Ebenen 2 bis 4 aus obigem Modell, veredelt wird. Dieser Wert entfaltet sich auf der Kundenseite auf Ebene 5

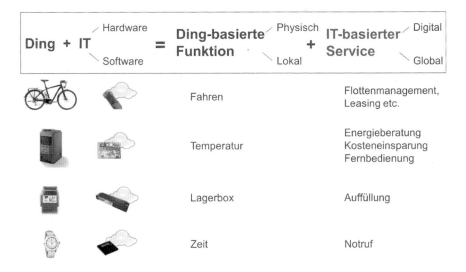

Abb. 1.3 Die Produkt-Service-Logik des IoT

als Nutzen aus dem physischen Produkt und den damit verbundenen digitalen Services. Dabei entsteht ein Ganzes, das mehr ist als die Summe der Ebenen, die auf dem Produkt aufbauen – insbesondere wegen der einfachen und wenig kostenintensiven Kombinierbarkeit von eigenen und externen digitalen Services. Eine Uhr von Limmex (www.limmex.com) ist auch noch eine Uhr, wenn sie über GSM-Modul, Mikrofon, Lautsprecher und eigene Homepage verfügt. Ihr physischer und lokaler Nutzen ist immer noch – neben der Angabe der Uhrzeit – das Signalisieren von Eigenschaften ihres Trägers über ihr schickes, zeitloses Design an Dritte am Kaffeetisch. Zusätzlich wird sie zum Notruf an Familie, Freunde oder das Rote Kreuz, den der Träger im Internet selber konfigurieren kann. Die „smarte" mit einem Long Range RFID-Chip aufgeladene Lagerbox von Intellion (www.intellion. com) ist immer noch eine Lagerbox und bietet Platz für Schrauben und Beilagscheiben. Zusätzlich ermöglicht sie einen neuen wettbewerbsdifferenzierenden Nachfüllservice für den Schraubenlieferanten. Die Liste an hybriden Produkt-Service-Angeboten von Startups, etablierten Unternehmen und Ideen aus der Forschung wächst jeden Tag. Das Startup qipp (www.qipp.com) beispielsweise treibt diese Logik ins Extreme und liefert eine Infrastruktur, mit deren Hilfe jedes Unternehmen seine physischen Produkte sehr einfach und kostengünstig mit standardisierten, global verfügbaren, digitalen Services aller Couleur aufladen kann.

1.3   Geschäftsmodellmuster im IoT

Das anwendungsorientierte Ziel dieses Beitrags ist die Ableitung von theoretisch und praktisch fundierten Hilfestellungen für die Entwicklung von Geschäftsmodellen im IoT. Diese sollen in erster Linie inspirieren, so abstrakt sein, dass sie branchenübergreifend anwendbar sind und gleichzeitig so konkret, dass sie für Innovatoren aus Wirtschaft und Gesellschaft handlungsleitend wirken. Dazu haben wir die 55 Geschäftsmodellmuster von Gassmann et al. (2013) sowie zahlreiche IoT-Anwendungen in den Dimensionen Wertschöpfungsstufen und High Resolution Management analysiert. In letzterer sind die Möglichkeiten und Limitation der technischen Fähigkeiten des IoT enthalten. Das Ergebnis dieser Analyse lässt sich über sechs Bausteine für Geschäftsmodellmuster und zwei eigenständige Geschäftsmodellmuster im IoT darstellen. Im Folgenden beschreiben wir lediglich Bausteine und Muster, die das IoT neu ermöglicht. Nicht diskutiert werden können hier die 20 Muster, die von den aufgezeigten Bausteinen begünstigt werden.

1.3.1   Bausteine, die bestehende Geschäftsmodellmuster digital erweitern

Physical Freemium steht für ein physisches Gut, das inklusive eines kostenfreien digitalen Service verkauft wird, beispielsweise einer digitalen Montage-, Betriebs- und Wartungsanleitung, die gratis am Produkt „klebt". Ein Teil der Kunden entscheidet sich im Laufe der Zeit für darüber hinausgehende Premium Services, die verrechnet werden, beispielsweise eine elektronische Fernüberwachung oder ein Benchmarking über die gesamte Kundenbasis hinweg. Das New Yorker Startup Canary (www.canary.is) bietet etwa eine Smart Home-Alarmanlage an, die verschiedene Sensoren, von Temperatur- oder Bewegungssensoren bis zu einer Kamera enthält. Die Grundfunktion, einen Raum während der Abwesenheit des Bewohners zu überwachen und bei Unregelmäßigkeiten eine Nachricht an eine Smartphone App zu schicken, ist im Preis des Geräts enthalten. Darüber hinaus wurden während der Crowdfunding-Kampagne auf der Plattform Kickstarter weitere kostenpflichtige Dienstleistungen angekündigt, z. B. zusätzlicher Speicherplatz für aufgezeichnete Vorgänge oder die Nutzung eines Call Centers. Ein vergleichbares Paket bietet sehr viel erfolgreicher das Unternehmen Dropcam (www.dropcam.com) an, das im Juni 2014 fünf Jahre nach seiner Gründung für 555 Mio. USD von Google Nest gekauft wurde. Digital Add-on bezeichnet einen Geschäftsmodellbaustein, in dem ein physisches Gut sehr preisgünstig, d. h. mit geringer Marge, verkauft wird. Im Lauf der Zeit kann der Kunde zahlreiche margenstarke digitale Services dazu erwerben bzw. freischalten lassen. Wenn die Leistung eines Autos per Software konfiguriert werden kann und das Fahrzeug ein Knoten im Internet ist, dann kann sich der Kunde beispielsweise für das kommende Wochenende 50 PS dazukaufen. Und wenn Add-on Services auch von Dritten angeboten werden, dann kann sich der Kunde sehr einfach eine passende, zusätzliche Mikroversicherung für die Ausfahrt in Italien beschaffen. Die Verkaufsprovision geht an den Hersteller des Autos oder einen Dritten. Die erfolgreiche Anwendung der Geschäftsmodellmuster Razor and Blade und Lock-in setzt durch, dass nur Originalkomponenten mit einem System kompatibel sind. Beispielsweise können nur Gillette Rasierklingen mit Gillette Rasierern verwendet werden. In vielen Fällen werden Wettbewerber durch Patente daran gehindert, kompatible Komponenten in ein solches System zu liefern. Digital Lock-in in physischen Produkten steht für einen Sensor-basierten, digitalen „Handshake", der u. a. zur Einschränkung der Kompatibilität, Verhinderung von Fälschungen und Sicherstellung von Garantieleistungen eingesetzt wird.

1.3.2 Bausteine, die die Anwendbarkeit bestehender Geschäftsmodellmuster für physische Dinge erweitern

Physische Produkte werden durch Product as Point of Sales zum Träger digitaler Verkaufs- und Marketingservices, die der Kunde direkt am Gegenstand oder mittelbar via Smartphone und Identifikationstechnologie konsumiert. Die Kaugummipackung wird zum e-Shop, jeder Gegenstand kann Träger digitaler Werbung sein, das Produkt sammelt und kommuniziert Loyalty-Punkte selbstständig und fächert seine Erlebniswelt digital über Smartphones auf. Die Erweiterung von Dingen zu Verkaufsstellen ist in manchen Beispielen bereits Realität. Richtet man die Kamera eines Smartphone auf ein Produkt, öffnet sich ein Internetshop, der den Kauf desselben Produkts, von Ersatzteilen, Zubehör, Verbrauchsmaterial oder zugehörigen Dienstleistungen anbietet. Die „Amazon App" bietet als ein Beispiel diese Funktion bereits heute für Produkte, die einen Barcode tragen und im Sortiment von Amazon enthalten sind. Der Baustein Object Self Service bezeichnet die Möglichkeit, dass Dinge autonom Bestellungen im Internet auslösen. Ein Heizsystem könnte beispielsweise Öl nachbestellen, sobald ein bestimmter Füllstand im Öltank unterschritten wird. Die Idee des Self Service ist also nicht mehr auf den Kunden beschränkt, auch Dinge können sich selbstbedienen. Im Sinne des Geschäftsmodellmusters Direct Selling werden dabei Intermediäre umgangen. Solution Provider Geschäftsmodelle werden durch den automatischen Nachbezug von Verbrauchsmaterial vereinfacht. „Smarte" Dinge können Daten über ihren eigenen Zustand oder den ihrer Umwelt in Echtzeit übertragen. Dadurch werden (präventive) Fehlerentdeckung sowie die Überwachung der Nutzung und beispielsweise der Füllstände von Verbrauchsmaterial möglich (Remote Usage and Condition Monitoring). Bisher war die dafür erforderliche Technologie kompliziert und relativ teuer. Mit fortschreitender Verbreitung des IoT verringern sich die Kosten und der erforderliche Aufwand, wodurch die Anwendung dieser Technologie auch bei geringerwertigen Gütern rentabel wird. Der Computerzubehör-Hersteller Brother bietet beispielsweise Leasingverträge für Laserdrucker ohne Basisleasingrate an – nur die tatsächlich gedruckten Seiten werden abgerechnet. In diesem Beispiel wird also das Pay per Use-Geschäftsmodellmuster auf Produkte im Wert von nur wenigen hundert Euro angewendet. Die technische Grundlage für eine effiziente Umsetzung des Geschäftsmodells liegt in der Übertragung der relevanten Daten an den Anbieter über das Internet.

1.3.3 Eigenständige Geschäftsmodellmuster im IoT

Die oben genannten Bausteine sind alle Spielarten der Idee, dass das IoT in seinen Anwendungen jeweils physische Produkte mit digitalen Dienstleistungen zu einem hybriden Bündel aus einem Guss verschränkt. Dabei können die Services einfacher oder komplexerer Natur sein, sie können vom Hersteller des Produktes oder von Dritten angeboten werden, sie können nahe am Produkt sein oder in ihrer Vernetzung bei Vierten eine völlig andere Bedeutung erlangen. Der Begriff Digitally Charged Products bildet die Klammer um die zusammengehörenden Bausteine. Aufgrund der Mächtigkeit der dahinterliegenden Ideen gehen wir davon aus, dass sich Digitally Charged Products als neues Geschäftsmodellmuster etabliert: Klassische physische Produkte werden mit neuen Sensor-basierten digitalen Dienstleistungsbündeln aufgeladen und mit neuem Wertversprechen positioniert. Die Beispiele hierzu sind die bereits erwähnte Sicherheitslösung an der LED-Lampe, die e-Kanban Lösung an der Kiste, der Notruf an der Uhr. Mit Digitally Charged Products erfahren bekannte Service-orientierte Geschäftsmodellmuster eine neue Relevanz in physischen Industrien. Auch die Idee, dass Sensordaten eines Gewerks gesammelt, aufbereitet und gegen Entgelt anderen Gewerken zur Verfügung gestellt werden, hat große Mächtigkeit. Deshalb schlagen wir sie unter dem Begriff Sensor as a Service als Geschäftsmodellmuster des IoT vor. Die Messwerte aus der physischen Welt werden dabei nicht mehr vertikal integriert, nur für genau eine Anwendung erhoben, gespeichert und aufbereitet, sondern vielmehr für eine breite Palette von

potenziellen Anwendungen – für ein Ökosystem, dessen Entstehung im IoT sicherlich eine der nächsten großen Herausforderungen darstellt (Schuermans und
Vakulenko 2014). Anders als bei Digitally Charged Products stehen hier nicht mehr
die datengenerierenden Produkte oder die resultierenden Dienstleistungen im
Mittelpunkt, sondern die Daten selber. Sie sind die primäre Währung, die es zu
bewirtschaften gilt. Die Firma Streetline (www.streetline.com) liefert hierzu ein
gutes Beispiel. Sie installiert in Städten und auf privaten Grundstücken Sensoren,
die die Belegung von Parkplätzen erkennen können, mit dem Zweck, die erhobenen
Daten an interessierte Dritte zu verkaufen. Die Autofahrer erhalten die Informationen
über eine App heute gratis. Für die Behörden sind die etwas anders aufbereiteten
Daten von hohem Wert: Ihr physischer Aufwand, um Parksünder zu identifizieren,
sinkt dramatisch, die Auslastung der Parkplätze steigt, die Informationen zur
Optimierung ihrer Infrastruktur gewinnen an Qualität. Sensor as a Service steht für
ein Geschäftsmodellmuster, in dessen Zentrum sich ein „multi-sided" Markt für
Sensordaten befindet.

1.4 Unternehmerische Herausforderungen bei der Umsetzung von Geschäftsmodellen im IoT

In der Zusammenarbeit mit zahlreichen Unternehmen, von Großkonzernen bis hin
zu Startups zeigte sich – für erfahrene Führungskräfte wenig überraschend –, dass
die Ideengenerierung, der sich der Schwerpunkt dieses Beitrags widmet, die kleinere der Hürden bei einer Etablierung eines neuen Geschäftsmodells im IoT darstellt. Im Folgenden gehen wir kurz auf die zentralen Herausforderungen bei der
Umsetzung ein, die insbesondere bei Unternehmen auftreten, die eine erfolgreiche
Historie im klassischen Geschäft mit physischen Produkten haben: Die produzierende Industrie bzw. das produzierende Gewerbe.

1.4.1 Produkt- versus Servicegeschäft

Zur Frage nach dem optimalen Mix von Produkt- und Servicegeschäft hat sich in
den letzten zehn Jahren in Wirtschaft und Wissenschaft ein breiter Diskurs entwickelt, den die Verschmelzung von der physischen mit der digitalen Welt neu belebt,
denn der digitale Teil einer hybriden Lösung ist immer eine Dienstleistung. Die
zentralen Fragestellungen, die in der Literatur und von Unternehmen bearbeitet
werden, lauten (Fischer et al. 2012): Wie viel und welches Servicegeschäft ist angemessen? Gibt es Entwicklungsstufen auf dem Pfad einer produktdominanten zu
einer servicedominanten Organisation? Wie kann die Dienstleistungsentwicklung,
-vermarktung und -erbringung optimal organisiert werden – auf regionaler wie auf
internationaler Ebene? Welche Dienstleistungskategorien gibt es? Wie überzeuge
ich Kunden für ehemals kostenlose Dienstleistungen zu bezahlen? Wie sieht die
Preisfindung aus? Wie organisiere und incentiviere ich meine Verkaufsorganisation?
Dienstleistungen unterscheiden sich grundsätzlich von Produkten. Sie sind bei-

spielsweise nicht lagerbar, werden in der Regel beim Kunden in Zusammenarbeit mit ihm erbracht und häufig mit mehreren kleinen, zeitlich verteilten Beträgen entgolten. Im Kern geht es darum, die strategischen und operativen Eigenschaften von Produkten und Dienstleistungen gegeneinander abzuwägen und in einem nachhaltig optimalen Verhältnis zu halten. Die Besonderheit im IoT ist, dass der Serviceanteil in den hier skizzierten Geschäftsmodellen immer digitaler Natur ist. Dies hat zwei Konsequenzen: Erstens, muss die Theorie und Praxis der Serviceorientierung vor dem Hintergrund der Eigenschaften digitaler Dienstleitungen kritisch hinterfragt und allenfalls erweitert werden. Zweitens führt eine in das Produkt hineinreichende Digitalisierung (im Gegensatz zur digitalen Unterstützung von Wertschöpfungsprozessen) zwangsweise zu einer weiteren Dienstleistungsorientierung.

1.4.2   Zusammenprall der Hardware- und Internetkultur

Die unterschiedlichen Eigenschaften von physischen und digitalen Produkten machen sich insbesondere in der Produktentwicklung bemerkbar. Wenn die Grenzkosten einer Produktmodifikation gering sind, ist die Entwicklung dann gut organisiert, wenn der Managementregelkreis angemessen kurz und hochfrequent ist. In der digitalen Welt, insbesondere im Internet, sind demzufolge agile Entwicklungsprozesse heute Standard. Nahezu jedes erfolgreiche Internetsoftwareunternehmen und -projekt verwendet heute die Methode SCRUM und testet jeden Abend ein neues sichtbares Ergebnis, um es den Kunden zur Verwendung zu übergeben. In einer Welt, in der ein „Bug" mittels eines nahezu kostenfreien Updates selbst bei einer Installed Base in Millionenhöhe ohne weiteres repariert werden kann, und in der es oft genug aufgrund der Netzwerkeffekte von Beginn an um möglichst hohe Wachstumszahlen geht, zählen in der Entwicklung vor allem Geschwindigkeit, früher Kundenkontakt und Ästhetik. Die Stichworte lauten hier „Minimum Viable Product" (Ries 2009) – eine Produktversion, die bei minimalem Aufwand maximale Erkenntnisse über den Kunden liefert – und Perpetual Beta (O'Reilly 2005) – die Auflösung „fertiger" Releases zu Gunsten kontinuierlicher Weiterentwicklung des Produktes. Im Hardwaregeschäft aber auch in der Welt des Embedded Computing gelten andere Randbedingungen. Hier führt beispielsweise ein Fehler in einem bereits verkauften Produkt in der Regel zu höchst kostspieligen und imageschädigenden Rückrufaktionen. Diese technisch-ökonomisch bedingten Unterschiede haben zu divergenten Kulturen in Hardware- und Internetsoftwareabteilungen geführt und vermeintlich inkompatible Organisationseinheiten geformt. Das technische Delta lässt sich nicht wegdefinieren. Jedoch lässt sich das Wissen über das jeweils andere Fachgebiet bis zur Anschlussfähigkeit aufbauen. Dies sorgt bei den Schlüsselmitarbeitern für die notwendige Offenheit für gewinnbringenden Austausch und die Bereitschaft Best Practices aus dem anderen Lager zu übernehmen. Jedes Atom, das mit wirtschaftlichem Vorteil durch ein Bit abgelöst werden kann, wird aus den weiter oben genannten Gründen auch abgelöst. Die Digitalisierung von Hardwarefunktionen nimmt zu. Damit gewinnt auch die Frage an Bedeutung und Brisanz, wer in der Entwicklung hybrider Lösungen die „Oberleitung" innehat, die Hardware- oder die Softwareseite? Die richtige Antwort hängt sicher vom Serviceanteil im vorliegenden Geschäftsmodell ab. Ohne quantitative empirische Untersuchung lässt sich nur eine Aussage machen, die auf lückenhaftes anekdotisches Wissen zurückgreift: Immer öfter obsiegt hier die Softwareseite. Viele der untersuchten IoT-Lösungen weisen heute Eigenschaften von disruptiven Innovationen (Christensen 1997) auf. Sie positionieren sich mit einem völlig neuen Werteversprechen, sind damit kaum vergleichbar und adressieren einen neuen Markt. Sie sind klein, relativ kostengünstig und – mit herkömmlichen Metriken gemessen – qualitativ minderwertig und margenschwach. Die ex ante Erstellung eines Business Case ist häufig mit großen Unsicherheiten verbunden. Daher liegt es nahe, die Lösungsvorschläge, die Christensen Unternehmen zur Bewältigung von disruptiven Innovationen anbietet, auch bei der Entwicklung hybrider IoT-Produkte zu testen. Der Schlüssel liegt dort in der Schaffung oder der Übernahme von kleinen, selbstständigen unternehmerischen Einheiten, die in ihrer Dynamik, Gehalts- und Reportingstruktur der Größe ihres Zielmarktes entsprechen und die unabhängig von bisherigen Kunden und Kapitalgebern agieren können.

1.4.3   Umgang mit Anwendungsdaten

Hybride Lösungen bedeuten in den meisten Fällen, dass der Anbieter Zugriff auf Daten haben muss, die permanent aus der Anwendung der Lösung entstehen. Für klassische, produzierende Unternehmen ist dies neu und birgt zahlreiche Chancen aber auch Risiken. Zu den Chancen zählen datenbasierter und feingranularer, unverfälschter und lückenloser Input für die Weiterentwicklung der Lösung bzw. für die Entwicklung neuer Angebote, für die Optimierung von Kundensegmentierung, Ansprache, Ertragsmodell und Preisfindung und für die dynamische, situationsspezifische, automatische Konfiguration des Angebots während der Laufzeit. Der professionelle Umgang mit diesen Massendaten, heute unter den Begriffen Analytics, Big Data oder Data Science diskutiert, ist eine neue grundlegende Fähigkeit, die Unternehmen besitzen oder aufbauen müssen, um diese Chancen zu nutzen. Aus diesem Grund haben O'Reilly (2005) und Andere markant festgestellt: „SQL is the new HTML" bzw. „Data Science is cool". Zu den Herausforderungen zählen sämtliche Fragen rund um die informationelle Selbstbestimmung der Anwender, insbesondere jene zur bestimmungsgerechten Verwendung sowie zur Sicherheit der Daten. Wem gehören die aus der Anwendung generierten Daten? Dem Anwender, dem Lösungsanbieter, beiden? Der relativ junge Ansatz, den u. a. Pentland (2009) verfolgt, erscheint hier vielversprechend. Er sieht Daten als Gut, das dem Erzeuger der Daten gehört. Dieser kann frei entscheiden, was er mit dem Gut machen möchte. Er kann es dabei wie Geld behandeln und nach Gutdünken behalten, spenden oder gegen eine andere Währung oder eine Gegenleistungen verkaufen. Fest steht, dass jede hybride Lösung eine klare und für allen Seiten transparente und sicher implementierte Vorstellung braucht, wie sie mit Anwendungsdaten umgeht, die beim Kunden generiert wurden. Nur so kann, für Kunden wie Anbieter nachhaltig, Nutzen aus diesen Daten gezogen werden.

1.5 Einige Antworten und viele offene Fragen

Der vorliegende Beitrag verfolgt das Ziel, Innovatoren aus Wirtschaft und Gesellschaft zu Geschäftsmodellen im IoT zu inspirieren. Er analysiert dazu die Rolle, die das Internet in Geschäftsmodellen bis heute einnimmt, dokumentiert die spezifische ökonomische Energie des IoT und leitet daraus eine generelle Produkt-Service Logik ab, die als Grundlage für konkrete Bausteine und Muster von Geschäftsmodellen im IoT dienen. Abschließend zeigt er einige Schlüsselherausforderungen bei deren Umsetzung auf, mit denen insbesondere Unternehmen mit einer erfolgreichen Geschichte in der produzierenden Industrie konfrontiert sind. Zahlreiche Aspekte, die in direktem Zusammenhang mit IoT-Geschäftsmodellen stehen, beleuchtet der Artikel nicht. Beispielsweise klammert er die aktuell sehr prominent geführte Diskussion rund um technische Standards auf den unterschiedlichsten Ebenen der Kommunikation insbesondere in der letzten Meile (vom „smarten" Ding zum ersten klassischen Internetcomputer) aus, ebenso die rasante Evolution drahtloser Protokolle, die alles bestimmende Energiefrage, Fragen der Systemrobustheit, -wartbarkeit und -sicherheit. Er verzichtet außerdem auf die Darstellung der Topografie und der Entwicklung des Anbietermarktes, die spezifischen Rollen, die Hersteller entlang der Ebenen in Abb. 1.2 haben. Auch kann der Beitrag nicht auf branchen- oder prozessspezifische Anwendungen eingehen. Die zentrale Rolle des Mobiltelefons, das im IoT als Medium zwischen Menschen, „smarten" Dingen bzw. „smarter" Umgebung und dem Internet vermittelt wird ebenso wenig behandelt, wie die Emotionalisierung der physischen Welt. Diese tritt dann ein, wenn Dinge in Echtzeit auf ihre Umgebung reagieren, zu einem wenigstens gefühlten Leben erwachen (Kelly 1999) und das Verhalten der Umgebung inklusive der Menschen in einer neuen Qualität beeinflussen. Der vorliegende Beitrag wirft mehr offene Fragen auf als er beantwortet. Einige können nun jedoch konkreter gefasst werden. Heute ist es aufschlussreich zu lesen, was vor zehn Jahren zum IoT geschrieben wurde. In 10 Jahren wird es interessant sein zurückzublicken und zu sehen, welche der hier aufgezeigten Entwicklungen und Begriffe sich als nachhaltig erwiesen haben und welche in den Hintergrund getreten sind. Akademisch und wirtschaftlich bleibt das IoT ein faszinierendes und lohnendes Phänomen.

Literatur

Christensen C (1997) The innovator's dilemma: when new technologies cause great firms to fail. Harvard Business Review Press, Cambridge

Fischer T, Gebauer H, Fleisch E (2012) Service business development: strategies for value creation in manufacturing firms. Cambridge University Press, Cambridge

Fleisch E (2010) What is the internet of things? An economic perspective. Auto-ID Labs White Paper WPBIZAPP-053. ETH Zürich & University of St. Gallen, St. Gallen

Fleisch E, Christ O, Dierkes M (2005) Die betriebswirtschaftliche Vision des Internets der Dinge. In: Fleisch E, Mattern F (Hrsg) Das Internet der Dinge. Springer, Berlin, S 3–37

Fleisch E, Weinberger M, Wortmann F (2014) Geschäftsmodelle im Internet der Dinge. Arbeitsbericht. http://www.iot-lab.ch/wp-content/uploads/2014/09/GM-im-IOT_Bosch-Lab-White-Paper.pdf. Zugegriffen am 01.10.2014

Gassmann O, Frankenberger K, Csik M (2013) Geschäftsmodelle entwickeln: 55 innovative Konzepte mit dem St. Galler Business Model Navigator. Hanser Verlag, München

Kelly K (1999) New rules for the new economy: 10 radical strategies for a connected world. Penguin Books, New York

O'Reilly T (2005) What is web 2.0. http://oreilly.com/web2/archive/what-is-web-20.html. Zugegriffen am 29.08.2014

Pentland A (2009) Reality mining of mobile communications: toward a new deal on data. In: Dutta S, Mia I (Hrsg) The global information technology report 2008–2009. World Economic Forum. S 75–80

Ries E (2009) Minimum viable product: a guide. http://www.startuplessonslearned.com/2009/08/minimum-viable-product-guide.html. Zugegriffen am 29.08.2014

Rüegg-Stürm J (2003) Das neue St. Galler Management-Modell. Haupt, Bern

Schuermans S, Vakulenko M (2014) IOT – breaking free from internet and things, how communities and data will shape the future of IoT in ways we can't imagine. VisionMobile, London

Wie das Internet der Dinge neue Geschäftsmodelle ermöglicht

2

Daniel Huber und Thomas Kaiser

Zusammenfassung

Bis 2020 werden mehr als 50 Milliarden Geräte mit dem Internet verbunden sein. Mit Hilfe Cyber-Physikalischer Systeme und digitaler Zwillinge, die die reale mit der virtuellen Welt verbinden, können Prozesse automatisiert und wertvolle Erkenntnisse gewonnen werden. Dies ermöglicht neue Geschäftsmodelle auf Basis intelligenter Produkte und Dienstleistungen.

Schlüsselwörter

Internet of Things • Industrie 4.0 • Digitaler Zwilling • Cyber-Physikalische Systeme • Smart Services • Intelligente Produkte und Dienstleistungen

2.1   Neue Möglichkeiten – Industrie 4.0 und das Internet der Dinge

Die Schlagworte Industrie 4.0, Internet of Things (IoT), Big Data und Machine Learning sind derzeit in aller Munde. Laut Analysten werden bis 2020 mehr als 50 Milliarden Geräte mit dem Internet verbunden sein. Wesentliche Gründe hierfür sind die dramatisch fallenden Preise für Sensoren, die neuen Möglichkeiten basierend auf dem IPv6 Protokoll und die Fähigkeit, große Datenmengen in Echtzeit zu analysieren.

Der Begriff Industrie 4.0 bringt die vierte industrielle Revolution zum Ausdruck und ist ursprünglich zurückzuführen auf den ersten nationalen IT-Gipfel der deutschen Bundesregierung im Jahr 2006 am Hasso-Plattner-Institut (HPI) in Potsdam

---

Überarbeiteter Beitrag basierend auf Huber und Kaiser (2015) Wie das Internet der Dinge neue Geschäftsmodelle ermöglicht, HMD – Praxis der Wirtschaftsinformatik Heft 305, 52(5):681–689.

D. Huber (✉) • T. Kaiser
SAP SE, Walldorf, Deutschland
E-Mail: Daniel.Huber@sap.com; Thomas.Kaiser@sap.com

© Springer Fachmedien Wiesbaden GmbH 2017
S. Reinheimer (Hrsg.), *Industrie 4.0*, Edition HMD,
DOI 10.1007/978-3-658-18165-9_2

(Kagermann und Leukert 2015). Der Begriff wurde maßgeblich geprägt von Prof. Dr. Henning Kagermann, dem Präsidenten der Deutschen Akademie der Technikwissenschaften (acatech o. J.). Ziel der Bundesregierung war und ist es, die Qualität und Wettbewerbsfähigkeit des Informationstechnologie-Standorts Deutschland im internationalen Wettbewerb weiter zu verbessern. Das Ergebnis des Arbeitskreises Industrie 4.0 wurde unter dem Titel „Umsetzungsempfehlungen für das Zukunftsprojekt Industrie 4.0" von Herrn Kagermann an die deutsche Bundesregierung übergeben (Kagermann 2013) und beschreibt die Auswirkungen des „Internet der Dinge" auf die Produktion und die intelligente Fabrik.

Die erste industrielle Revolution läutete im 19. Jahrhundert durch die Erfindung der Dampfmaschine den Beginn des Maschinenzeitalters ein, gefolgt von der Massenfertigung mit Hilfe von Fließbändern und elektrischer Energie und der digitalen Revolution Ende des 20. Jahrhunderts durch die Digitalisierung und computergesteuerte Automatisierung (Abb. 2.1).

Die neue industrielle Ära wird bestimmt durch sogenannte „Cyber-Physikalische Systeme" (CPS), die die reale Welt mit der virtuellen Welt verbinden und weltweit vernetzen (Abb. 2.2). Dadurch können beispielsweise in der Produktion Maschinen, Lagersysteme und Betriebsmittel eigenständig Informationen austauschen, Aktionen auslösen und sich gegenseitig selbstständig steuern. Dies führt zu erhöter Effizienz und Qualität sowie einer Optimierung der Geschäftsprozesse. Eines der Hauptkonzepte von Industrie 4.0 ist die Integration in drei Dimensionen: horizontale Integration in die

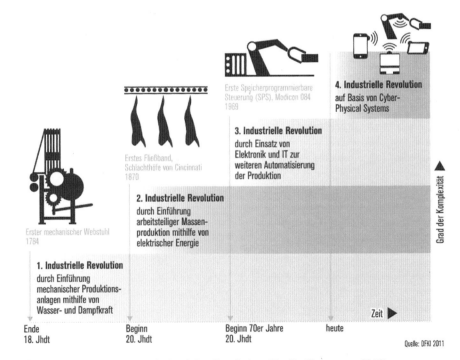

Abb. 2.1 Die vier Phasen der industriellen Revolution. (Quelle: Kagermann 2013)

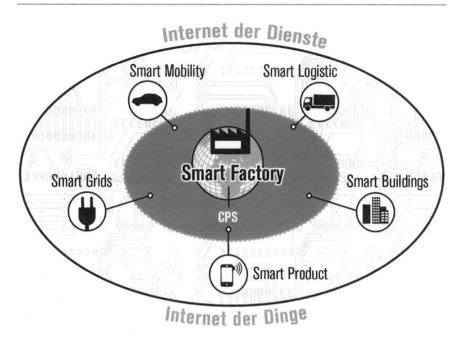

Abb. 2.2 Industrie 4.0 und Smart Factory als Teil des Internets der Dinge. (Quelle: acatech o. J.)

Geschäftsprozesse und Firmennetzwerke (auch über Firmengrenzen hinweg), vertikale Integration in der Produktion und die Integration durchgängiger Engineeringprozesse (Kagermann und Leukert 2015).

Während sich der Begriff Industrie 4.0 hauptsächlich auf die Prozesse in der Produktentwicklung und Produktion bezieht und primär im deutschsprachigen Raum verwendet wird, beschreibt das Internet der Dinge die neuen Möglichkeiten von intelligenten, mit Sensorik ausgestatteten Fertigprodukten auch in anderen Wirtschaftszweigen, wie der Logistik, dem Gebäudemanagement oder dem Konsumgüterbereich. Beispiele dafür sind die Erfassung und Optimierung der Gesundheit und Fitness mit weit verbreiteten Puls- und Fitness-Trackern oder auch die stetige Zunahme von intelligenten Hausautomatisierungssystemen zur Steuerung von Heizung, Licht und Jalousien über das Internet oder mittels mobiler Endgeräte. Um die physische und virtuelle Welt noch intensiver zu verzahnen, hat sich im Umfeld des Internet der Dinge der Begriff des „Digitalen Zwillings" als virtuelle Repräsentation einer Anlage, eines Produktes oder einem intelligenten Service in der realen Welt etabliert (Kaiser 2016). Der Digitale Zwilling bringt in der Regel folgende unterschiedliche Arten von Informationen in Verbindung, um das Gesamtsystem möglichst vollständig digital abzubilden: Sensor-Daten, Engineering-Informationen, Geschäftsdaten und Kontextinformationen (Abb. 2.3). Sensor-Daten wie z. B. Bewegungs-, Vibrations-, Beschleunigungs- oder Zustandsinformationen beschreiben, was in der realen Welt aktuell geschieht. Geschäftsdaten liefern Informationen zum Produkt, über den Geschäftspartner und dessen Zahlungsverhalten,

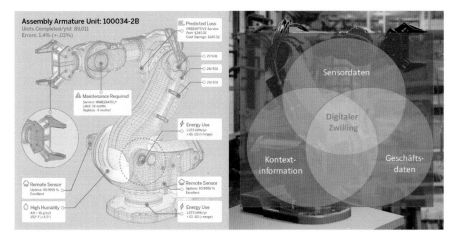

Abb. 2.3 Schematische Darstellung des Digitalen Zwillings

den Vertrag oder die Service-Vereinbarungen. Engineering-Informationen beschreiben Produkt- und Leistungsdaten, Produktstrukturen, Softwarestände und CAD-Zeichnungen. Kontext-Informationen liefern Informationen über das Umfeld, wie z. B. Wetter, Temperatur, Windgeschwindigkeit, Lokation oder andere Nutzungsbedingungen.

Durch das Konzept des Digitalen Zwillings erhalten Unternehmen in Echtzeit völlig neue Einsichten über den aktuellen Zustand des Produktes oder wie ein Produkt beziehungsweise eine gesamte Produktgruppe von Kunden genutzt wird. Diese Informationen können genutzt werden, um das Produkt kontinuierlich zu verbessern oder dem Kunden neue, relevante Produkte und Dienstleistungen anzubieten wie z. B. ein Pay-per-Use Modell. In diesem Modell kauft der Kunden nicht das Produkt, sondern die genutzte Leistung. Laut den Analysten von Gartner sind Digitale Zwillinge einer der Top 10 strategischen Trends für 2017 (Panetta 2016).

2.2   Anwendungen und Beispiele im Umfeld Industrie 4.0 und Internet der Dinge

Aufgrund der hervorragenden Wettbewerbsposition der deutschen Industrie als „Ausrüsterindustrie der Welt" hält die Digitalisierung massiv Einzug in die Produktion, resultierend in der intelligenten Fabrik. Damit lässt sich eine neue Produktionslogik realisieren. Intelligente Produkte sind jederzeit – während der Produktion und auch danach – eindeutig identifizierbar, und ihre Historie ist bekannt. Auf dieser Grundlage lassen sich Produktionsprozesse optimieren und kundenindividuelle Produkte zu Kosten von Massenprodukten herstellen (Stichwort Losgröße 1), indem das Produkt (bzw. der Werkstückträger) mit der Maschine kommuniziert und ihr mitteilt, wie es gefertigt wird. Durch die Integration mit dem ERP-System werden die Produktmerkmale von dem Kundenauftrag an die Produktionsprozesse übergeben.

Letztlich resultieren diese Verbesserungen in Effizienzsteigerungen, Reduzierung des Energieverbrauchs, höherer Attraktivität für Mitarbeiter durch die Nutzung moderner Technologien, Verbesserung der Produktqualität und einer erhöhten Kundenbindung durch kundenindividuelle Produkte und Dienstleistungen.

Der Motorradhersteller Harley Davidson hat beispielsweise eine Motorradfabrik von Grund auf neu aufgebaut und die Produktionsprozesse flexibler und intelligenter gemacht. Aufgrund der direkten Integration zwischen Produktionsplanung und -ausführung können die Motorräder nun individuell hergestellt werden. Alle Maschinen und Transporteinheiten sind mit Sensoren ausgestattet, um sämtliche relevanten Prozessparameter auswerten und vergleichen zu können. Damit konnte die Fertigungsdurchlaufzeit eines kundenindividuellen Motorrads von 21 Tagen auf sechs Stunden reduziert werden (SAP 2015). Kunden können, gemäß dem Slogan von Harley Davidson „we sell freedom not bikes", sprichwörtlich morgens bestellen und nachmittags in den Sonnenuntergang reiten. Ein weiteres attraktives Anwendungsfeld im Bereich des Internet der Dinge ist die Maschineninstandhaltung. Die weltweiten Ausgaben für Service und Instandhaltung liegen im Bereich von 500 Milliarden Dollar pro Jahr und sind damit ein großer Kostenaspekt für die Firmen im Maschinen-, Anlagenbau und der Konsumgüterindustrie. Um diese Kosten zu reduzieren, haben viele Firmen in den letzten Jahren ihre Prozesse von der reaktiven hin zur präventiven Instandhaltung umgestellt.

Die nächste Evolutionsstufe ist die vorausschauende Instandhaltung. Dafür werden Maschinen und Anlagen mit Sensoren ausgestattet, um in Echtzeit die Maschinendaten zu erfassen, auszuwerten und Fehlermuster zu erkennen. Dadurch ist es möglich, Fehler und Maschinenausfälle schon im Vorfeld vorherzusagen und die notwendigen Gegenmaßnahmen zu ergreifen und planbar zu machen. Darüber hinaus kann der Servicetechniker aufgrund der Fehlerursache und Produkthistorie identifizieren, welche Ersatzteile benötigt werden und diese frühzeitig bestellen oder in Notfällen mittels 3D-Druckverfahren kurzfristig produzieren. Dies führt zu einer erheblichen Verbesserung der sogenannten „First Time Fix Rate", also die Anzahl der bereits bei der ersten Kontaktaufnahme gelösten Probleme. Ein namhafter Anlagenbauer konnte durch die Anbindung seiner Maschinen an das Internet und das Auslesen der Maschinenprotokolle über Ferndiagnose seine First Time Fix Rate von 55 % auf über 90 % erhöhen, was zu erheblichen Kosteneinsparungen und einer deutlich verbesserten Kundenzufriedenheit geführt hat.

Um Vorhersagen zu möglichen Maschinenausfällen zuverlässig zu prognostizieren, ist es notwendig, alle relevanten Informationen zur Verfügung zu haben und auszuwerten, wie zum Beispiel Temperatur und Vibrationen, Maschinenstandort, Maschinenhistorie und -laufzeit. Mit Hilfe von Analysewerkzeugen und Algorithmen und Methodiken des Machine Learning lassen sich Fehlermuster, Trends und Korrelationen identifizieren und mit einer bestimmten Wahrscheinlichkeit einen möglichen Maschinenausfall prognostizieren. In vielen Projekten hat sich gezeigt, dass dafür eine interdisziplinäre Zusammenarbeit von Ingenieuren, Produktexperten und Datenanalysten notwendig ist. Die dabei gewonnenen Rückschlüsse können dazu beitragen, die Servicequalität kontinuierlich zu verbessern, aber auch durch den Rückfluss in die Produktentwicklung die Produktqualität und Fehleranfälligkeit nachhaltig zu steigern.

Mit der Implementierung von Strategien zur vorausschauenden Instandhaltung und der dadurch resultierenden Erhöhung der Maschinenverfügbarkeit lassen sich für Maschinenhersteller auch neue, lukrative Geschäftsmodelle etablieren. Hersteller verkaufen komprimierte Luft anstatt Kompressoren, oder auch Mobilität statt Fahrzeugen. In den meisten Fällen ermöglicht das den Maschinenherstellern individueller auf die Kundenanforderungen einzugehen und durch die Kombination von Maschinen und intelligenten Dienstleistungen (Smart Services) eine höhere Marge zu erzielen oder sich von ihren Wettbewerbern zu differenzieren. Die Umsetzung von IoT-Lösungen ermöglicht somit die Erschließung neuer Marktpotenziale und Wettbewerbsvorteile und eine erhöhte Kundenbindung. Letzten Endes ist die vorausschauende Instandhaltung aber für alle Arten von hochwertigen Produkten relevant, egal ob Roboter, Produktionsanlagen oder Fahrzeuge.

Die Firma Kaeser Kompressoren (Kalim 2015) liefert Kompressoren in mehr als hundert Länder und erfasst die Betriebsdaten dieser Kompressoren in Echtzeit, um all ihren globalen Kunden den bestmöglichen Kundenservice zu bieten. Dabei werden mehr als eine Million Datensätze am Tag wie zum Beispiel Druck, Temperatur und Volumen von den Kompressoren vor Ort erfasst. Mit Hilfe von Anwendungen für Predictive Maintenance und analytischen Werkzeugen können Muster identifiziert und der Maschinenzustand prognostiziert werden. Dies führt zu einer Reduzierung von ungeplanten Maschinenausfällen. Die Integration der Maschinendaten mit den Ersatzteil- und Wartungsinformationen aus dem ERP-System ist dafür eine wichtige Voraussetzung. Da die individuellen Maschinen und Anlagen als sogenannter digitaler Zwilling abgebildet sind, können Servicetechniker Maschinen mit ähnlichen Konfigurationsparametern und Nutzungsdaten vergleichen und somit auch den Kundenservice und Firmware-Updates schneller und effizienter durchführen.

Im Bereich Logistik und Infrastruktur bietet das Internet der Dinge ebenfalls große Optimierungspotenziale, sowohl im Bereich Connected Cities als auch im Umfeld von Connected Logistics. Vor allem im Bereich der Lieferkette wird die Verknüpfung der physischen und der virtuellen Welt immer weiter vorangetrieben, wie man unter anderem anhand moderner Navigations- und Telematik-Lösungen sehen kann. Die kontinuierliche Zunahme des Welthandels führt zu einem deutlich erhöhten Umschlag von Waren in den zentralen Logistikzentren wie Häfen, Flughäfen und großen Produktionsstätten. Mit 7200 Hektar Fläche ist der Hamburger Hafen der größte Hafen in Deutschland und die Nummer zwei in Europa. Es werden circa 10.000 Schiffe und 9 Millionen Frachtcontainer pro Jahr umgeschlagen. Die Containerzahl hat sich in den letzten zehn Jahren fast verdoppelt. Die Hamburg Port Authority (HPA) geht davon aus, dass der Hafen 25 Millionen Frachtcontainer bis zum Jahr 2025 umschlagen wird (Kaup 2015). Da die Hafenfläche in Hamburg nicht mehr vergrößert werden kann, muss die gesteigerte Frachtrate durch Effizienzsteigerungen und Prozessoptimierungen erreicht werden. Das Projekt „SmartPORT Logistics" hat die Zielsetzung, die Informationen von Brücken, LKWs, Staunachrichten und verfügbaren Parkplätzen mit der Ankunftszeit von Schiffen intelligent in Einklang zu bringen. Damit entsteht ein optimaler Warenumschlag zwischen Transporten auf der Straße, Schiene und den Wasserwegen. Staus und Wartezeiten werden so bei gleichzeitiger Erhöhung des Warenumschlags minimiert.

Eine cloud-basierte IT-Lösung ermöglicht es sowohl den aktuellen Marktteilnehmern (Hafen, Spediteure) sich untereinander auszutauschen, aber auch zukünftig andere Partner und Dienstleistungen schnell und einfach in dieses Netzwerk zu integrieren bzw. sich mit anderen Netzwerken abzustimmen.

Gerade im Bereich Transport und Logistik stehen uns in den nächsten Jahren entscheidende Umwälzungen bevor. Während heute die mit „Losgröße eins" hergestellten Produkte noch mit klassischen Transportmitteln via LKW und Container zum Endkunden gelangen, forschen viele Firmen schon heute an den Transportmitteln der Zukunft. Der Transport via Drohnen und autonomen Transportmitteln wird zukünftig die Lieferzeiten dramatisch reduzieren. Autonome Fahrzeuge werden zum einen ihrem Fahrer die Fahrzeit deutlich effizienter und angenehmer gestalten, zum anderen könnten sich die Fahrzeuge während den Parkzeiten selbstständig für einfache Transporte und Personenbeförderungen zur Verfügung stellen. Moderne Technologien wie die dezentrale Datenbank Blockchain und Smart Contracts, also automatisierte Verträge, könnten die Basis dafür sein, den Zugang und die Transaktionen automatisiert abzuwickeln. Auch wenn sich in den letzten Jahren technologisch viel getan hat, so sind heute erst wenige Prozent der möglichen Effizienzsteigerungen durch die Digitalisierung erschlossen und realisiert.

2.3   Smart Services, neue Geschäftsmodelle und Allianzen

Eine notwendige Voraussetzung, um intelligente Produkte und Dienstleistungen anbieten zu können, ist das Wissen um die individuellen Interessen und Bedürfnisse der Kunden und Konsumenten. Aufgrund der großen Verbreitung und Verzahnung von mobilen Anwendungen, sozialen Netzwerken und Big Data Plattformen stehen solche Informationen immer umfangreicher zur Verfügung. Die Kunst ist es, mittels Machine Learning Algorithmen die wichtigen und relevanten Informationen herauszufiltern, diese miteinander zu kombinieren und somit große Datenmengen in intelligente Erkenntnisse zu verwandeln.

Durch die Entwicklung von intelligenten Produkten und Dienstleistungen verschieben sich auch die Grenzen einzelner Industrien (Porter 2014). Ein klassisches Beispiel ist die Entwicklung des iPhones, das zu einer Umwälzung ganzer Industriezweige geführt hat. Vor allem die Kombination eines innovativen Smartphones mit intelligenten und personalisierten Dienstleistungen wie zum Beispiel Musik, Filmen und personalisierten Anwendungen hat zu einer komplett neuen Gerätefamilie geführt und die Handy-, Medien- und Softwareindustrie revolutioniert. Intelligente Produkte und Dienstleistungen bieten Anbietern die Möglichkeit, sich von ihren Wettbewerbern zu differenzieren. Im Falle des iPhones lassen sich zum Beispiel die Erkenntnisse aus dem App Store wiederum nutzen, um sich weiter vom Wettbewerb zu differenzieren und zusätzliche Märkte, wie Wearables, intelligente Uhren oder den Hausautomatisierungsmarkt zu erschließen. All diese Maßnahmen erhöhen die Kundenbindung, aber auch die Abhängigkeit der Kunden von kompletten Ökosystemen. In manchen Fällen ersetzen intelligente Produkte sogar bereits am Markt etablierte Produktgruppen: Dies ist anschaulich im Bereich der

Sport- und Gesundheitsindustrie zu beobachten, wo Smartphones und Wearables etablierte Laufuhren ersetzen und nicht nur die Geschwindigkeit und den Kalorienverbrauch beim Laufen messen, sondern auch ganzheitlich die Fitness und den Schlafrhythmus überwachen. Statt Tabletten und Medikamenten wird dem Konsumenten Gesundheit beziehungsweise ein gesunder Lebensstil verkauft.

Das Internet der Dinge verschiebt nicht nur die Grenzen von Industriezweigen, es führt auch zu neuen Allianzen, Partnerschaften und Ökosystemen. Die Agrarwirtschaft verändert sich von der Traktorenherstellung hin zu umfangreichen Agrarökosystemen, an denen auch Saatgut-, Düngemittelhersteller und Anbieter von Landwirtschaftsportalen beteiligt sind. Das Portal 365Farmnet hilft zum Beispiel Landwirten dabei, in Echtzeit die Fahrspuren und Ertragskarten telemetriefähiger Landwirtschaftsmaschinen im Blick zu behalten und die Erträge zu optimieren (Handelsblatt 2014). Dafür haben sich unter anderem führende Anbieter wie Claas, GEA, Rauch und KWS zusammengeschlossen. Darüber hinaus sind das Internet der Dinge und die zunehmende Automatisierung auch wesentliche Treiber der Digitalen Transformation, die bestehende Geschäftsmodelle in das digitale Zeitalter transformieren und komplette Wertschöpfungsketten, Geschäftsbeziehungen und -netzwerke verändern.

2.4 Technische Herausforderungen und Big Data Architektur

Eine große Herausforderung bei der Entwicklung und Implementierung von Anwendungen für das Internet der Dinge sind die großen Datenmengen, die in der Regel bei solchen Anwendungen anfallen und mit der Zeit exponentiell zunehmen werden.

Es ist davon auszugehen, dass herkömmliche Datenablagen und -architekturen nur bedingt geeignet sind, die Anforderungen hinsichtlich Datenmenge, -varianz und Analysegeschwindigkeit zu erfüllen. Bereits heute fallen in vielen Projekten mehrere hundert Gigabyte an Daten und Milliarden an Sensorwerten pro Woche an. Die Wertschöpfung entsteht bei diesen Daten erst dann, wenn die Daten mit anderen Informationen – zum Beispiel aus ERP-Systemen – angereichert, analysiert und für wertvolle Vorhersagen genutzt werden können. Oft fehlen aber heute noch die individuellen Erfahrungswerte für solche Vorhersagemodelle, was dazu führt, dass Daten auf Vorrat gesammelt werden. Diese großen Mengen an Daten erfordern ebenfalls einen Kompromiss zwischen Datenkonsistenz und Skalierbarkeit beziehungsweise Geschwindigkeit, was auch im CAP-Theorem (Gilbert und Lynch 2011) („ACID" (= Atomicity, Consistency, Isolation und Durability) im Vergleich zum „BASE"-Prinzip (= Basically Available, Soft state, Eventual consistency)) beschrieben ist und von einigen neueren Technologien adaptiert wird. Eines der vielversprechendsten Beispiele dafür sind Cassandra und Hadoop – „ein Programmiergerüst auf Basis von Java und dem bekannten MapReduce-Algorithmus von Google" (Joos und Litzel 2014). Mit Hilfe dieser Technologien ist es möglich, große Datenmengen im Petabyte-Bereich kostengünstig abzulegen und zu verwalten. In Kombination mit modernen In-Memory Datenbanken wie der SAP HANA Big Data Plattform (Abb. 2.4) können die Daten kontinuierlich in Echtzeit analysiert werden, um die notwendigen Vorhersagen zu treffen bzw. große Datenmengen in umsetzbare Vorhersagen zu verwandeln.

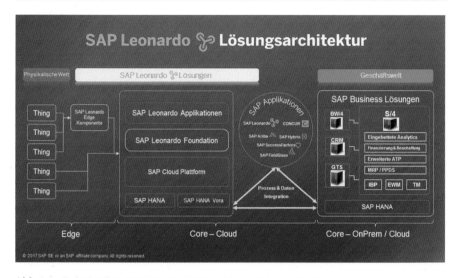

Abb. 2.4 Beispiel einer Big Data Architektur für das Internet der Dinge

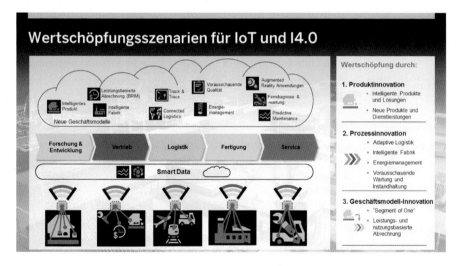

Abb. 2.5 Wertschöpfungsszenarien aufgrund intelligenter Produkte und Dienstleistungen

Seit das Thema Internet of Things im August 2014 die Spitze des Hype Cycles für Zukunftstechnologien erreicht hat, nehmen auch die Anzahl der IoT-Anbieter und Lösungen stetig zu. Während sich viele dieser Lösungen auf spezifische Industrien oder individuelle Technologiekomponenten konzentrieren, ist es für den Erfolg des Internet der Dinge wichtig, dass sich daraus industrieübergreifende, horizontale IoT-Plattformen entwickeln und etablieren (siehe Abb. 2.5), die auf offenen Standards basieren und die für Partner und die Entwickler-Community uneingeschränkt zugänglich sind.

Im Umfeld der industriellen Automatisierung hat sich sogar ein wahrer Kampf der Titanen (Alessi 2017) um die Vorherrschaft der industriellen Digitalisierung zwischen den Giganten Siemens und General Electrics entwickelt: Die Firma Siemens hat für ihre Kunden mit MindSphere eine IoT-Plattform entwickelt, um diesen digitale Dienstleistungen und neue Geschäftsmodelle zu ermöglichen. Alle Arten von Sensor-Daten werden in der Cloud erfasst und in Echtzeit verarbeitet. Auf dieser Basis bietet Siemens seinen Kunden schon heute ein offenes, skalierbares und flexibles Ökosystem für das Internet der Dinge auf Basis der SAP Cloud Plattform an. Via Plug-und -Play-Komponenten können Kunden sehr einfach und schnell ihre Sensoren und Anlagen konnektieren und in Echtzeit überwachen. Darüber hinaus ist es für Kunden und Partner sehr einfach möglich, neue Anwendungen auf Basis von Applikations-Services beziehungsweise sogenannten Micro-Services schnell und einfach zu erstellen beziehungsweise zu konfigurieren. Wie wichtig die Verknüpfung unterschiedlicher IoT-Szenarien ist, lässt sich anschaulich am Beispiel der Fahrzeuganalyse verdeutlichen: Während es für Fahrzeugflotten von Interesse ist, die Nutzung der Fahrzeuge und das Fahrverhalten der Fahrer auf Basis von Telemetriedaten zu analysieren und zu optimieren, können die selben Fahrzeuginformation auch genutzt werden, um frühzeitig Defekte zu erkennen und Werkstatttermine zu veranlassen. Darüber hinaus können dem Fahrer intelligente Dienstleistungen wie zum Beispiel Hotelangebote am Zielort angeboten werden.

Das Beispiel wirft jedoch auch eine fundamentale Fragestellung auf, die das Dilemma bei der großflächigen Umsetzung von IoT-Szenarien aufzeigt: Wem gehören eigentlich die Daten, dem Fahrer, dem Hersteller oder dem Mietwagenanbieter? Wie kann man dem Fahrer intelligente Dienstleistungen bereitstellen ohne ihm gleichzeitig das Gefühl zu geben, überwacht zu werden? Während wir in verschiedenen Kulturkreisen und Anwendungsbereichen recht sorglos mit unserem digitalen Fingerabdruck umgehen, gibt es in anderen Anwendungsbereichen natürliche Bedenken und Hemmschwellen. Weitere wichtige Kriterien sind dabei vor allem auch die Datensicherheit und der Speicherort der Daten. Die jüngsten Ereignisse im Bereich der Datenspionage haben sicherlich viele Firmen und Anwender dafür sensibilisiert, genauer darauf zu achten, wo und von wem ihre Daten im Netz gespeichert werden.

Auch wenn das Internet der Dinge noch einige offene Fragestellungen und Herausforderungen birgt: In Anbetracht der vielen Vorteile ist es nur eine Frage wann und nicht ob sich das Thema in der Industrie durchsetzt und zum Allgemeingut wird.

Literatur

Acatech (o. J.) Dossier Zukunft des Industriestandorts. http://www.acatech.de/de/aktuelles-presse/dossiers/dossier-zukunft-des-industriestandorts.html. Zugegriffen am 02.07.2015

Alessi C (2017) GE, Siemens Vie to reinvent manufacturing by harnessing the cloud. https://www.wsj.com/articles/ge-siemens-vie-to-reinvent-manufacturing-by-harnessing-the-cloud-1488722402. Zugegriffen am 09.07.2015

Gilbert S, Lynch N (2011) Perspectives on the CAP theorem. http://groups.csail.mit.edu/tds/papers/Gilbert/Brewer2.pdf. Zugegriffen am 09.07.2015

Joos T, Litzel N (2014) Big data insider. http://www.bigdata-insider.de/infrastruktur/articles/457897/. Zugegriffen am 02.07.2015

Kagermann H (2013) Umsetzungsempfehlungen für das Zukunftsprojekt Industrie 4.0. Abschlussbericht des Arbeitskreises Industrie 4.0. http://www.acatech.de/de/publikationen/stellungnahmen/kooperationen/detail/artikel/umsetzungsempfehlungen-fuer-das-zukunftsprojekt-industrie-40-abschlussbericht-des-arbeitskreises-i.html. Zugegriffen am 09.07.2015

Kagermann H, Leukert B (2015) How the Internet of Things and smart services will change society. https://open.sap.com/courses/iot1. Zugegriffen am 02.07.2015

Kaiser T (2016) Leveraging digital twins to breathe new life into your products and services. http://www.digitalistmag.com/iot/2016/10/12/digital-twins-breathe-new-life-into-products-and-services-04572599. Zugegriffen am 09.03.2017

Kalim M (2015) Internet of Things: the power of predictive maintenance. http://blogs.sap.com/analytics/2015/03/12/internet-of-things-the-power-of-predictive-maintenance/

Kaup G (2015) Onshore – the real logistics bottleneck for large and growing ports. http://scn.sap.com/community/internet-of-things/blog/2014/11/10/onshore-the-real-logistics-bottleneck-for-large-and-growing-ports. Zugegriffen am 02.07.2015

o.A (2014) Handelsblatt, Wo Bauern den Autofirmen was vormachen (26.09.2014). http://www.handelsblatt.com/technik/vernetzt/smart-farming-smart-factoring-und-co-wo-bauern-den-autofirmen-was-vormachen/10708266.html. Zugegriffen am 09.07.2015

Panetta K (2016) Gartner's top 10 strategic technology trends for 2017. http://www.gartner.com/smarterwithgartner/gartners-top-10-technology-trends-2017. Zugegriffen am 09.03.2017

Porter ME (2014) Harvard business review: how smart, connected products are transforming competition. https://hbr.org/2014/11/how-smart-connected-products-are-transforming-competition. Zugegriffen am 09.07.2015

SAP (2015) Thought leadership paper Internet of Things, SAP brings you the Internet of Things for business. http://www.sap.com/bin/sapcom/en_us/downloadasset.2014-11-nov-12-17.sap-brings-you-the-internet-of-things-for-business-pdf.html. Zugegriffen am 02.07.2015

Industrial Cloud – Status und Ausblick

3

Reinhard Langmann und Michael Stiller

Zusammenfassung

Im Kontext Industrie 4.0 wird Cloud Computing für die Produktion von morgen eine wesentliche Rolle spielen. Der Beitrag gibt deshalb einen Überblick über den aktuellen Stand beim Einsatz und der Entwicklung des Cloud Computing für die Produktionsautomatisierung (Industrial Cloud). Ein besonderer Schwerpunkt des Beitrags sind dabei Anwendungen und Projekte, die sich mit der Verlagerung von Automatisierungsfunktionen aus der Prozessleit- und Steuerungsebene als Cloud-Dienste in eine Industrial Cloud beschäftigen.

Schlüsselwörter

Industrial Cloud • Cloud Computing • Produktionsautomatisierung • Automatisierungssystem • Automatisierungsdienst

3.1 Motivation

Im Bereich der Informations- und Betriebswirtschaft ist die Auslagerung von informationstechnischen Dienstleistungen an Dritte und deren Nutzung auf Mietbasis seit mehreren Jahren üblich. Dabei werden sowohl komplette IT-Infrastrukturen wie

Unveränderter Original-Beitrag Langmann und Stiller (2015) Industrial Cloud – Status und Ausblick, HMD – Praxis der Wirtschaftsinformatik Heft 305, 52(5):647–664.

R. Langmann (✉)
Competence Center Automation Düsseldorf (CCAD), Düsseldorf, Deutschland
E-Mail: langmann@ccad.eu

M. Stiller
Fraunhofer-Institut für Eingebettete Systeme und Kommunikationstechnik ESK, München, Deutschland
E-Mail: michael.stiller@esk.fraunhofer.de

© Springer Fachmedien Wiesbaden GmbH 2017
S. Reinheimer (Hrsg.), *Industrie 4.0*, Edition HMD,
DOI 10.1007/978-3-658-18165-9_3

auch Server-Plattformen oder auch einzelne Softwarepakete von Drittanbietern genutzt. Die Gründe für solche ausgelagerten Mietlösungen liegen insbesondere in der Umverteilung von Investitions- zu Betriebsaufwand, in der flexiblen Kapazitätsbeanspruchung „on demand" (Skalierbarkeit), sowie in der Möglichkeit zur Schaffung von komplett neuen Business-Modellen.

Mit der technischen Weiterentwicklung der Rechen- und Netzwerktechnik in den letzten Jahren und insbesondere der weltweiten Internet-Vernetzung von Ressourcen hat sich der o. a. Trend unter dem Begriff *Cloud Computing* weiter verstärkt. Alle Indikatoren und Prognosen gehen davon aus, dass sich diese Entwicklung ungebrochen fortsetzt und dass sich Cloud Computing als ein wesentliches Geschäftsfeld in der Informationsverarbeitung etabliert.

In der Produktionsautomatisierung sieht die Situation aktuell aber noch etwas anders aus. Auch hier sieht man zwar Cloud Computing als einen der Megatrends für die Fabrik der Zukunft und verweist dabei darauf, dass das Produktportfolio der Industrieautomatisierung voraussichtlich in den nächsten Jahren abnehmen wird und der Bedarf an globalisiertem Service & Support hingegen, zusammen mit den Kostenfaktoren, an Bedeutung gewinnt. Die Einführung des Cloud Computing steht aber hier noch am Anfang. Von den Cloud-Technologien erwartet man in diesem Zusammenhang, dass der Zugang zu relevanten strategischen Daten über das Internet ermöglicht wird, mit deren Hilfe Entscheidungen in Echtzeit gefällt werden können sowie die Betriebseffizienz gesteigert werden kann.

Betrachtet man als Basis die klassische Automatisierungshierarchie nach Abb. 3.1, die in unterschiedlichen Ebenen die Funktionalität eines automatisierten technischen Prozesses abbildet, so kann man aktuell feststellen, dass Cloud Computing (wenn überhaupt) bisher nur in den oberen (prozessfernen) Automatisierungsebenen eingesetzt wird. In diesen Ebenen liegen die zeitunkritischen und eher betriebwirtschaftlich dominierten Funktionen (z. B. ERP – Enterprise Ressource Managment).

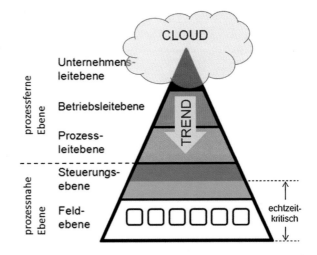

Abb. 3.1 Klassische Automatisierungshierarchie und Nutzung von Cloud Computing

Aber auch hier ist ein Trend zur weiteren Verlagerung des Cloud Computing in die mittleren und unteren Ebenen unübersehbar.

Der vorliegende Beitrag soll den neuen Trend zur Cloud-Nutzung in der Industrieautomatisierung aufzeigen und auf wichtige Anwendungen, die sich in Entwicklung befinden, und deren Auswirkungen auf die Produktion von morgen eingehen.

3.2 Industrie 4.0 und Cloud

Seit ca. 2012 ist Cloud Computing in Zusammenhang mit Industrie 4.0, Cyber Physical Production Systems (CPPS) und dem Internet of Things (IoT) bzw. dem Industrial Internet of Things (IIoT) in der Industrieautomatisierung eine stark im Fokus stehende Thematik. Mit Blick auf die hochautomatisierten Bereiche in der Halbleiter- und Automobilproduktion erwartet man, dass mit einer verstärkten informationstechnischen Durchdringung und sensorgestützten Vernetzung des Wertschöpfungsprozesses Cloud-Technologien erheblich an Bedeutung gewinnen werden.

In CPPS werden Daten, Dienste und Funktionen dort gehalten, abgerufen und ausgeführt, wo es im Sinne einer flexiblen, effizienten Entwicklung (inkl. Entwurf und Engineering) und Produktion den größten Vorteil bringt. Das wird nicht länger notwendigerweise auf den klassischen Automatisierungsebenen sein. Zum Beispiel könnten Prozessdaten statt über Sensoren auf der Feldebene auch über Dienste in einer „Automatisierungscloud" gewonnen werden. Dies führt zu der Hypothese, dass die heute noch überwiegend existierende Automatisierungspyramide durch die Einführung von vernetzten, dezentralen Systemen schrittweise aufgelöst wird und die verschiedenen Ebenen sowohl für die Struktur der Hardware und Vernetzung als auch für die Informationsverarbeitung und das Engineering nicht weiter existieren werden. Dienste, Daten und Hardwarekomponenten können auf beliebige Knoten des entstehenden Netzes verteilt werden und bilden somit abstrakte funktionale Module, aus denen sich das Automatisierungssystem aufbaut. Damit löst sich die klassische Automatisierungspyramide zu einer flachen Automatisierungs„wolke" auf, die dann als *CPS-based Automation* bezeichnet werden kann (VDI/VDE-GMA 2013).

Abb. 3.2 verdeutlicht diese Entwicklung. Die Automatisierungsfunktionen, die in der neuen CPS-based Automation als im Netz verteilte Dienste vorliegen, können nun je nach Anforderung über eine Private oder Public Cloud realisiert werden. Dabei wird auch nicht ausgeschlossen, dass echtzeitrelevante Anforderungen durch eine derartige Architektur zukünftig erfüllt werden können.

In der Automatisierungs-Cloud nach Abb. 3.2 und damit auch in Industrie 4.0 werden nach einhelliger Auffassung serviceorientierte Architekturen (SOA) als neue Technologie eine besondere Rolle spielen. SOA bietet die Möglichkeit einheitliche Schnittstellen zu erstellen und eine Kollaboration von der Feldebene bis in die Enterprise-Ebene zuzulassen. Damit läßt sich bei steigender Individualität, Komplexität und Qualität auch weiterhin ein hoher und kosteneffizienter Durchsatz generieren.

Auch (Gershon 2013) geht davon aus, dass in einer zukünftigen Produktionswelt zunehmend auch echtzeitrelevante Automatisierungsfunktionen aus einer Cloud als

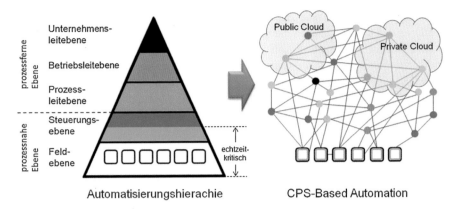

Abb. 3.2 Auflösung der klassischen Automatisierungspyramide und Verlagerung von Funktionen als Dienste in eine Cloud

Dienste bezogen werden können. Dabei werden folgende zeitliche Meilensteine für die Dienstnutzung prognostiziert:

- M1: Historische Prozessdatentrends als Dienst (Historian as a Service),
- M2: Nutzerschnittstellen als Dienst (HMI as a Service),
- M3: Speicherprogrammierbare Steuerungen (SPS) als Dienst (PLC as a Service),
- M4: Steuerungsalgorithmen als Dienst (Control as a Service).

Absolute Zeitangaben, d. h. ab wann welche Lösung zur Verfügung steht, werden allerdings nicht aufgeführt. Dies hängt von sehr vielen Faktoren und komplexen Zusammenhängen ab. Die Autoren des vorliegenden Beitrags sind aber aufgrund ihrer Erfahrungen der Meinung, dass bis zur industriellen Nutzung von PLC as a Service und Control as a Service noch mindestens 3 bis 5 Jahre vergehen werden.

Betrachtet man die Möglichkeiten in Gegenüberstellung zu den Herausforderungen des Cloud Computing für die zukünftige Produktion, so kann man feststellen, dass der Zugriff auf praktisch unbegrenzte Rechner- und Speicherressourcen in einer Cloud dem jeweiligen Industrieunternehmen eine Vielzahl unterschiedlicher Vorteile bieten kann.

Die heutigen Cloud-Anbieter haben ihren Fokus vor allem in der Verfügbarkeit der Infrastruktur bzw. der bereitgestellten Dienste und in der erforderlichen Datensicherheit. Durch CPPS werden diese Eigenschaften noch mehr an Bedeutung gewinnen, Zusätzlich ist davon auszugehen, dass der Cloud-Anbieter mit CPPS eine wesentlich höhere Zahl an gleichzeitigen Kommunikationsverbindungen zu managen hat, die zudem schnell als auch latenzarm sein müssen. Für die industriellen Anwender bedeutet der Einsatz von CPPS vor allem eine Neugestaltung der internen Kommunikations- und Steuerungsinfrastruktur, um jedem Sensor und Aktor die Anbindung an die Cloud zu ermöglichen. Ausserdem muß der Anwender berücksichtigen, dass eine Verlagerung von Steuerungsdiensten in die Cloud eine wesentlich umfangreichere Betrachtung bzgl. des Zeitverhaltens und der Security der Gesamtlösung notwendig macht.

3.3 Was ist Cloud Computing

Cloud Computing ist die Bereitstellung von gemeinsam nutzbaren und flexibel skalierbaren IT-Leistungen durch IT-Ressourcen über Netze. Typische Merkmale sind die Bereitstellung in Echtzeit als Self Service auf Basis von Internet-Technologien und die Abrechnung nach Nutzung. Der Cloud-Begriff ist eines der ältesten Sinnbilder der Informationstechnik und steht als solcher für Rechnernetze, deren Inneres unbedeutend oder unbekannt ist.

Dienstleistungen aus der Cloud werden in drei Ebenen unterteilt:

- *IT-Basis Infrastruktur bzw. Hardware-Komponenten als Dienst (Infrastructure as a Service – IaaS)*: Bei IaaS werden IT-Ressourcen wie z. B. Rechenleistung, Datenspeicher oder Netze als Dienst angeboten. Ein Cloud-Kunde kauft diese virtualisierten und in hohem Maß standardisierten Services und baut darauf eigene Services zum internen oder externen Gebrauch auf.
- *Technische Frameworks als Dienst (Platform as a Service – PaaS)*: Ein PaaS-Provider stellt eine komplette Plattform bereit und bietet dem Kunden auf der Plattform standardisierte Schnittstellen an, die von Diensten des Kunden genutzt werden. So kann die Plattform z. B. Mandantenfähigkeit, Skalierbarkeit, Zugriffskontrolle, Datenbankzugriffe, etc. als Service zur Verfügung stellen.
- *Anwendungen als Dienst (Software as a Service – SaaS)*: Sämtliche Angebote von Anwendungen, die den Kriterien des Cloud Computing entsprechen, fallen in diese Kategorie. Dem Angebotsspektrum sind hierbei keine Grenzen gesetzt. Als Beispiele seien Kontaktdatenmanagement, Finanzbuchhaltung, Textverarbeitung oder Kollaborationsanwendungen genannt.

Abb. 3.3 illustriert die unterschiedlichen Cloud-Dienstmodelle in Gegenüberstellung zu einer privaten und lokal installierten Lösung. Eine ausführliche Darstellung der Thematik findet sich in der HMD Nr. 275.

Folgende fünf Eigenschaften charakterisieren einen Cloud- Dienst:

- *On-demand Self Service*: Die Provisionierung der Ressourcen (z. B. Rechenleistung, Speicher) läuft automatisch ohne Interaktion mit dem Anbieter ab.
- *Broad Network Access*: Die Dienste sind mit Standard-Mechanismen über das Netz verfügbar und nicht an einen bestimmten Client gebunden.
- *Resource Pooling*: Die Ressourcen des Anbieters liegen in einem Pool vor, aus dem sich viele Anwender bedienen können (Multi-Tenant Modell). Dabei wissen die Anwender nicht, wo die Ressourcen sich befinden, sie können aber vertraglich den Speicherort, also z. B. Region, Land oder Rechenzentrum, festlegen.
- *Rapid Elasticity*: Die Dienste können schnell und elastisch zur Verfügung gestellt werden, in manchen Fällen auch automatisch. Aus Anwendersicht scheinen die Ressourcen daher unendlich zu sein.
- *Measured Services*: Die Ressourcennutzung kann gemessen und überwacht werden und entsprechend bemessen auch den Cloud-Anwendern zur Verfügung gestellt werden.

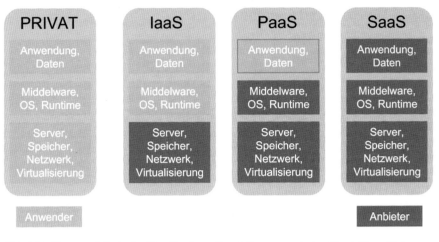

Abb. 3.3 Dienstmodelle in der Cloud in Gegenüberstellung zur privaten Stand-Alone-Nutzung

Nach der Cloud Security Alliance (CSA) hat Cloud Computing neben der oben erwähnten Charakteristik noch folgende wichtige Eigenschaften:

- Service orientierte Architektur (SOA) ist eine der Grundvoraussetzungen für Cloud Computing.
- In einer Cloud-Umgebung teilen sich viele Anwender gemeinsame Ressourcen, die deshalb mandantenfähig sein muss.
- Es werden nur die Ressourcen bezahlt, die auch tatsächlich in Anspruch genommen wurden (Pay per Use Model), wobei es auch Flatrate-Modelle geben kann.

Man unterscheidet beim Cloud Computing weiterhin zwischen den folgenden Typen einer Cloud:

- *Public Cloud*: Bietet Zugang zu abstrahierten IT-Infrastrukturen für die breite Öffentlichkeit über das Internet.
- *Private Cloud*: Bietet Zugang zu abstrahierten IT-Infrastrukturen innerhalb der eigenen Organisation (Behörde, Firma, Verein).
- *Hybrid Cloud*: Bietet kombinierten Zugang zu abstrahierten IT-Infrastrukturen nach den Bedürfnissen ihrer Nutzer.

Insbesondere die Private Cloud und auch die Hybrid Cloud dürften für den Einsatz in der Produktionsautomatisierung für die Zukunft sehr interessant sein.

In der Industrieautomatisierung wird der Cloud-Begriff nicht immer im korrekten IT-definierten Sinn verwendet, sondern teilweise als Marketingbegriff, um auf die Einordnung eines Produkts in den neuen Produktionstrend Industrie 4.0 zu verweisen. Teilweise werden nur ein Server bzw. ein Server-Cluster oder einfach im Netz verteilte IT-Ressourcen als Cloud oder Cloud-basiert bezeichnet.

3.4   Marktentwicklung und Prognosen

Der Markt für Cloud Computing mit Geschäftskunden wird nach (Bitcom 2014) in Deutschland weiter ansteigen und 2015 um 39 % auf rund 8,8 Mrd. Euro wachsen. Die Cloud-Technologie ist so attraktiv, dass es in den kommenden Jahren weiter ein hohes zweistelliges Wachstum geben wird (Abb. 3.4). Bis zum Jahr 2018 soll das Volumen des Cloud-Marktes im Business-Bereich in Deutschland mit jährlichen Wachstumsraten von durchschnittlich 35 % den Prognosen zufolge auf rund 19,8 Mrd. Euro steigen.

Der Großteil der Cloud-Umsätze entfiel im Jahr 2014 mit rund 3 Mrd. Euro auf Dienstleistungen. Investitionen in Cloud-Hardware machten 2,2 Mrd. aus sowie Integration und Beratung 1,2 Mrd. Euro. Cloud-Computing gehört damit zu dem am stärksten wachsenden IT-Segment. Dabei ist in der Grafik in Abb. 3.4 die Nutzung von Cloud-Technologien im technisch-funktionalen Bereich (z. B. in der Industrie-automatisierung) noch nicht berücksichtigt.

Eine Umfrage der VDI/VDE-Gesellschaft für Mess- und Automatisierungstechnik 2013 (VDI/VDE, Automation Newsletter 2013) ergab u. a. dass der größte Nutzen eines Cloud Computing in der zentralen Datenhaltung gesehen wird (Abb. 3.5). Dabei nutzten aber nur etwa die Hälfte aller deutschen Unternehmen die Cloud – und das auch nur in wenigen Bereichen wie z. B. Software Update Management, Dokumentation, Diagnose und Auswertung von Störungen. Etwa 75 % aller Befragten waren aber der Meinung, dass in den nächsten 3 bis 10 Jahren die Cloud in der Automation zur selbstverständlichen Nutzung gehört.

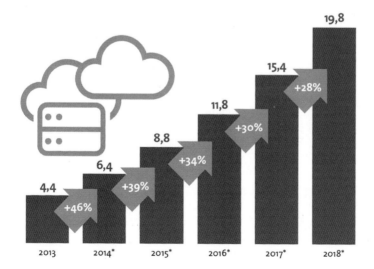

Abb. 3.4 Umsatz und Prognose mit Cloud Computing im B2B-Bereich nach BITCOM in Deutschland von 2013 bis 2018 (*-Prognose)

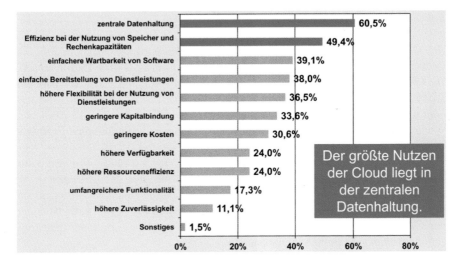

Abb. 3.5 Cloud-Nutzung 2013 in Unternehmen aus der Automatisierungsbranche (Automation Newsletter 2013)

Betrachtet man den internationalen Markt und die entsprechenden Prognosen, so ergibt sich eine ähnliche Situation: Man erwartet einen stark ansteigenden Umsatz beim Cloud Computing in praktisch allen Bereichen. Insbesondere in der Fertigung und Fertigungsautomatisierung soll sich das Cloud Computing in Zusammenhang mit dem IoT in den nächsten 10 Jahren zu einem Defacto-Standard beim Zugriff auf Informationen, technologische Ressourcen und Betriebsunterstützung in der globalisierten Fertigung entwickeln (Automation World 2015).

Die Prognosen decken sich auch mit den Einschätzungen der ARC Advisory Group, nach denen die Cloud in Verbindung mit dem IIoT noch nicht vollständig bereit für eine breite Nutzung ist. Eine Anwendung hätte aber ein hohes Nutzenspotential. Der Technologie wird eine hohe Fähigkeit zur einer schnellen Verbreitung in führenden Unternehmen sowie ein hoher Nutzen bei der Einführung zugesprochen.

Eine ausführliche Übersicht über die weltweite aktuelle und zukünftige Marktentwicklung beim Cloud Computing findet sich im Cloud-Blog von Louis Columbus, einem der führenden US-Cloud-Spezialisten.

3.5   Aktuelle Situation

Aktuell gibt es eine Vielzahl von FuE-Projekten zu Cloud Computing in der Industrie und Produktion. Allein der Wissenschaftsindex der USA (www.science.gov) listet für den Begriff „industrial cloud" bereits ca. 200 Informationen zu Projekten zwischen 2012 und 2015 auf. Die Themen reichen von *Clouding agents for the food industry* bis zu *Fault-Tolerant Industrial Automation as a Cloud Service*.

Auch in anderen Ländern wird auf die Entwicklung von Cloud-Lösungen großer Wert gelegt. So beabsichtigt z. B. Taiwan mit dem *Cloud Computing Industry Development Program*, in dem in den nächsten fünf Jahren über 24 Mrd. $ investiert werden sollen, eine führende Stellung beim Cloud Computing für die Industrie einzunehmen. Das Japanische *Finnode Project* forciert massiv die Entwicklungen im Bereich Cloud Computing und IoT für die Industrie z. B. durch solche Projekte wie *Smart Farm Sensing* (Cloud Computing für die Landwirtschaft – Marubeni), *SLIMS/ Cloud SLIMS* (integrierte Steuerung von Fertigungs- und Vertriebsprozessen – Seino) oder *Smart house implementation* (Gebäudeautomatisierung – Sekisui). Auch Malaysia hat im Januar 2015 ein *Industry-led Internet of Things Cloud Data Centre and Research Laboratory* eröffnet, welches sich inhaltlich auf die Bereiche Gesundheit und Transport konzentrieren soll. Industriepartner sind u. a. Cisco, Dell, IBM, Kontron and USM.

In der europäischen Forschung ist die Cloud-Thematik gleichfalls mit vielen FuE-Projekten vertreten. Beispielhaft listet Tab. 3.1 einige ausgewählte EU-Projekte auf, deren Anwendung für Industrieautomatisierung und Produktion direkt vorgesehen ist bzw. durchaus möglich erscheint.

Betrachtet man die wissenschaftliche Entwicklung des Cloud Computing für die Produktions- bzw. Fertigungsautomatisierung und konzentriert sich dabei auf die Kernfunktionalitäten, die entsprechend der Automatisierungshierarchie in Abb. 3.1 für eine Automatisierung eines technischen Prozesses erforderlich sind (z. B. Messen, Steuern, Regeln, Bedienen, Leiten, Koordinieren, Planen, Sichern), so stellt man fest, dass sich aktuell nur wenige FuE-Projekte mit dieser Problematik befassen. Die meisten Projekte beinhalten Themen aus dem Umfeld der Kernautomatisierung, die sowohl bezüglich ihres Zeitverhaltens als auch hinsichtlich ihres Einsatzes nicht kritisch sind.

Fündig wird man eher bei Patentrecherchen, da hier bereits frühzeitig Lösungen veröffentlicht werden, die häufig noch weit von ihrer Realisierung entfernt sind. Tab. 3.2 illustriert deshalb anhand einiger Beispiele die Patentsituation beim Cloud Computing für die Produktionsautomatisierung.

Tab. 3.1 Ausgewählte EU-Projekte mit direktem oder indirektem Cloud-Bezug

Projektname	Kurzcharakteristik	Laufzeit
BETaaS	Plattform für Smart City und Home Automation	2012–2015
CloudFlow	Cloud-basierter Arbeitsplatz für Ingenieure	2012–2015
MIDAS	Integriertes Framework für das automatisierte Testen von Service-Architektuen	2012–2015
CloudSME	Skalierbare Plattform für Simulationen in der Fertigung	2012–2015
iNTERFIX	Unterstützung der Fertigung hochspezialisierter Produkte in Luft- und Raumfahrt	2012–2015
PaaSage	Offene und integrierte Plattform zur Unterstützung des Lebensdauermanagement von Cloud-Anwendungen	2012–2016
ERC	Rekonfigurierbare interaktive Fertigung, Shop Floor-Logistik und Anlagenservice	2014–2017

Tab. 3.2 Ausgewählte Patente/Patentanmeldungen zum Cloud Computing in der Produktionsautomatisierung (A – Patentanmeldung, P – erteiltes Patent)

Patentnummer	Anmeldetag	Inhaber	Art	Titel
DE102007062398 A1	20.12.2007	Code-Wrights	A	Verfahren und Vorrichtung zur Integration eines Feldgeräts der Automatisierungstechnik in beliebige übergeordnete Steuerstrukturen
US7970830 B2	01.04.2009	Honeywell	P	Cloud computing for an industrial automation and manufacturing system
EP000002293164 A1	31.09.2009	ABB	A	Cloud computing for a process control and monitoring system
US020130211559 A1	10.09.2012	Rockwell Automation	A	Cloud-based operator interface for industrial automation
EP000002660667 A2	06.05.2013	Rockwell Automation	A	Cloud gateway for industrial automation information and control systems
EP000002801934 A1	08.05.2014	Rockwell Automation	A	Remote assistance via a cloud platform for industrial automation

Es zeigt sich, dass bereits viele Ideen für die Umsetzung einer Cloud-basierten Automatisierung und dabei insbesondere auch für die Kernautomatisierung unter zeit- und einsatzkritischen Bedingungen in den Patentschriften niedergelegt sind. Die meisten dieser Patente befinden sich aber noch im Stadium der Anmeldung und es wird sich in der Zukunft zeigen, welche Anmeldungen tatsächlich einer Prüfung standhalten.

Darüber hinaus findet man bei Recherchen einige z. T. weit fortgeschrittene Einzelvorschläge, bei denen aber meist über die industrielle Umsetzung keine Aussagen vorhanden sind. Dazu gehören z. B.:

- *cloudAutomation* – Der Beitrag beschreibt die Verlagerung von virtualisierten SCADA/HMI-Systemen und SPS-Steuerungen in eine Cloud und den Test an einem kleinen Sonnenenergie-Kraftwerk (Network Systems Lab 2015).
- *SPS Cloud*: Eine SPS-Softwarearchitektur, bei der in einem Cloud-Speicher Datenbausteine von SPS-Steuerungen gespeichert, gelesen und geschrieben werden können (SPS-Cloud 2015)

Einzelne Produkte aus der Industrie, wie z. B. die Proficloud (Verlagerung eines PROFINET-Netzwerkes in die Cloud), bieten auch bereits cloudbasierte Lösungen für die Produktionsautomatisierung an, dies aber weniger für die Schaffung von neuen CPS-basierten Automatisierungssystemen entsprechend Abb. 3.2, sondern mehr mit dem Ziel, bereits vorhandene Produkte mit Cloud Computing zu erweitern. Solche Lösungen sichern zwar das bereits getätigte Investment bei den vorhandenen Produkten und sind damit sicher für eine Übergangszeit sinnvoll. Für die Fabrik der

Zukunft werden aber neue Lösungen und Produkte (mit neuem Investment) benötigt, die auf den aktuellen IKT-Technologien und -Standards aufbauen und diese mit zeitgemäßen Lösungen im Sinne von Industrie 4.0 und CPPS ergänzen.

3.6 Anwendungen in der Industrial Cloud

In diesem Abschnitt soll auf einige aktuelle europäische und deutsche FuE-Projekte näher eingegangen werden, deren Ziel ein Beitrag zur Realisierung einer CPS-based Automation nach Abb. 3.2 ist. Die Projekte beschäftigen sich dabei auch mit den zeit-kritischen Einsatzanforderungen, wie sie in der Industrieautomatisierung üblich sind.
Bezogen auf die klassischen Automatisierungsfunktionen bzw. -ebenen können die Projekte entsprechend Abb. 3.6 in drei Anwendungsbereiche eingeteilt werden:

- *Automatisierungsdienste*: Zielstellung ist die Realisierung von Automatisierungs-funktionen der höheren Automatisierungsebenen als Automatisierungsdienste und deren Ausführung, Verteilung und Management unter Nutzung von Cloud Computing. Bezogen auf (Gershon 2013) (s. Abschn. 3.3) sind damit u.a. die Meilensteine M1 (Historian as a Service) und M2 adressiert (HMI as a Service)
- *Steuerungen in der Cloud*: Zielstellung ist die Verlagerung von Industriesteue-rungen in eine Cloud und die Ausführung der Steuerungen bzw der Steuerungs-programme als Dienst. Damit könnten die Meilensteien M3 (PLC as a Service) und M4 (Control as a Service) aus (Gershon 2013) realisiert werden.
- *BigData-Analyse von Echtzeitdaten*: In allen Automatisierungsebenen, aber ins-besondere in den prozessnahen Ebenen fallen sehr große Mengen an Echtzeit-Prozessdaten an, deren Analyse zu einer Verbesserung der Effizienz eines gesamten Automatisierungssystems führen kann. In diese Kategorie fallen des-halb Projekte, die parallel zu allen Ebenen diese Daten sammeln, auswerten und die in die Ebenen u. U. auch direkt steuernd eingreifen.

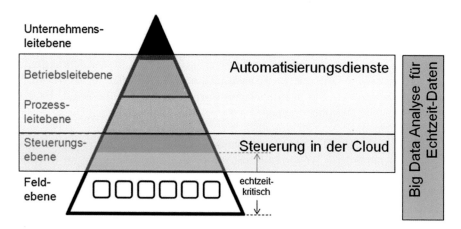

Abb. 3.6 Anwendungsbereiche für Industrial Cloud-Lösungen

3.6.1 Automatisierungsdienste

SOCRADES (Laufzeit: 2006–2009, Koordinator: Schneider Electric) war das erste große EU-Projekt, welches sich mit der Erforschung von netzwerk-verteilten Automatisierungssystemen auf Basis einer SOA-Struktur sowie des Dienstparadigmas für die Automatisierung technischer Prozesse beschäftigte. Im Ergebnis entstand u. a. die Dienstschnittstelle DPWS (Microsoft 2015) für Automatisierungsgeräte z. B. für SPS-Steuerungen, über die verteilte Geräte mit anderen Geräten und Diensten kommunizieren können. Das Cloud Computing wurde noch nicht explizit genannt, SOA und Dienstschnittstellen bilden aber eine Grundlage, um darauf aufbauend Cloud-basierte Automatisierungssysteme zu schaffen. Durch die Anwendung von Microsoft Webservices für DPWS ergeben sich bei SOCRADES schwergewichtige und langsame Dienstschnittstellen, so dass diese nur für zeitunkritische Funktionen aus den oberen Automatisierungsebenen eingesetzt werden können.

Auch das EU-Projekt *IMC-AESOP* (Laufzeit: 2010–2013, Koordinator: Schneider Electric) konzentriert sich auf die SOA-Problematik, insbesondere unter Berücksichtigung sehr großer verteilter Systeme in der Prozessautomatisierung. Die Geräteeinbindung nutzt gleichfalls wie in SOCRADES das DPWS-Serviceprotokoll. Zusätzlich führt man einen Service Bus ein, über den SCADA und Prozessleitsysteme in eine Cloud migriert werden können. Das Projekt konzentriert sich weniger auf einzelne Automatisierungsdienste sondern mehr auf die Anwendung einer SOA-Architektur in sehr großen verteilten Prozessautomatisierungs-systemen. Durch den Einsatz des WS-Frameworks mit mehr als 70 Standards und Spezifikationen entstehen komplexe und schwergewichtige Systeme. Eine Anwendung für kleinere Systeme in der Fertigungs- und Maschinenautomatisierung ist aus Aufwandsgründen wenig wahrscheinlich.

Zielstellung des Projekts *WOAS* (Laufzeit: 2012–2014, Koordinator: HS Düsseldorf – (Langmann 2014)) war es, eine „schlanke" Architektur für Automatisierungssysteme auf Basis von Web-Technologien zu erforschen. Diese Architektur wird in Anlehnung an den WOA-Ansatz (Thies und Vossen 2008) als weborientiertes Automatisierungssystem (WOAS) bezeichnet. Ein WOAS besteht dabei aus einem WOAS-Kern sowie einer konfigurierbaren Anzahl von weborientierten Automatisierungsdiensten (WOAD), die die erforderlichen Automatisierungsfunktionen realisieren. WOAS setzt konsequent auf moderne Webtechnologien (HTML5, Ajax, JavaScript etc.) und nutzt leichtgewichtige Protokolle (Websocket, JSON), um eine schnelle Datenübertragung von weniger als 50 ms zwischen Diensten und Geräten in einem IP-Netz zu ermöglichen.

Mit der WOAS/WOAD-Methodik wurde ein konsistentes und pragmatisches Architekturmodell für weborientierte Automatisierungslösungen mit offenen Schnittstellen geschaffen, welches die Basis für die Generierung von verteilten nutzerspezifischen Automatisierungsdiensten in einem IP-Netz bildet. Die Umsetzung der entwickelten Architektur erfolgte in einer WOAS-Integrationsplattform, über die beliebige Dienste aus einer Cloud mit beliebigen Automatisierungsgeräten zu einem Funktionalsystem verbunden werden können. Die Schnittstellen zu den Diensten und zu den Geräten sind offengelegt und nutzen

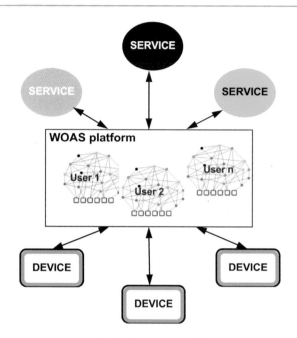

Abb. 3.7 Prinzipielle Struktur der WOAS-Plattform als CPS-Integrationsplattform

schlanke und pragmatische Protokolle basierend auf einem Channel-Konzept. Dienste und Geräte können somit durch Dritte beliebig erweitert werden. WOAS setzt konsequent die CPS-basierte Struktur nach Abb. 3.2 um und kann deshalb auch als offene CPS Integrationsplattform bezeichnet.werden. Abb. 3.7 veranschaulicht die WOAS-Plattform als CPS-Integrationsplattform.

Im industriellen Produktbereich insbesondere in der Gebäudeautomatisierung finden sich auch bereits Lösungen, die Cloud Computing für die Realisierung von einigen Funktionen der höheren Automatisierungsebenen einsetzen. Beispiele dazu sind DigiCloud und HistorianIQ. Es handelt sich um proprietäre Systeme, deren Schnittstellen nicht offengelegt sind. Eine Erweiterung mit Diensten Dritter ist nicht vorgesehen. Die Anbindung an die Gerätewelt erfolgt meist über spezielle Protokolle/Adapter, die aus der Gebäudeautomatisierung stammen. Für die Produktionsautomatisierung sind diese Produkte nur eingeschränkt nutzbar.

3.6.2 Steuerungen in der Cloud

Gemäß der neuen CPS-basierten Automatisierungsstruktur nach Abb. 3.2 wird heute auch nicht ausgeschlossen, dass künftig zeit- und einsatzkritische Funktionen in eine Industrial Cloud ausgelagert werden. Grund dafür sind die allgemeinen Anforderungen aus den Industrie 4.0-Empfehlungen, nach denen die Produktion der Zukunft auf selbstorganisierenden und wandelbaren Systemen basiert. Um auch in die prozessnahen Ebenen (Steuerung, Regelung) online und mit höchster Flexibilität eingreifen zu können, muss z. B. die IT-Kapselung der Steuerungsfunktionalität in einer Hardware aufgehoben werden, damit diese als Softwareinstanz in einer Cloud im Sinne einer Wandelbarkeit beeinflusst werden kann. Entsprechende Forschungsprojekte arbeiten aktuell mit folgenden Schwerpunkten:

(1) Verlagerung einer klassischen SPS als virtualisierte Steuerung in eine Cloud (PLC as a Service).
(2) Verlagerung der Steuerungsprogramme/-algorithmen als Dienste in eine Cloud (Control as a Service).

Zu (1) gehören u. a. das Projekt *piCASSO* (Laufzeit: 2013–2016, Koorodinator: Universität Stuttgart) sowie auch die veröffentlichten Arbeiten von ABB (Grischan et al. 2015).

In piCASSO soll eine skalierbare Steuerungsplattform für Cyber-Physische Systeme in industriellen Produktionen erforscht und realisiert werden. Eine solche Steuerungsplattform soll skalierbare Rechenleistung bieten, die abhängig von der Komplexität der Algorithmen automatisch zur Verfügung gestellt wird. Die monolithische Steuerungstechnik wird aufgebrochen und in die Cloud verlagert. Dabei sollen die strengen Anforderungen der Produktionstechnik, wie Echtzeitfähigkeit, Verfügbarkeit und Sicherheit weiterhin erfüllt werden können. Die Projektergebnisse werden an Robotern und Fertigungsanlagen demonstriert, die über die Cloud gesteuert werden.

Abb. 3.8 zeigt beispielhaft die Architektur einer cloudbasierten Werkzeugmaschinensteuerung nach piCASSO. Die lokale Aktorik und Sensorik der Maschine ist über eine „aktive Netzwerkbrücke" mit der Cloud verbunden. Diese übernimmt die Kopplung der Nichtechtzeit mit der Echtzeit im Inneren der Maschine. Unterschiedliche Instanzen einer Steuerung lassen sich starten, wobei die dabei instanziierten Module wie NC-Steuerung, Human Machine Interface (HMI), Programmable Logic Controller (PLC), Schnittstelle für Mehrwertdienste und das Communication Module (COM) miteinander kommunizieren. Benötigt ein Modul mehr Rechenperformance, wird dieses dynamisch vom Betriebssystem zur Verfügung gestellt.

In (Grischan et al. 2015) ist eine cloudbasierte Steuerung vorgestellt, die gleichfalls ein virtuelles Steuerungssystem in einer IaaS-Cloud nutzt. Auch die Arbeiten von (Schmitt et al. 2014) nutzen virtualisierte SPS-Steuerungen in der Cloud und binden diese mit Webtechnologien an OPC UA-basierte Automatisierungsgeräte. Die Latenzzeiten für eine bidirektionale Prozessdatenübertragung zwischen einem OPC UA-Gerät und der virtualisierten SPS in der Cloud liegen dabei in einer prototypischen Implementierung abhängig vom eingesetzten Protokoll zwischen 75 und 400 ms.

Mit dem o. a. Schwerpunkt (2) startete 2014 das Projekt *Cloud-based Industrial Control Service – CICS* (Laufzeit: 2014–2017, Koordinator: HS Düsseldorf/Universität Augsburg), mit dem Ziel industrielle Steuerungsprogramme nach IEC61131 als Dienst aus einer Cloud zu nutzen. Das Projekt gehört damit in die Kategorie *Control as a Service*.

In CICS werden keine virtualisierten SPS-Steuerungen eingesetzt, sondern Steuerungsprogramm, Runtime-Maschine und E/A-Konfiguration werden als separate

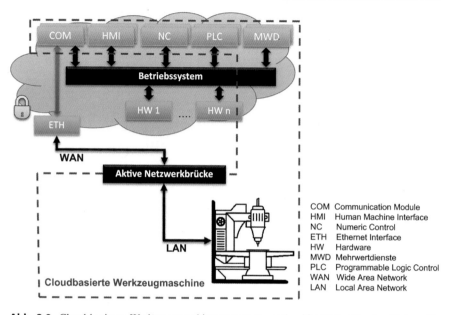

Abb. 3.8 Cloud-basierte Werkzeugmaschinensteuerung nach piCASSO. (Quelle: Universität Stuttgart)

und webfähige Softwareinstanzen aus der klassischen SPS herausgelöst und flexibel in einer Cloud verteilt. Die Steuerungsausführung soll wahlweise client- und/oder serverbasiert möglich sein. Für den Anschluss der Automatisierungsgeräte an die Steuerungsdienste wird ein schneller WebConnector entwickelt, mit dem über schlanke Internetprotokolle (Websocket, http/2) zu Industrieschnittstellen (OPC UA, Modbus TCP usw.) kommuniziert werden kann.

CICS strukturiert die Steuerungen nach den beiden Eigenschaften *Control Locality* sowie *Service Ability* und untersucht die Anwendbarkeit der Dienstnutzung für unterschiedliche daraus abgeleitete Steuerungsklassen. Damit ergeben sich verschiedene cloudbasierte Steuerungsvarianten (Server Mode, Client Mode, Mixed Mode), die anhand von prototypischen Beispielimplementierungen untersucht werden sollen.

Abb. 3.9 zeigt als Beispiel zwei Steuerungsvarianten in CICS:

(1) *Client Mode*: Die komplette Steuerung (CICS Controller) wird als Instanz aus der Cloud auf den Client (Webbrowser) geladen und dort auch ausgeführt. Die Prozessdatenkommunikation erfolgt direkt zwischen dem Client und dem Automatisierungsgerät.

(2) *Mixed Mode*: Die Steuerungsprogramme werden gleichfalls im Client in einer CICS-Runtime ausgeführt. Die Kommunikation mit den Automatisierungsgeräten erfolgt aber über einen CICS Router in der Cloud, der die physischen Ein-/Ausgänge der Geräte flexibel mit den E/As des Steuerungsprogramms verbindet.

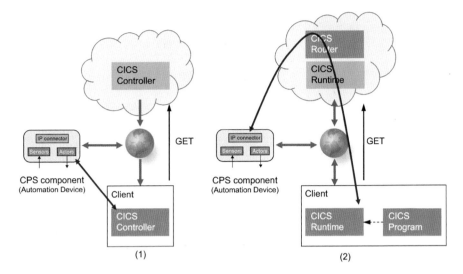

Abb. 3.9 Client Mode (1) und Mixed Mode (2) einer CICS-Steuerung

Zur Erstellung der Steuerungsprogramme in CICS werden industrieübliche Programmierumgebungen genutzt (z. B. PC WORX, CoDeSys), die nach Export als PLCopen XML-Programme durch die CICS Runtime ausgeführt werden können.

Erste CICS-Beispieldemonstratoren an realen Anlagen sind seit Ende 2015 verfügbar.

3.6.3 Big Data-Analyse in der Cloud

Im Zuge der zunehmenden Integration von Automatisierungssystemen in CPPS werden immer mehr Maschinen- und Betriebsdaten allgegenwärtig in lokalen und globalen Netzen in Echtzeit zur Verfügung stehen. Es ist in der Fachwelt unbestritten, dass die Auswertung dieser Echtzeit-Prozessdaten ein hohes Potential für die zukünftige Verbesserung der Betriebseffizienz von Maschinen und Anlagen bildet (Auschitzky et al. 2015). Der Umfang dieser Daten, teils größer als 10^{12} Datensätze, für Speicherung und Analyse übersteigt aber häufig das technisch und finanziell Machbare für Hersteller und Betreiber von Anlagen.

In der IT-Welt ist der Einsatz von Big Data-Lösungen (BD-Lösungen) und Cloud-Technologien seit mehreren Jahren üblich, und es gibt eine Vielzahl entsprechender Projekte und Produkte am Markt. Der Einsatz der verfügbaren Produkte erfordert i. d. R. leistungsfähige IT-Ressourcen (Personal- und Geräteressourcen), die im automatisierungstechnischen Umfeld insbesondere in KMUs nicht zur Verfügung stehen. Einfach und flexibel durch Automatisierungstechniker handhabbare Big Data-Lösungen sind aus der IT-Welt bisher kaum bekannt.

Seit ca. 2012 wird auch für die Automatisierung technischer Prozesse verstärkt über die Nutzung von BD-Lösungen diskutiert. Dies betrifft z. B. Themen wie

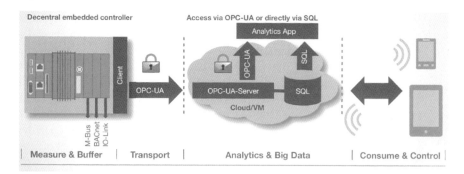

Abb. 3.10 Big Data-Analyse von Steuerungsdaten in der Cloud. (Quelle: Beckhoff Automation GmbH)

kollaboratives Engineering, Echtzeit-Veröffentlichung von Daten, Versionsmanagement, Optimierungsservice, automatische Datenanalyse (Taccolini 2012; Langmann 2015).

Bekannte BD-Lösungen stammen insbesondere aus der Prozessindustrie (z. B. Stahlerzeugung (Jakoby et al. 2014). Auch für die Abtragssimulation via Cloud für Werkzeugmaschinen und die Datenspeicherung und –auswertung für Windparks liegen BD-Lösungen vor (Lange 2014; Beckhoff 2015). Die Lösung nach Beckhoff basiert dabei auf der Windows Azure-Cloud und nutzt OPC UA für die Datenübertragung zwischen SPS und Cloud (Abb. 3.10).

In (SSV 2010) ist eine Lösung beschrieben, die die öffentliche Google Cloud für ein Anlagenportal nutzt, um Ertragsdaten von Anlagen zu speichern und zu analysieren. Neuere Projekte, wie z. B. AGADA und ProaSense, sind erst 2013/2014 gestartet. Forschungsergebnisse sind dazu erst teilweise veröffentlicht bzw. liegen noch nicht vor.

Nach (Fraunhofer 2014) sind für die Nutzung von BD-Lösungen für automatisierte Produktionssysteme u. a. noch folgende Defizite zu beseitigen:

- Latency-Probleme bei der Übermittlung von Echtzeitdaten.
- Unzureichende Verfügbarkeit von Werkzeugen für die Datenauswertung.
- Es fehlen Schnittstellen, um Prozessdaten webbasiert in einer Cloud zu speichern.
- Es fehlen Standardisierung, Informationsmodelle sowie Modellbildung auf Produktions- und Geschäftsebene.

3.7   Ausblick

Die mit Industrie 4.0 begonnene Auflösung der Automatisierungspyramide wird eine Neuzuordnung von Software- und Hardwarekomponenten in einem produzierenden Unternehmen auslösen. Zu beobachten sind aktuell zwei Richtungen: Das sind zum einen intelligente, sich selbstorganisierende CPS-Komponenten, die einen Produktionsprozess selbstständig organisieren und durchführen können und in der

der Mensch eine primär dirigirende Rolle einnimmt. Auf der anderen Seite findet die Verlagerung von Funktionalitäten in die (private) Cloud statt, was zwar ebenfalls eine hochgradige Vernetzung der CPS bedeutet, aber mit sehr geringer Intelligenz bzw. deren Verlagerung in die Cloud. Während der cloudbasierte Ansatz als sinnvoll gesehen werden kann, um kurz- und mittelfristig Kosten- und Effizienzsteigerungen im Engineering und Betrieb zu erreichen, erscheint der dezentrale Ansatz langfristig sinnvoll, da sich der Betreiber dann auf eine wesentlich höhere Abstraktion der Fertigungsprozesse konzentrieren könnte. Der dezentrale Ansatz ersetzt jedoch die Cloud nicht, sondern führt zu einer Veränderung der in der Cloud angebotenen Dienste. Voraussetzung für alle künftigen Entwicklungen wird jedoch sein, ob sich durchgängige, standardisierte Schnittstellen vom Sensor/Aktor bis in die Cloud etablieren werden. Hier zeichnet sich ab, dass webbasierte Technologien, wie sie auch von OPC UA (IEC 62541) unterstützt werden, einen wichtigen Beitrag leisten können.

Das IGF-Vorhaben 18354 N (CICS) der Forschungsvereinigung Elektrotechnik beim ZVEI e.V. – FE, Lyoner Str. 9, 60528 Frankfurt am Main wurde über die AiF im Rahmen des Programms zur Förderung der industriellen Gemeinschaftsforschung (IGF) vom Bundesministerium für Wirtschaft und Energie aufgrund eines Beschlusses des Deutschen Bundestages gefördert.

Literatur

Auschitzky E et al (2015) How big data can improve manufacturing. – McKinsey. http://www. mckinsey.com/insights. Zugegriffen am 20.05.2015

Automation World (2015) Manufacturers moving to the cloud. – Perspective

Automation Newsletter SPS (2013) Cloud in der Automation entscheidend für ‚Industrie 4.0'. – Ausgabe 25, 27.06.2013

Beckhoff Automation GmbH (2015) From sensor to IT enterprise – big data & analytics in the cloud. ftp://ftp.beckhoff.com/Software/embPC-Control/Solution/Demo-IoT/Flyer-IoT-Sensor_to_ Cloud.pdf. Zugegriffen am 20.05.2015

Bitcom (2014) Markt für Cloud Computing wächst ungebrochen. – Presseinformation. http:// www.bitkom.org/de/presse/81149_80724.aspx. Zugegriffen am 20.05.2015

Fraunhofer Allianz Big Data (2014) Dokumente zum „Zukunftsworkshop Big Data – Perspektiven für die Industrie 4.0." – Schloss Birlinghoven, 23.10.2014

Gershon S (2013) Control in the cloud: trends in cloud computing and their impact on the world of industrial control. – Vortrag auf der Messe Israchem 2013. http://www.contel.co.il/en/1837/. Zugegriffen am 20.05.2015

Grischan E et al (2015) Cloud-basierte Automatisierung. – atp edition, 3/2015, S 28–32

Jakoby S et al (2014) Big data analytics for predictive manufacturing control – a case study from process industry. In: Proceedings of IEEE international conference on big data, anchorage, 27.06.–02.07.14

Lange E (2014) Maschinendaten in der Wolke. Mechatronik 122(12):36–38

Langmann R (2014) Automatisierungssystem im Web. – atp edition, 10/2014

Langmann R (2015) Google cloud and analysis of realtime process. In: Proceedings of internatio-nal conference REV 2015, 25–27 Feb 2015, Bangkok

Microsoft (2015) Introducing DPWS. https://msdn.microsoft.com/en-us/library/dd170125.aspx. Zugegriffen am 20.05.2015

Network Systems Lab @ SFU (2015) Industrial automation as a cloud service. https://cs-nsl-wiki. cs.surrey.sfu.ca/wiki/cloudAutomation. Zugegriffen am 20.05.2015

Schmitt J et al (2014) Cloud-enabled automation systems using OPC UA. – atp edition, 7–8/2014,
    S 34–40
SPS-Cloud (2015). http://de.encyclopaedia.wikia.com/wiki/SPS-Cloud. Zugegriffen am 20.05.2015
SSV GmbH (2010) Offenes und kostenfreies PV-Anlagenportal. – Whitepaper
Taccolini M (2012) Cloud, simple practical applications – on industrial automation, process cont-
    rol and distributed real-time systems. – ISA 2012, Konferenzunterlagen
Thies G, Vossen G (2008) Web-oriented architectures: on the impact of web 2.0 on service-oriented
    architectures. In: Tagungsband Asia-Pacific services computing conference APSCC '08,
    S 1075–1082. IEEE Conference Publications
VDI/VDE-GMA (2013) Cyber-Physical Systems:Chancen und Nutzen aus Sicht der Automation. –
    Thesen und Handlungsfelder

Herausforderungen und Lösungsansätze zur einheitlichen Kommunikation von Messdaten für Industrie 4.0 und das Internet of Things

4

Bernd Müller und Frank Härtig

Zusammenfassung

Die Plattform Industrie 4.0 besteht in letzter Konsequenz aus unabhängigen Bausteinen, sogenannten cyber-physikalischen Systemen, die zusammenarbeiten müssen, um die Vision der vierten industriellen Revolution einer Vollautomatisierung sämtlicher Produktionsprozesse zu verwirklichen. Die Zusammenarbeit basiert in vielen Teilbereichen auf dem Austausch valider und verlässlicher Werte bestimmter Größen. Diese Arbeit beschreibt Herausforderungen aus dem Bereich der Metrologie, die durch die Unabhängigkeit der Systeme entstehen. Es werden Lösungsansätze vorgestellt, die die einheitliche Kommunikation von Messdaten zwischen cyber-physikalischen Systemen garantieren und so erst die firmenübergreifende Automatisierung industrieller Produktionsprozesse ermöglichen.

Schlüsselwörter

SI-Einheiten • TraCIM • Industrie 4.0 • CPS • Metrologie

Unveränderter Original-Beitrag Müller & Härtig (2015) Herausforderungen und Lösungsansätze zur einheitlichen Kommunikation von Messdaten für Industrie 4.0 und das Internet of Things, HMD – Praxis der Wirtschaftsinformatik Heft 305, 52(5):749–758.

B. Müller (✉)
Ostfalia – Hochschule für angewandte Wissenschaft, Wolfenbüttel, Deutschland
E-Mail: bernd.mueller@ostfalia.de

F. Härtig
Physikalisch-Technische Bundesanstalt, Braunschweig, Deutschland
E-Mail: frank.haertig@ptb.de

© Springer Fachmedien Wiesbaden GmbH 2017
S. Reinheimer (Hrsg.), *Industrie 4.0*, Edition HMD,
DOI 10.1007/978-3-658-18165-9_4

4.1   Zukunftsbild Industrie 4.0

Das *Zukunftsbild Industrie 4.0* wurde auf Initiative der Bundesregierung im Rahmen der Hightech-Strategie 2020 durch namhafte Wissenschaftler und Wirtschaftsvertreter erarbeitet (Bundesministerium für Bildung und Forschung 2013). Ziel ist es, Deutschlands internationalen Wettbewerbsvorteil bei der industriellen Produktion zu sichern und durch eine nachhaltige Strategie auszubauen. Verschiedene Studien sehen ein sehr großes wirtschaftliches Potential in diesem Zukunftsbild.

Grundlage des Zukunftsbildes ist die Kollaborationsmöglichkeit und damit Kommunikationsfähigkeit autonomer cyber-physikalischer Systeme, die gemeinsam komplexe Produktionsprozesse umsetzen. Wir beschreiben über die rein technischen Randbedingungen hinausgehende Anforderungen, damit derartige Produktionsprozesse effektiv und effizient umsetzbar sind. Diese Anforderungen manifestieren sich in metrologischen Fragestellungen, die teilweise bereits in Forschungsprojekten exemplarisch gelöst wurden.

4.2   Industrie 4.0 – Cyber-Physical Systems – Internet of Things

Das auf Initiative der Bundesregierung 2013 erarbeitete Zukunftsbild Industrie 4.0 und im Frühjahr des Jahres 2015 in Plattform Industrie 4.0 umbenannte und unter die Obhut beziehungsweise Federführung des BMWi und des BMBF gestellte Projekt hat die Aufgabe, die für die vierte industrielle Revolution benötigte digitale Vernetzung der Industrie und sämtlicher Produktionsprozesse umzusetzen. Vom individuellen Kundenauftrag über die Bestellung benötigter Rohmaterialien, der Reservierung von Montagekapazitäten, Lagerhallen und Logistikleistungen bis hin zur Qualitätskontrolle, Auslieferung und Empfang durch den Kunden werden firmenintern sowie firmenübergreifend alle entsprechenden Prozesse digitalisiert und automatisiert. Damit einhergehend werden die Prozesse wirtschaftlicher und ressourcenschonender und sind daher zusammen mit neuen Geschäftsfeldern für das prognostizierte wirtschaftliche Potenzial von Industrie 4.0 verantwortlich. Eine von BITKOM und Fraunhofer IAO veröffentlichte Studie (BITKOM und Fraunhofer IAO 2014) sieht bis 2025 in den Branchen Maschinen- und Anlagenbau, Elektrotechnik, Automobilbau, chemische Industrie, Landwirtschaft und Informations- und Kommunikationstechnologie ein zusätzliches Wertschöpfungspotenzial von 78 Milliarden Euro, was einem jährlichen Wachstum von 1,7 % entspricht.

Die visionäre Zielsetzung von Industrie 4.0 wird vor allem in Industriebetrieben umgesetzt werden, so dass sich hier bereits der Begriff der Smart Factory – einer sich selbst organisierenden Fabrik – etabliert hat. Die SmartFactory KL e.V. (SmartFactoryKL 2015), angesiedelt am Deutschen Forschungszentrum für Künstliche Intelligenz (DFKI) ist eine Forschungs- und Demonstrationsplattform zur Umsetzung der Kernaspekte der vierten industriellen Revolution. Auf den Hannover Messen 2014 und 2015 wurden jeweils prototypische Smart Factories vorgestellt, die als Demonstratoren für die Möglichkeiten der herstellerübergreifenden und kontextbasierten

Zusammenarbeit von Maschinen verschiedener Hersteller in flexiblen und automatisierten Herstellungsprozessen dienen.

Die Maschinen werden als Cyber-Physical Systems (CPS) bezeichnet, ein Begriff, der bereits im Zukunftsbild Industrie 4.0, vor allem aber in den Umsetzungsempfehlungen für Industrie 4.0 (Forschungsunion und acatech 2013) eine zentrale Rolle spielt. Im Rahmen von Industrie 4.0 werden darunter intelligente Maschinen, Lagersysteme und Betriebsmittel verstanden, die eigenständig Informationen austauschen, interagieren und sich gegenseitig selbstständig steuern, um Produktionsprozesse zu implementieren.

CPS sind jedoch keine Erfindung der Industrie 4.0. Bereits 2008 untersuchte Edward Lee das Konzept CPS und formulierte notwendige Gestaltungsaufgaben bei der Verwendung von CPS (Lee 2008). Unter einem cyber-physikalischem System wird die Integration und Kombination von computer-basierten und physikalischen Prozessen verstanden. Als Beispiele nennt Lee medizinische Geräte, kommunizierende, intelligente und autonome Autos aber auch verteilte Echtzeitspiele und durch sie verursachte Änderungen in Sozialkontakten. Der Horizont ist also im Vergleich zur Industrie 4.0 deutlich erweitert.

Die IT-Industrie, die vor allem durch US-amerikanische Firmen dominiert wird, wittert wiederum im Internet of Things (IoT) die nächsten großen Marktchancen. Gartner erwartet bis 2020 eine Steigerung des Wertschöpfungsumsatzes um 1,9 Billionen US-Dollar weltweit und die Existenz von 26 Milliarden internet-fähiger Geräte ebenfalls bis 2020 (Gartner 2013). Eine etwas aktuellere Studie von Morgan Stanley (Morgan Stanley 2014) sieht bereits 50 Milliarden über das Internet verbundene Geräte von über 60 Milliarden existierender Geräte und zitiert hierfür eine Studie der OECD, die den Autoren leider nicht vorliegt. Um die Kommunikationsfähigkeit zwischen den Geräten und die Speicherung und Verarbeitung der entstehenden Datenmengen zu gewährleisten, arbeiten bereits alle großen Firmen des Informations- und Kommunikationssektors an entsprechenden Produkten. Nicht selten hat man den Eindruck, dass langjährig existierende Produkte nun unter dem Hype des Internet of Things als neue und innovative Produkte vermarktet werden sollen. Beispiele sind hier etwa IBM mit Lösungen aus dem Bereich Big Data, die selbstverständlich auch für die Analyse von Daten geeignet sind, die durch Smartphones, Tablets oder andere internet-fähige Geräte generiert wurden, oder Oracle, dessen Service-Bus-Produkt als Dreh- und Angelpunkt für die Verbindung von Geräten und der Lösung des Kommunikationsproblems, verursacht durch verschiedene Datenformate und Protokolle der Geräte des IoT-Zeitalters, angepriesen wird. Als letztes Beispiel sei SAP genannt, deren HANA Cloud Platform (HCP) nun auch für das Internet of Things geeignet sein soll. Es ist nicht offensichtlich, warum eine als PaaS-Umgebung (Platform as a Service) ausgelegte Cloud-Plattform nicht von Hause aus kleine wie große Geräte unterstützen und beliebige Daten speichern und verarbeiten können sollte.

Während die großen IT-Unternehmen große IT-Systeme im IoT-Markt etablieren wollen, entdecken kleinere IT-Unternehmen den Consumer-Bereich für sich. Im US-Sprachraum, und damit zum Teil auch global, hat sich bereits die Unterscheidung in *Industrial Internet* und *Consumer Internet* durchgesetzt. Diese kleineren

Unternehmen preschen vor und stellen innovative Hardware, vor allem aber Software her, die zum großen Teil in den Bereichen Home-Automation und Entertainment angesiedelt ist. Um im globalen Wettkampf bestehen zu können, werden auch Konsortien gegründet, um gemeinsam werben und vermarkten zu können. Ein Beispiel ist das IoT Consortium, auf dessen Home-Page (IoT Consortium 2015) verschiedene Anbieter vor allem Home-Automation-Produkte vorstellen.

Das Internet of Things umfasst und erweitert den in Industrie 4.0 gesetzten Horizont industrieller Produktion um z. B. Entertainment, Medizin und Alltagsleben. Wir verwenden im Folgenden beide Begriffe, wohlwissend, dass die Übergänge fließend sind.

4.3 Probleme der Kommunikation cyber-physikalischer Systeme

Cyber-physikalische Systeme setzen voraus, dass für die physikalische Welt entsprechende Software-Abstraktionen existieren, auf deren Basis die Kollaboration der CPS stattfinden. Die erste Arbeit zu den sich daraus ergebenden Herausforderungen (Lee 2008) analysiert vor allem die Zeit als das grundlegende physikalische Phänomen, das keine entsprechende Abstraktion auf Programmiersprachen-, Betriebssystem- oder Netzwerkebene besitzt. Praktisch alle Abstraktionen der genannten Bereiche sehen die absolute und exakte Zeit als mehr oder weniger wichtig an. So konstatiert etwa die Dokumentation der Java-Methode Sytem#nanoTime(): „The value returned represents nanoseconds since some fixed but *arbitrary* origin time. … other virtual machine instances are likely to use a different origin." Es ist offensichtlich, dass die Abbildung der realen Welt in die Welt der kommunizierenden CPS deutlich komplexer ist, als etwa prinzipielle Fragen der Kommunikation. Das Web hat in seiner unvergleichlichen Erfolgsgeschichte HTTP als Standard etabliert. REST, der im Augenblick am meisten verbreitete Architekturansatz zur Vernetzung von Computern, basiert auf HTTP und wird von Amazon, Philips und anderen bereits für IoT-Anwendungen genutzt. Der Amazon Dash-Button (Amazon Dash 2015) und die Fortführung, der Dash-Replenishment-Service (Amazon DRS 2015), erlauben die Ein-Knopf- und sogar das automatisierte Nachbestellen von Verbrauchsgütern und verwenden REST. Die Hue-Produktfamilie von Philips (Hue 2015) arbeitet ebenfalls auf REST-Basis. Falls HTTP/REST sich nicht durchsetzen wird, steht MQTT (MQTT 2015) in den Startlöchern. Gerade diese Art der Kommunikation auf unterster Ebene erscheint uns unproblematisch, da auf den tieferen und damit technischen Protokollebenen der Markt beziehungsweise die Marktmacht großer Unternehmen früher oder später zu einer Konsolidierung und Entscheidung für ein Protokoll führen wird.

Das eigentliche Problem der Kommunikation cyber-physikalischer Systeme ist nicht die technische, sondern die fachliche Kommunikationsfähigkeit. Um Industrie 4.0 und die damit verbundenen Produktionsketten zu realisieren, muss die Kommunikation auf fachlicher Ebene exakt und unmissverständlich sein. Die bereits angesprochenen Probleme mit der physikalischen Größe Zeit gelten für alle physikalischen Größen, die valide, exakt und eindeutig quantifiziert werden müssen. Wir detaillieren im Folgenden die Herausforderungen, die in diesem Bereich existieren und schlagen Lösungsansätze vor, die das Zukunftsbild Industrie 4.0 vervollständigen.

4.4   Weitergabe von Messwerten

In praktisch allen Produktionsabläufen sind Messdaten wesentliche Grundlage zur Regelung von Fertigungsprozessen, Überprüfung von Produktspezifikationen und Bestandteil von Qualitätsmanagementsystemen. Ein erheblicher Teil basiert dabei auf Messdaten, wie sie beispielsweise zwischen Aktor und Sensor ausgetauscht werden. Die moderne, digitale Kommunikation ermöglicht es, Daten in Inch, Feet, Gallonen, Gal und vielen weiteren Einheiten darzustellen. Auch ist es denkbar, wieder längst vergessene Einheiten mittelalterlicher Städte erneut ins Leben zu rufen. Jede Stadt hatte seinerzeit seine eigenen Längen- und Gewichtseinheiten. Gleiches gilt für die freie Wahl von Zeichen. Wer hindert heutzutage jemanden daran in chinesischen, japanischen oder arabischen Zeichen zu kommunizieren? Und warum sollten binäre, hexadezimale oder römische Ziffern verboten werden? Die babylonische Sprachverwirrung cyber-physikalischer Systeme wäre perfekt.

Diese Freiheit, die Software-Entwickler haben und moderne Software-Entwicklungsumgebungen und das Internet bieten, birgt jedoch eine weit unterschätzte Gefahr für den nationalen und internationalen Handel. Mit Ausbreitung der Handelswege wurde sie für den Warenverkehr bereits zu Zeiten der französischen Revolution erkannt. Seit dieser Zeit war es ein langer und kostspieliger Weg, bis sich alle führenden Wirtschaftsmächte auf ein einheitliches Einheitensystem geeinigt hatten, um so wesentliche Handelshemmnisse aus dem Weg zu räumen. Alle Messdaten können heute über lediglich sieben SI-Einheiten und deren abgeleiteten Einheiten beschrieben werden (SI 2006). Einige wenige Staaten, wie die USA, halten innerstaatlich an einigen alten Einheiten – mit teilweise verheerenden und kostspieligen Auswirkungen – fest. So hatte man beispielsweise die Regelungs-Software für den Mars Erkundungssatelliten *Climate Orbiter* (NASA 2015) von zwei unabhängigen Firmen entwickeln lassen, um die Sicherheit durch Redundanz zu erhöhen. Beide Systeme haben sich im Landeanflug gegenseitig kontrolliert und dabei ihre Messdaten miteinander ausgetauscht. Da jedoch ein Institut in Inch und das andere in metrischen Einheiten rechnete, führte dies dazu, dass die Steuerung außer Kontrolle geriet. Infolgedessen zerschellte der Climate Orbiter auf der Marsoberfläche.

Unvergleichlich größer als der wirtschaftliche Schaden, der durch Unfälle entsteht, ist der Schaden durch hohe Entwicklungskosten, die aufzubringen sind, wenn man der Willkür zum Austausch von Messdaten freien Lauf lässt. Allein zwei redundante Einheiten wie Inch und Millimeter führen dazu, dass ein Empfänger Schnittstellen bereitstellen muss, um jede ankommende Information eines Senders zu interpretieren. Der Entwicklungsaufwand verdoppelt sich hierdurch. Aber das ist nicht genug. Es muss auch gewährleistet sein, dass die Umrechnungen zwischen den beiden Einheiten korrekt sind. Darüber hinaus ist in bestehenden Systemen zu beobachten, dass zwei redundante Informationen gleichzeitig gesandt werden.

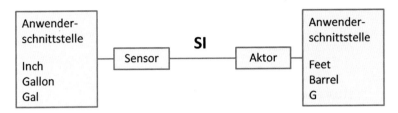

Abb. 4.1 Kommunikation zwischen Sensor und Aktor trotz verschiedener Einheiten

Welchem der beiden Werte ist dann der Vorzug zu geben? Damit nicht genug, es ist auch zu klären, ob die Daten bis zu einer geforderten Genauigkeit auch konsistent sind. Es müssen somit Strategien ausgearbeitet werden, die es ermöglichen, Widersprüche in einer Welt verteilter cyber-physikalischer Systeme zu beseitigen. Allein die Anzahl der Umrechnungen steigt mit der Anzahl der Varianten in n*(n-1)/2. In den USA mit den Einheiten Inch, Feet, Mile und Meter ist dies bereits ein erheblicher Aufwand.

Diesen und weiteren nur mit hohem Aufwand lösbaren Problemen kann man leicht aus dem Wege gehen. In Abb. 4.1 ist der Zusammenhang schematisch dargestellt. Unabhängige Sender (Sensor) und Empfänger (Aktor) kommunizieren im Netz einheitlich und verbindlich auf der Basis der SI-Einheiten. Die Mensch-Maschinen-Schnittstellen zum Endanwender gehen dagegen auf nutzerspezifische Wünsche ein und konvertieren nach individuellen Vorgaben die Daten. An dieser Stelle sei aber auch angemerkt, dass das Internet of Things und Industrie 4.0 überwiegend Maschinen-Maschinen-Schnittstellen anspricht, die künftig immer weniger individuelle Konvertierungen benötigen.

Die Chancen, Messdaten auf der Basis der SI-Einheiten (SI 2006) für das IoT verbindlich festzulegen, sind hoch. Sie sind, wie oben bereits erwähnt, von allen Wirtschaftsnationen anerkannt, ihre Interpretation ist eindeutig, und das Wissen wird in allen Universitäten weltweit gelehrt. Hierdurch sind ideale Voraussetzungen für einen unmissverständlichen Austausch von Messdaten gegeben.

Vor diesem Hintergrund plant ein Verbund europäischer Metrologie-Institute in Zusammenarbeit mit Normungsinstituten und Industrieunternehmen den Austausch von Messdaten normativ festzulegen. Die Festlegungen erfolgen dabei auf einer Metaebene. Sie sind daher von etablierten Formaten, wie beispielsweise IGES (2012), STEP (2005) u. v. m. unabhängig, können aber einfach implementiert werden.

Nach der ebenfalls international anerkannten Normungsdirektive GUM (2008) und dem International Vocabulary of Metrology (VIM 2012) wird ein Messergebnis vollständig beschrieben, wenn es einen Messwert, eine zugeordnete Messunsicherheit und eine Einheit enthält. Die Messunsicherheit muss dabei nicht zwingend angegeben werden, da diese vielfach nicht bekannt ist. In der künftigen Festlegung werden nur die arabischem Ziffern 0, 1, … 9 zugelassen und die 26 Buchstaben des lateinischen Alphabets a, b, … z. Groß- und Kleinschreibung wird dabei unterschieden. Weitere Festlegungen sind noch auszuarbeiten, wie beispielsweise die Syntax der Exponentialdarstellung. Das Messergebnis einer Längenmessung kann dann wie folgt angegeben werden:

$$L = 1001,99\,mm \pm 0,01\,mm$$

Die Angabe eines Messergebnisses ist das kleinste gemeinsame Vielfache und zugleich auch die minimale Information, die für den Austausch von Messwerten notwendig ist. Aus diesem Grund wird hierzu im ersten Schritt ein Normenentwurf erarbeitet.

In Industrie 4.0 sind jedoch noch weitere Informationen von großer Bedeutung, die ein Messergebnis begleiten. Viele dieser Informationen befinden sich heute schon auf gängigen Kalibrierscheinen. Hierzu zählt die eindeutige Identifikation z. B. eines Sensors, der Hersteller, das Herstellerdatum, zulässige Betriebsbedingungen und weitere Angaben. Auch die Information über Wartungs- und Rekalibrierungsfristen können zusätzlich mit aufgenommen werden. Auch wenn viele dieser Daten bereits international ausgetauscht werden, so bestehen hier keine allgemein anerkannten Vereinbarungen, wie bei der Beschreibung von Messergebnissen. Aus diesem Grund sind in einem zweiten Schritt weitere internationale Abstimmungen notwendig.

Es gibt Beispiele, dass allein ein Sensor über 1000 Merkmale verfügen kann. Hierzu gehören Informationen zu Messreihen, Betriebskosten, Verfügbarkeit und viele mehr. Die Erarbeitung von Lösungskonzepten, mit denen diese sehr spezifischen Informationen ausgetauscht werden können, sind bisher nicht vorgesehen.

4.5   TraCIM, ein System zur Validierung von Mess-Software

TraCIM (Traceability for Computationally-Intensive Metrology) benennt ein EU-Forschungsprojekt, einen eingetragenen Verein sowie ein Netzwerk aus Metrologie-Instituten, die einen Online-Service anbieten, um Auswertealgorithmen in metrologischen Anwendungen zu validieren (Forbes et al. 2015). Mittels einer Anwendung auf Basis einer Client-Server-Architektur und Nutzung von HTTP und einer REST-Schnittstelle, werden hierzu Messwerte und Messergebnisse für Messaufgaben (technisch gesehen sind dies Tests/Testdaten) ausgetauscht. Angeboten werden bisher Tests aus dem Bereich der Fertigungsmesstechnik zur Einpassung von Testdaten nach der Methode der kleinsten Fehlerquadrate, Gauß und Minimum Zone, Tschebyscheff.

Ein wesentlicher Vorteil von TraCIM gegenüber bisherigen Validierungsansätzen in diesem Bereich besteht darin, dass die Server in Verantwortung von Metrologie-Instituten betrieben werden. Als höchste messtechnische Autorität sind Metrologie-Institute verantwortlich für die Darstellung, Bewahrung und Weitergabe der SI-Einheiten. Somit bilden sie die Basis für den international abgestimmten Handel nichttarifärer Größen. Ein Kilogramm Gold soll in allen Ländern gleich viel wiegen – nicht zu viel und nicht zu wenig. Zur Kernkompetenz der Metrologie-Institute zählt daher die einheitliche und korrekte Weitergabe von Messergebnissen. TraCIM und die Kompetenz der Metrologie-Institute bilden hier eine geeignete Plattform, um die korrekte Weitergabe von Messergebnissen für Industrie 4.0 auf der Basis von Richtlinien und Normen zu validieren.

Service-Anbieter   Service-Empfänger
TraCIM e.V.

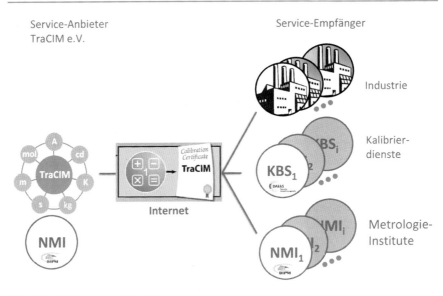

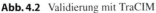

Abb. 4.2 Validierung mit TraCIM

In Abb. 4.2 ist das Grundprinzip des Validierungsansatzes von TraCIM dargestellt. Auf der linken Seite befindet sich das Netzwerk aus Metrologie-Instituten
(Service-Anbieter). Auf der rechten Seite sind dies die Anwender (Service-
Empfänger, wie Industrie, Kalibrierdienste aber eventuell auch wiederum Metrologie-Institute). Ist ein Test über einen Web-Shop bestellt, so kann eine kommerzielle
Anwendung direkt mit dem Server in Verbindung treten und den Test vollautomatisch ausführen. Als Ergebnis erhält der Anwender einen Prüfbericht, der mit amtli-
cher Hoheit bescheinigt, dass das zu validierende Messgerät bzw. die verwendete
Algorithmik innerhalb fester Toleranzen korrekt arbeitet.

Um rechtliche Sicherheit zu schaffen, wurde der gemeinnützige Verein TraCIM
e.V. nach deutschem Recht gegründet. Diese Rechtsform hat sich im Vergleich zu
anderen möglichen Rechtsformen innerhalb Europas als günstig erwiesen, da es fast
allen europäischen Metrologie-Instituten die Mitgliedschaft ermöglicht. Die Auf-
nahme und jährlichen Mitgliedsbeiträge sind sehr moderat. Sie passen sich den individuellen Möglichkeiten der Institute an und bewegen sich unter 500,- €. Die
wesentliche Aufgabe des Vereins besteht darin, Qualitätsregeln für die Tests festzulegen und ihre Einhaltung bei der Einführung neuer Tests zu kontrollieren. Im Vordergrund steht hierbei die Korrektheit der Referenzdaten mit der Angabe ihrer
numerischen Genauigkeit.

Der einzelne Test ist eine Dienstleistung des jeweiligen Metrologie-Institutes,
das auch die Haftung und Beratung für den Geschäftsprozess übernimmt. Dieser
TraCIM Service ist somit vollkommen vom TraCIM e. V. entkoppelt. Für die bisher
von der Physikalisch-Technischen Bundesanstalt angebotenen Tests Gauß und
Tschebyscheff werden je Test 600,- € bzw. 1500,- € in Rechnung gestellt. Um den
Beratungsaufwand zu minimieren, verfügt jeder Test neben einer ausführlichen
Dokumentation über einen sogenannten öffentlichen Datensatz mit bekannten

Testergebnissen sowie einem Beispiel-Code. Mit diesen Hilfen kann jeder registrierte Kunde sein System selbstständig entwickeln und in Betrieb nehmen. Beratungskosten und Hilfestellungen beim Aufbau einer Client Server Kommunikation werden nach Aufwand abgerechnet. Sie belaufen sich bei der Physikalisch-Technischen Bundesanstalt derzeit auf 120,- €/Stunde. Mit der Pflege des Servers wird künftig eine private Firma beauftragt, die anteilig zu der Menge an bestellten Tests vergütet wird. Die Testdaten selbst bleiben jedoch unter der hoheitlichen Kontrolle der Physikalisch-Technischen Bundesanstalt. Für die kommenden Jahre wird mit ca. zehn Tests pro Jahr gerechnet. Mit zunehmendem Bekanntheitsgrad wird für die Zukunft mit einem starken Wachstum gerechnet, da auch weitere Tests in Planung und Entwicklung sind.

Ein TraCIM Service soll künftig auch für die Validierung von Messergebnissen eingesetzt werden und kann damit ein Schlüsselglied der Industrie 4.0 werden. Hierzu werden in den übertragenen Daten (im Augenblick XML-Dokumente) grundlegende Eigenschaften, wie zulässige Zeichen und Datenformate geprüft. Die Anwendungsapplikation, ein komplexes Messgerät eventuell aber auch ein einfacher Sensor, sendet eine Anfrage an einen TraCIM-Server mit der Angabe, mit welchen SI-Einheiten bzw. abgeleiteten Einheiten er kommuniziert. Im nächsten Schritt erhält er vom TraCIM-Server Testdaten, die er durch mehr oder weniger komplexe mathematische Operation modifiziert und wieder zurücksendet. Im TraCIM-Server werden das Rechenergebnis und die Syntax des Datenprotokolls überprüft. Über den Test wird ein Bericht erstellt und dem Auftraggeber zugesandt.

4.6 Ohne valide Werte keine Industrie 4.0

Um die Vision der Plattform Industrie 4.0 Realität werden zu lassen, müssen cyber-physikalische Systeme in die Lage versetzt werden, valide und verlässliche Werte verschiedener Größen auch unter wirtschaftlich vertretbaren Kosten auszutauschen. Nur so kann die Automatisierung sämtlicher Produktionsprozesse erfolgreich umgesetzt werden. Im Augenblick besteht die Gefahr, dass die Kommunikation zwischen verschiedenen CPS diesen Anforderungen nicht gerecht wird. Für den Bereich der Messtechnik sind daher Bestrebungen im Gange, Messdatenaustauschformate auf der Basis der weltweit anerkannten SI-Einheiten festzulegen. Initiatoren sind europäische Metrologie-Institute, wie die Physikalisch-Technische Bundesanstalt. Mit dem bereits etablierten Validierungssystem für metrologische Auswerte-Algorithmen TraCIM, sollen künftig Messdatenaustauschprotokolle für Industrie 4.0 und das IoT validiert werden.

Literatur

Amazon Dash (2015) Introducing Amazon dash button. https://www.amazon.com/oc/dash-button. Zugegriffen am 15.05.2015
Amazon DRS (2015) Introducing dash replenishment service. https://www.amazon.com/oc/dash-replenishment-service. Zugegriffen am 15.05.2015

BITKOM und Fraunhofer IAO (2014) Industrie 4.0 – Volkswirtschaftliches Potenzial für Deutschland
Bundesministerium für Bildung und Forschung (2013) Zukunftsbild „Industrie 4.0"
Forbes A, Smith I, Härtig F, Wendt K (2015) Overview of EMRP joint research project NEW06
    traceability for computationally-intensive metrology. Advances in mathematical and computa-
    tional tools in metrology and testing X (Bd 10), series on advances in mathematics for applied
    sciences, Bd 86. World Scientific, Singapore
Forschungsunion und acatech (2013) Umsetzungsempfehlungen für das Zukunftsprojekt Industrie
    4.0. Abschlussbericht des Arbeitskreises Industrie 4.0
Gartner (2013) Forecast: the Internet of Things, worldwide
GUM (2008) BIPM. Evaluation of measurement data – guide to the expression of uncertainty in
    measurement. JCGM 100:2008
Hue (2015) Willkommen bei Philips Hue. http://www.hue.philips.de. Zugegriffen am 15.05.2015
IGES (2012) Curtis H. Parks. Initial graphics exchange specification, Bd 2: application protocols.
    NIST
IoT Consortium (2015) http://www.iofthings.org. Zugegriffen am 15.05.2015
Lee EA (2008) Cyber physical systems: design challenges. Technical report no UCB/EECS-
    2008-8, University of California, Berkeley
MQTT (2015) http://www.mqtt.org. Zugegriffen am 15.05.2015
NASA (2015) Mars climate orbiter failure board releases report. http://mars.jpl.nasa.gov/msp98/
    news/mco991110.html. Zugegriffen am 15.05.2015
SI (2006) SI brochure: the international system of units (SI), 8. Aufl.
SmartFactoryKL (2015) www.smartfactory.de. Zugegriffen am 15.05.2015
Stanley M (2014) The ‚Internet of Things' is now. Connecting the real economy
STEP (2005) ISO 10303. Industrial automation systems and integration – product data representa-
    tion and exchange – part 239: application protocol: product life cycle support
VIM (2012) BIPM. International vocabulary of metrology – basic and general concepts and asso-
    ciated terms. VIM, 3. Aufl. JCGM 200:2012

Lebensmittelindustrie 4.0 – Cyber-physische Produktionssysteme zur sicheren und unverfälschbaren Datenverarbeitung

5

Oliver Thomas, Novica Zarvić, Jörg Brezl,
Michael Brockschmidt und Michael Fellmann

Zusammenfassung

Industrie 4.0 steht für eine neue Stufe der Integration der IT in industrielle Produktionsprozesse. Am Beispiel der Lebensmittelbranche können durch neue Hard- und Softwarekomponenten cyber-physische Produktionssysteme (CPPS) entstehen, die erstmals eine lückenlose Nachweisbarkeit innerhalb der Erzeugungsprozesse sicherstellen. Zudem können Fälschungen verhindert und eine durchgängige Gesetzeskonformität gewährleistet werden. Der im vorliegenden Beitrag vorgestellte Lösungsansatz zeigt anhand eines konkreten Beispiels aus der fleischverarbeitenden Industrie, wie Schlachtkörper irreversibel mit einem physischen Marker mit innen liegendem RFID-Tag verbunden werden können. Der Marker bildet die zentrale Komponente des entstehenden CPPS. Vollautomatisierte Schlachthöfe können von dem Ansatz insoweit profitieren, als dass eine untrennbare Kopplung zwischen Produkt und dazugehörigen Daten geschaffen wird, welche sowohl Nachvollziehbarkeit als auch Überprüfbarkeit ermöglicht.

Unveränderter Original-Beitrag Thomas et al. (2015) Lebensmittelindustrie 4.0 – Cyber-physische Produktionssysteme zur sicheren und unverfälschbaren Datenverarbeitung, HMD – Praxis der Wirtschaftsinformatik Heft 305, 52(5):759–768.

O. Thomas (✉) • N. Zarvić
Universität Osnabrück, Osnabrück, Deutschland
E-Mail: oliver.thomas@uni-osnabrueck.de; Novica.Zarvic@uni-osnabrueck.de

J. Brezl • M. Brockschmidt
SLA Software Logistik Artland GmbH, Quakenbrück, Deutschland
E-Mail: Joerg.Brezl@sla.de; Michael.Brockschmidt@sla.de

M. Fellmann
Universität Rostock, Rostock, Deutschland
E-Mail: michael.fellmann@uni-rostock.de

© Springer Fachmedien Wiesbaden GmbH 2017
S. Reinheimer (Hrsg.), *Industrie 4.0*, Edition HMD,
DOI 10.1007/978-3-658-18165-9_5

Schlüsselwörter

Industrie 4.0 • Lebensmittelbranche • Fleischverarbeitende Industrie • Cyber-
physische Produktionssysteme • Manipulationssicherheit • Rückverfolgbarkeit

5.1 Lebensmittelsicherheit: Ein für die Gesellschaft relevantes Thema

In den vergangenen Jahren wurde in den Medien vermehrt über diverse Skandale
im Lebensmittelbereich berichtet: Angefangen vom BSE-Skandal über diverse
Futtermittel- und Dioxinvorfälle bis hin zu den EHEC-Problemen oder dem Dekla-
rationsskandal bei Tiefkühlprodukten wie Lasagne oder Burgerfleisch. Der Pferdefleischskandal in Europa im Jahre 2013 führte bspw. keineswegs dazu, dass
Manipulationen in der fleischverarbeitenden Lebensmittelindustrie eliminiert werden konnten. Aktuell – Stand April 2015 – wird in den Medien erneut über einen
neuen Pferdefleischskandal berichtet. Die steigende Anzahl und Schwere solcher
Skandale führt auch auf Verbraucherseite zu einer gestiegenen Unsicherheit sowie
Misstrauen gegenüber der Lebensmittelindustrie. Da Aspekte der Lebensmittelsicherheit und -hygiene für die Konsumenten immer wichtiger werden, sind die
Anforderungen an den Lebensmittelsektor enorm gestiegen. Sowohl Verbraucher
als auch betroffene Unternehmen und Aufsichtsbehörden verlangen heutzutage
mehr Sicherheit und Transparenz.

Die besondere Relevanz der Skandale in der fleischverarbeitenden Industrie
ergibt sich, wenn man die durchschnittlichen Verzehrangaben in Deutschland
betrachtet. Nach einer vorläufigen Schätzung des Bundesministeriums für Ernäh-
rung und Landwirtschaft (BMEL) verbrauchte jeder Deutsche im Jahre 2013 durchschnittlich insgesamt 88,2 kg Fleisch, wobei der reine Fleischverzehr sich im selben
Jahr auf insgesamt 60,3 kg je Person der Bevölkerung belief (BMEL 2015a). Der
durchschnittliche Pro-Kopf-Verbrauch liegt laut einer Prognose des FAO (Food and
Agriculture Organization of the United Nations) für das Jahr 2013 weltweit bei
43,1 kg und bei entwickelten Ländern bei 79,3 kg (FAO 2013). Die Schlachtung und
Verarbeitung von Fleisch spielt somit in Deutschland eine besondere Rolle, woraus
geschlossen werden kann, dass es sich bei der vorliegenden Thematik um ein für die
breite Gesellschaft äußerst relevantes Thema handelt. Das Segment „Schlachten
und Fleischverarbeitung" stellte im Jahre 2014 mit einem Umsatzanteil von 23,31 %
den bedeutendsten Teil der Ernährungsindustrie in Deutschland dar (Statistisches
Bundesamt 2015).

Bedingt durch die Skandale der letzten Zeit wurde versucht, die Fleischherstel-
lung sicherer zu gestalten und die Qualität der im Prozess gewonnenen Daten zu
verbessern, um mehr Transparenz schaffen zu können. Aus Sicht der Verbraucher
ist es notwendig, das Vertrauen in die deutsche Lebensmittelproduktion zu festigen,
um der Nachfrage nach Fleisch gerecht zu werden. Dies betrifft insbesondere
Schweinefleisch, da laut vorläufiger Schätzung des BMEL für das Jahr 2013 der
reine Pro-Kopf-Verzehr von Schweinefleisch 38,1 kg betrug (BMEL 2015b) und
somit Schweinefleisch die am meisten konsumierte Fleischart in Deutschland
darstellt. Mit dem Ziel, eine erhöhte Sicherheit und Transparenz zu schaffen,

wurden diverse Qualitätsmaßnahmen aus gesellschaftlicher bzw. politischer Perspektive angestoßen. Hierzu zählen Gütesiegel, Herkunftsnachweise (Rindersiegel, Eierstempel), aber auch Aktionspläne (BMELV 2011). Obwohl insbesondere von der Verbraucherseite ein enormer Druck ausgeht, ist es bisher noch nicht gelungen, Nachvollziehbarkeit und Transparenz in der Fleischproduktion zu gewährleisten. Zwar verfolgen Initiativen wie bspw. Lebensmittelklarheit.de oder die Verbraucher Initiative e.v. das Ziel, verloren gegangenes Vertrauen zurückzugewinnen, aber leider konnten diese bisher nicht den gewünschten Erfolg erzielen. Die Produktion in der Branche wird darüber hinaus den hohen Anforderungen aus dem Fleischgesetz, welches gesetzliche Vorschriften zur Speicherung der im Produktionsprozess anfallenden Daten durch Klassifizierungsunternehmen enthält (FlGDV 2008), nicht gerecht. Diese Problematik wird im nachfolgenden Kapitel anhand der Wertschöpfungskette in der Fleischverarbeitung erläutert, bevor ein Lösungsansatz vorgestellt und diskutiert wird. Die in diesem Beitrag vorgestellte Innovation schafft durch den Einsatz cyber-physischer Systeme in der Produktion – auch: cyber-physische Produktionssysteme (CPPS) (Acatech 2011) – eine transparente und manipulationssichere Datenverarbeitung in der Lebensmittelindustrie.

5.2 Die Wertschöpfungskette der Fleischverarbeitung

Zur Identifikation und Analyse zentraler Probleme im Produktionssystem der fleischverarbeitenden Lebensmittelindustrie wird im Folgenden das Instrument der Wertschöpfungskette genutzt. Bei der Betrachtung von Wertschöpfungsketten von Fleisch im Allgemeinen (Doluschitz und Engler 2008) bzw. Schweinefleisch im Spezifischen (Spiller et al. 2005) wird deutlich, dass in der Regel unterschiedliche Partner involviert sind, was auch bei Liefer- bzw. Wertschöpfungsketten anderer Branchen aus der Lebensmittelindustrie üblich ist (Matopoulus et al. 2007). Die Wertschöpfungskette bei Schweinefleisch beginnt mit der Zucht, welche die grundlegende Züchtung, z. B. der Muttertiere beschreibt und beinhaltet sequenziell die Ferkelerzeugung, die Ferkelaufzucht, die Schweinemast, die Schlachtung, die Weiterverarbeitung sowie den Absatzmarkt und ist vereinfacht in folgender Abb. 5.1 dargestellt, wobei der vorgestellte Beitrag primär die Schlachtung berücksichtigt.

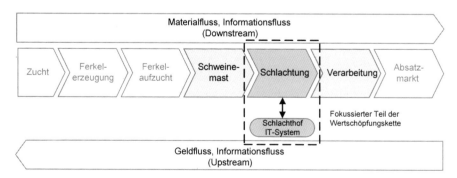

Abb. 5.1 Wertschöpfungskette der Schweinefleischverarbeitung

Wertschöpfungsketten der Fleischverarbeitung können verschiedene Ausprägungen mit einer verschiedenen Anzahl an Partnern haben. Der landwirtschaftliche Erzeuger liefert bspw. über ein beauftragtes Transportunternehmen oder einen Zwischenhändler die gemästeten Schweine zu einem Schlachthof. Dabei ist jedes Tier mit einer Schlagstempelkennzeichnung markiert. Während des gesamten Schlachtprozesses ergibt sich eine Vielzahl von qualitätsrelevanten Messwerten, die entweder automatisiert oder manuell erfasst werden. Zu den wichtigen Werten zur Qualitätsermittlung und Preisberechnung einzelner Tiere gehören neben dem Gewicht und dem Magerfleischanteil auch erfasste Tierwohl- und Befunddaten. Klassifizierungsrelevante Daten werden von einem externen und unabhängigen Unternehmen mithilfe geeichter Messgeräte ermittelt. Dazu werden mit verschiedenen Geräten, u. a. mit automatisch funktionierenden Klassifizierungsgeräten wie dem sogenannten Auto-FOM, mehr als 3000 Messwerte pro Schwein erfasst (nähere Informationen sind auch unter www.carometec.de verfügbar). Bei diesem Vorgang werden bspw. die Werte für den Magerfleischanteil, Speckdicke, Schinkenausprägung, etc. bestimmt. Die einzelnen Schweinehälften werden mittels einer aufgesprühten Nummer identifiziert. Zudem werden die existierenden Daten sowohl unverschlüsselt als auch unsigniert in den IT-Systemen der Schlachthöfe gespeichert (siehe Abb. 5.1). Um die Problematik in diesem Szenario noch stärker zu verdeutlichen, erfolgt die Datenübermittlung an Dritte oftmals nur in Form von Transportpapieren und ausgedruckten Listen. Dies zeigt, dass die Gefahr einer (Ver-)Änderung von Daten an vielfältigen Stellen im derzeitigen System nicht nur traditioneller, sondern auch voll automatisierter Schlachthöfe neuerer Generation möglich ist. Das Problem einer potenziellen Datenveränderung tritt noch offensichtlicher zum Vorschein, wenn bedacht wird, dass leistungsstärkere Messgeräte und Werkzeuge in Zukunft sogar mehr als 16.000 Werte pro Tier erfassen sollen. Schweine bestehen aus sehr vielen verschiedenen Teilbereichen, wie bspw. Nacken, Schulter, Bauch, oder Schinken. Jeder dieser Teilbereiche wird hinsichtlich Muskelfleischanteil, Fleischdicke, Speckanteil und -dicke, Knochenanteil und vieler weitere Messwerte per Ultraschall durchleuchtet. So werden für jeden Teilbereich des Schweines Werte zur Beschaffenheit des jeweiligen Teiles ermittelt. Durch das somit angestiegene Datenvolumen im Produktionsprozess werden sich noch mehr Manipulationspunkte ergeben.

Ein weiteres Problem bezüglich einer sicheren und unverfälschbaren Datenverarbeitung ergibt sich im weiteren Materialfluss (siehe Abb. 5.1). Die Schweinehälften werden nach der Schlachtung und Ermittlung der relevanten Kennzahlen zu Grob- und Feinzerlegungsbetrieben transportiert. Wie bereits erwähnt, erfolgt die Weitergabe der Daten der jeweiligen Schweinehälften üblicherweise in Papierform in den dazugehörigen Lieferscheinen. Diese Vorgehensweise ermöglicht allerdings aufgrund der hohen Datenmengen nur stichprobenartige Überprüfungen je Charge. Es besteht derzeit also die theoretische Möglichkeit, einen Schlachtkörper zu vertauschen und die Qualitätsdaten des Fleisches zu manipulieren.

Der Materialfluss sowie der zugehörige Informationsfluss führen weiter zu Verarbeitungsbetrieben und letztendlich zum Absatzmarkt, wo den Verbrauchern die fertigen Produkte angeboten werden. Der Informationsfluss zwischen den unterschiedlichen Partnern bzw. Akteuren entlang der Wertschöpfungskette der Schweinefleischverarbeitung gestaltet sich oftmals als äußerst schwierig, denn die „Probleme der Rückverfolgbarkeit von Lebensmitteln entstehen besonders häufig an den Schnittstellen innerhalb der Wertschöpfungskette" (Doluschitz und Engler 2008, S. 4). Zusammengefasst kann gesagt werden, dass die Datenweitergabe zwischen den beteiligten Akteuren aus dem Produktions- und Verarbeitungsprozess nicht optimal ist, da diese oftmals nur unvollständig und unzureichend weitergegeben werden. Folgende Tabelle gibt eine Übersicht zu den identifizierten Problemen im Produktionssystem der fleischverarbeitenden Lebensmittelindustrie.

5.3 Transparente Produktionsprozesse in der Lebensmittelindustrie durch Einsatz von Industrie 4.0-Konzepten

Die in Tab. 5.1 identifizierten zentralen Probleme stellen zugleich auch die Anforderungen an einen transparenten Produktionsprozess mit einer sicheren und unverfälschbaren Datenverarbeitung dar. Dadurch soll neben der Manipulationssicherheit von erhobenen Daten auch die Rückverfolgbarkeit optimiert werden, welche als „wichtiges Risikomanagement-Werkzeug" gilt (Waldner 2006, S. 83). Um bspw. den gesetzlichen Vorschriften zur Speicherung der im Produktionsprozess anfallenden Daten durch Klassifizierungsunternehmen (FlGDV 2008) entsprechen zu können, ist daher eine Lösung notwendig, welche insbesondere diesen Teil der Wertschöpfungskette umfasst und unter Nutzung modernster Technologien transparenter und sicherer gestaltet, um Fälschungen und Manipulationen wirkungsvoll zu unterbinden. Zudem sollte auch darüber hinaus die Rückverfolgbarkeit entlang der Wertschöpfungskette – oder zumindest entlang einem großen Teil dieser Kette – gewährleistet sein. Um dies zu erreichen, wird im Folgenden der Einsatz von Industrie 4.0-Konzepten beschrieben.

Tab. 5.1 Zentrale Probleme in der fleischverarbeitenden Lebensmittelindustrie

Identifiziertes Problem	Problembeschreibung
(1) Hohe Datenmenge	Die enorme Menge an Daten, die gegenwärtig mehr als 3000 Messwerte erfasst, wird zukünftig durch leistungsstärkere Messgeräte ansteigen.
(2) Kopplung der Daten zum Schlachtkörper	Es besteht keine sichere Verbindung der Daten zum dazugehörigen Schlachtkörper, welches theoretisch eine Vertauschung der Schlachtkörper möglich macht.
(3) Durchgängige Speicherung relevanter Daten	Eine lückenlose Umsetzung der gesetzlichen Anforderungen zur Speicherung relevanter Daten besteht derzeit nicht. Zudem erfolgt die Datenweitergabe entlang der Produktionskette oftmals nur in Papierform und dementsprechend sind die Daten auch schwierig zu verarbeiten.

5.3.1 RFID-basierter Lösungsansatz

Durch das Zukunftsprojekt Industrie 4.0 im Rahmen der Hightech-Strategie der Bundesrepublik haben auch CPPS, die durch neue Soft- und Hardwarekomponenten entstehen können, für den Industriestandort Deutschland enorm an Bedeutung gewonnen (Acatech 2011; Bauernhansl et al. 2014). Um eine manipulationssichere Datenspeicherung durch Klassifizierer sowie eine lückenlose Rückverfolgung und Nachweisbarkeit im Lebensmittelbereich sicherstellen zu können, besteht der hier vorgestellte Lösungsansatz in einer irreversiblen Verbindung zwischen Schlachtkörper inklusive der entsprechenden Daten. Dies wird mithilfe des sogenannten „MIS-Markers" bewerkstelligt, der erst bei Schließung einen innen liegenden RFID-Tag aktiviert (SLA 2015). Dabei wird die ID zur Verknüpfung von Transponder, also Schlachtkörper, und Daten in der Datenbank verwendet. Wenn Schlachtkörper den Schlachthof wieder verlassen und bspw. an einen Veredeler geliefert werden, können relevante Daten auf dem RFID-Tag mitgegeben werden, um das Tier auch außerbetrieblich eindeutig identifizieren zu können. Bei dem Marker handelt es sich um einen starken Einweg-Kunststoff-Binder, welcher nach dem ersten Einsatz nur noch in beschädigtem Zustand und funktionsunfähig entfernt werden kann. Bei einer Entfernung wird der RFID-Chip zerstört. Ein weiterer Vorteil ist dadurch gegeben, dass der Marker das Tier nicht verletzt bzw. den Schlachtkörper beschädigt, da der Marker um das Bein und nicht durch das Bein des Tieres angebracht wird. Der in Abb. 5.2 dargestellte Marker zeigt die irreversible Verbindung mit dem Schlachtkörper.

5.3.2 Manipulationssichere Produktionsprozesse

Die konzeptionelle Funktionsweise des Markers während eines beispielhaften Schlachtungsprozesses wird im folgenden Szenario kurz beschrieben. Das Hauptziel des Einsatzes des in Abb. 5.2 dargestellten Markers besteht in einer verbesserten

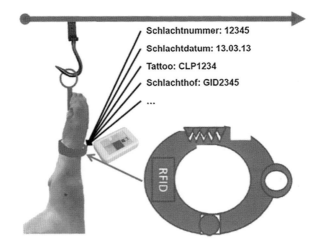

Abb. 5.2 Marker mit innen liegendem RFID-Tag als physische Komponente des CPPS

Datenerfassung und -verfügbarkeit, welche zu einer Steigerung der Datensicherheit und -qualität führen soll. Zunächst einmal gewährleistet der Marker über eine Verbindung, die verschlüsselt ist, sowie der elektronischen Signierung eine sichere Verbindung aller in Beziehung mit dem Schlachtkörper aufkommenden Daten. Zusätzlich bildet ein professionelles Zugriffs- und Berechtigungskonzept im Gesamtsystem das Fundament zur vollständigen Datenintegrität.

Das im Folgenden beschriebene Szenario (siehe Abb. 5.3) beschreibt die sichere und unverfälschbare Datenverarbeitung während des Schlachtungsprozesses. Szenarien können im Allgemeinen als die Beschreibung möglicher Ereignisse in einem bestimmten Kontext beschrieben werden, welche zum Hauptziel haben, sich mit den einzelnen Vorkommnissen detailliert auseinanderzusetzen (Jarke et al. 1998). Daher stellen sie auch ein nützliches Werkzeug für eine profunde Analyse des Ablaufs und dessen Veranschaulichung während der Schlachtung dar. Mit Hinblick auf die gesamte Wertschöpfungskette der Schweinefleischverarbeitung ist der landwirtschaftliche Erzeuger dem Schlachter und Klassifizierer vorgelagert (vgl. Abb. 5.1), sodass die Tiere theoretisch schon beim Erzeuger mit dem Marker versehen werden könnten. Spätestens jedoch beim Wareneingang nach der Viehrampe wird der Marker angebracht. Ein Vorteil des im Marker integrierten RFID-Tags ist, dass dieser nur einen einmal beschreibbaren Speicher besitzt, sodass die Daten weder geändert noch gelöscht werden können. Typische Daten, die gespeichert werden, beinhalten u. a. eine eindeutige ID, das Schlachtdatum, eine Schlachtnummer oder Informationen über Erzeuger und Schlachthof, welche die Rückverfolgbarkeit sicherstellen. Diese Daten sowie die später im Schlachtungsprozess noch anfallenden Daten werden bis zum Warenausgang zentral im IT-System des Schlachthofs dauerhaft gespeichert. Beispielsweise werden diverse Qualitätsmerkmale beim Veterinär, während der Klassifizierung sowie bei der Datenerhebung im Eichbereich ebenso zentral im IT-System des Schlachthofs abgelegt. Letztlich werden auch Daten über den Käufer erfasst, womit eine durchgängige Transparenz über den Schlachtungsprozess (Downstream und Upstream) hinaus gewährleistet werden kann. Es ist dabei variabel steuerbar, welche Daten genau unveränderlich auf dem

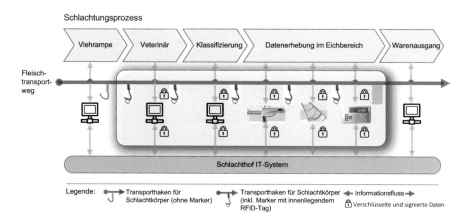

Abb. 5.3 Nutzung des Markers als physische Komponente eines CPPS im Schlachtungsprozess

RFID-Tag und welche im IT-System gespeichert werden sollen. Grundsätzlich können sämtliche Daten auf dem RFID-Tag mitgegeben werden, wodurch das Gesamtkonzept vollkommen autark wird. Alternativ können über Schlüsselangaben entsprechende Referenzen zum IT-System bzw. zur Datenbank am Schlachthof gebildet werden. Beide dieser Möglichkeiten können je nach Anforderung umgesetzt werden.

5.3.3 Transparenz durch IT-Unterstützung

Insbesondere die Lebensmittelbranche unterliegt diversen gesetzlichen Regelungen und Bestimmungen. Durch den in diesem Beitrag vorgestellten Lösungsansatz wird einigen dieser gesetzlichen Regelungen und Bestimmungen Rechnung getragen. Insbesondere werden zwei gesetzliche Normen im Folgenden thematisiert, die erste bezieht sich auf die transparente Datenhaltung und Manipulation im Schlachtbetrieb selbst und die zweite geht über den Schlachtungsprozess hinaus und betrifft die Rückverfolgbarkeit entlang der Wertschöpfungskette.

Transparenz im Schlachtbetrieb
Die irreversible Kopplung von Daten und Schlachtkörper thematisiert die im 2. Fleischgesetz – Durchführungsverordnung geforderte Unabhängigkeit von Klassifizierungsunternehmen vom Schlachtbetrieb. Insbesondere wird sichergestellt, dass ein Schlachtbetrieb keinerlei Einflussmöglichkeit auf die mit der Waage erhobenen Daten eines Klassifizierers hat (FlGDV 2008). Paragraf 3, Abs. 3, dieser Durchführungsverordnung besagt, dass sichergestellt sein muss, „dass Klassifizierungsunternehmen einen vom Schlachtbetrieb nicht beeinflussbaren Zugriff auf die mit der Waage erhobenen Daten und bei einer Klassifizierung von Schlachtkörpern mit einem Klassifizierungsgerät auch auf die mit dem Klassifizierungsgerät erhobenen Daten sowie auf alle sonstigen vom Klassifizierer im Zusammenhang mit seiner Tätigkeit erhobenen Daten haben" (FlGDV 2008, § 3, Abs. 3). Ein externer Klassifizierer ist nun in vollem Umfang unabhängig und kann ohne Beeinflussung seitens des Schlachtbetriebs auf die mit der Waage erhobenen Daten zugreifen. Zudem werden Verschlüsselung und Signierung der Daten in diesem Kontext erstmals zur Realität. Ferner kommt eine exklusive Zugriffsverwaltung hinzu. Durch die vorgestellte Lösung wird mithilfe eines CPPS, in dem der Marker die wesentliche physische Komponente darstellt, eine vollständige, durchgängige Transparenz ohne Möglichkeiten von manipulativen Eingriffen gewährleistet.

Transparenz über Schlachtbetriebsgrenzen hinaus
Auch die Datenverarbeitung im Sinne des Informations- und Materialflusses über Schlachtbetriebsgrenzen hinweg profitiert vom hier vorgestellten CPPS. Allgemein gilt die Wertschöpfungskette im Fleischsektor durch „die eher lockere Bindung zwischen den Gliedern" als nicht optimal, sodass die IT-Integration eine besondere Herausforderung darstellt (Bahlmann und Spiller 2008, S. 23). Durch die sichere Integration von Marker mit informationstechnischen Systemen,

wird der Problematik zu einem großen Teil Abhilfe geschaffen und gleichzeitig der in Artikel 18 festgesetzten Rückverfolgbarkeitsverpflichtung der Verordnung (EG) Nr. 178/2002 Rechnung getragen. Demnach müssen Unternehmen sicherstellen, dass sie sowohl die Lieferanten als auch die Abnehmer eindeutig bestimmen können (EG 2002). In dem hier vorgestellten Szenario umfasst dies die landwirtschaftlichen Erzeuger sowie die weiterverarbeitenden Betriebe, also jeweils das vor- und nachgelagerte Glied in der Wertschöpfungskette. Das eingesetzte CPPS ermöglicht eine Downstream- und Upstream-Rückverfolgbarkeit zu den direkten Nachbargliedern in der Wertschöpfungskette. Waldner (2006, S. 84) beschreibt in diesem Kontext Upstream-Rückverfolgbarkeit als die Rückverfolgbarkeit von Endprodukten rückwärtsgetrieben Richtung Produktion und Erzeugung und Downstream-Rückverfolgbarkeit entgegengesetzt von der Erzeugung über die Produktion in Richtung Endprodukt (siehe auch Abb. 5.1). Dadurch, dass durch den Marker neben Qualitätsmerkmalen des Produkts auch Daten bezüglich des Erzeugers und des Käufers erfasst und zentral im IT-System gespeichert werden, ist sowohl eine transparente Upstream- als auch Downstream-Rückverfolgbarkeit gegeben.

5.4 Nutzenpotenziale und Risiken

Die Besonderheit des Ansatzes liegt in der Kombination des materiellen Produkts (Marker) mit dem Informationssystem im Schlachtbetrieb zum Zweck der Nachvollziehbarkeit und Überprüfbarkeit. Durch den Einsatz von RFID-Tags entsteht ein Systemverbund aus Informationen, Software, elektronischen und mechanischen Bauteilen sowie dem Schlachtkörper. Die physisch untrennbare und somit unverfälschbare Verbindung zwischen Produkt und Daten während des Schlachtprozesses steht im Zentrum des Konzepts. Der physische Marker ist dabei die zentrale Komponente des damit entstehenden CPPS. Der Marker fungiert in erster Linie als eine Art Transponder, der fest mit dem Tierkörper verbunden ist. Die relevanten Daten werden im RFID-Tag in den sogenannten Write-Once-Speicher geschrieben, sodass diese hier weder löschbar und auch nicht mehr veränderbar sind. Die digitale Signatur erfolgt softwareseitig im IT-System. Die komplexe Verbindung aller Komponenten wird über eine Dateninfrastruktur (Internet, Intranet) drahtlos oder kabelgebunden sichergestellt. Die Innovation besteht somit in der Entwicklung eines RFID-gestützten cyber-physischen Produktionssystems, welches auch als Product-Service System betrachtet werden kann (Boehm und Thomas 2013). Für voll automatisierte Schlachthöfe bietet der Ansatz den Mehrwert, dass eine bislang nicht existente „Verheiratung" zwischen Schlachtkörper und den dazugehörigen Daten vorgenommen wird. Ein weiteres Nutzenpotenzial besteht darin, dass in herkömmlichen Schlachthöfen durch das vorgestellte Konzept Prozesse optimiert werden können und automatisierte Abläufe entstehen.

Ein Risiko hinsichtlich des erfolgreichen Einsatzes des hier beschriebenen cyber-physischen Systems bildet die Tatsache, dass zwar die eindeutige Identifikation und Rückverfolgbarkeit der Tiere gewährleistet werden kann. Diese geht jedoch spätestens in dem Moment verloren, in dem das Tier kleinteilig in einem Lebensmittel weiterverarbeitet wird, wie dies beispielsweise bei der Wurstproduktion der Fall ist. Nichtsdestotrotz sind die Potenziale der vorgestellten Lösung klar erkennbar, sie liegen nicht zuletzt auch in dessen Übertragbarkeit auf andere Produktionsprozesse in anderen Zweigen der Lebensmittelindustrie.

Zusammengefasst lässt sich sagen, dass das Thema Rückverfolgbarkeit ein relevantes Thema in der Lebensmittelindustrie ist und bleibt und detaillierter in den Fokus der Gesellschaft rücken wird. Daher gilt es, die Rückverfolgbarkeit effektiver und sicherer zu gestalten, für alle Beteiligten, vom Erzeuger bis hin zum Endverbraucher. Mit cyber-physischen Systemen können die Prozesse und somit eine sichere Rückverfolgbarkeit maßgeblich unterstützt werden. Dadurch kann ein neues Niveau an Lebensmittelsicherheit und -hygiene erzielt werden. Die höhere Transparenz entlang der Wertschöpfungskette in der fleischverarbeitenden Lebensmittelindustrie und die Erfüllung gesetzlicher Vorschriften in diesem Kontext führen zu einem durch die Lebensmittelskandale der jüngeren Vergangenheit größeren Vertrauen auf der Verbraucherseite.

Literatur

Acatech (Hrsg) (2011) Cyber-Physical Systems – Innovationsmotor für Mobilität, Gesundheit und Produktion, acatech, (acatech POSITION). Springer, Heidelberg

Bahlmann J, Spiller A (2008) Wer koordiniert die Wertschöpfungskette – Aktuelle Herausforderungen der stufenübergreifenden Abstimmung in der Fleischwirtschaft. Fleischwirtschaft 8:23–29

Bauernhansl T, ten Hompel M, Vogel-Heuser B (Hrsg) (2014) Industrie 4.0 in Produktion, Automatisierung und Logistik. Springer Fachmedien, Wiesbaden

BMEL (2015a) Pro-Kopf-Konsum von Fleisch in Deutschland in den Jahren 1991 bis 2013 (in Kilogramm). Statista. http://de.statista.com/statistik/daten/studie/36573/umfrage/pro-kopfverbrauch-von-fleisch-in-deutschland-seit-2000/. Zugegriffen am 27.04.2015

BMEL (2015b) Pro-Kopf-Konsum von Schweinefleisch in Deutschland in den Jahren 1991 bis 2013 (in Kilogramm). Statista. http://de.statista.com/statistik/daten/studie/38140/umfrage/pro-kopf-verbrauch-von-schweinefleisch-in-deutschland/. Zugegriffen am 28.04.2015

BMELV (2011) Sicherheit und Transparenz: BMELV-Aktionsplan Verbraucherschutz in der Futtermittelkette. http://www.bmel.de/SharedDocs/Downloads/Tier/Futtermittel/AktionsplanVerbraucherschutzFuttermittel.html. Zugegriffen am 28.04.2015

Boehm M, Thomas O (2013) Looking beyond the rim of one's teacup: a multidisciplinary literature review of product-service systems in information systems, business management, and engineering. J Clean Prod 51:245–260. doi:10.1016/j.jclepro.2013.01.019

Doluschitz R, Engler B (2008) Rückverfolgbarkeit von Lebensmitteln tierischer Herkunft. eZAI 3:1–21

EG (2002) Verordnung (EG) Nr. 178/2002 des Europäischen Parlaments und des Rates vom 28.01.2002 zur Festlegung der allgemeinen Grundsätze und Anforderungen des Lebensmittelrechts, zur Errichtung der Europäischen Behörde für Lebensmittelsicherheit und zur Festlegung von Verfahren zur Lebensmittelsicherheit, Amtsblatt L31/1 vom 01.02.2002, S 1–24

FAO (2013) Food outlook – biannual report on global food markets. Food and agriculture organization of the United Nations (FAO), Juni 2013. http://www.fao.org/3/a-al999e.pdf. Zugegriffen am 07.07.2015

FlGDV (2008) Verordnung über die Anforderungen an die Zulassung von Klassifizierungsunternehmen und Klassifizierern für Schlachtkörper von Rindern, Schweinen und Schafen

(2. Fleischgesetz-Durchführungsverordnung – 2. FlGDV). http://www.gesetze-im-internet.de/bundesrecht/flgdv_2/gesamt.pdf. Zugegriffen am 20.04.2015

Jarke M, Tung Bui X, Carrol JM (1998) Scenario management: an interdisciplinary approach. Requir Eng 3:155–173

Matopoulus A, Vlachopoulou M, Manthou V, Manos B (2007) A conceptual framework for supply chain collaboration: empirical evidence from the agri-food industry. Supply Chain Manag Int J 12(3):177–186. doi:10.1108/13598540710742491

SLA (2015) Wie Schlachtbetriebe VERTRAUEN zurück gewinnen. Whitepaper MIS, SLA Software Logistik Artland GmbH. http://www.sla.de/wp-content/uploads/2014/03/Whitepaper_MIS.pdf. Zugegriffen am 11.05.2015

Spiller A, Theuvsen L, Recke G, Schulze B (2005) Sicherstellung der Wertschöpfung in der Schweineerzeugung: Perspektiven des Nordwestdeutschen Modells. Gutachten im Auftrag der Stiftung Westfälische Landschaft, Münster

Statistisches Bundesamt (2015) Umsatzverteilung der Ernährungsindustrie in Deutschland nach Segmenten im Jahr 2014. Statista. http://de.statista.com/statistik/daten/studie/209475/umfrage/anteile-der-branchen-am-gesamtumsatz-in-der-ernaehrungsindustrie/. Zugegriffen am 27.04.2015

Waldner H (2006) Rückverfolgbarkeit als generelles Gebot im Gemeinschaftsrecht. J Verbr Lebensm 1(2006):83–87. doi:10.1007/s00003-006-0014-5

Industrie 4.0 in der Wertschöpfungskette Bau – Ferne Vision oder greifbare Realität?

6

Thuy Duong Oesterreich und Frank Teuteberg

Zusammenfassung

Trotz des anhaltenden Digitalisierungs- und Automatisierungstrends, der derzeit in vielen Wirtschaftsbereichen Einzug hält, ist das Produktionsumfeld der Bauindustrie bis heute in hohem Maße von manuellen Tätigkeiten, papierbasierten Prozessen und zahlreichen Schnittstellen geprägt. Die Umsetzung des Industrie 4.0 Konzeptes bietet zahlreiche Ansätze, um diese Defizite zu beseitigen und die Prozesse innerhalb der Wertschöpfungskette Bau für alle Projektbeteiligten effizienter zu gestalten. Trotz der hohen Nutzenerwartungen, der vorliegenden Marktreife vieler Industrie 4.0 Basistechnologien sowie deren vielfältigen Einsatzmöglichkeiten innerhalb der Wertschöpfungskette Bau ist dennoch eine große Zurückhaltung seitens der Unternehmen der Bauindustrie bei der Umsetzung spürbar. Dieser Umstand ist der Tatsache geschuldet, dass die mit der Anwendung dieses Konzeptes verbundenen Implikationen noch weitgehend unbekannt sind. Zudem existieren weiterhin offene Fragen ökonomischer, sozialer, technologischer und rechtlicher Natur, die im Rahmen weiterer Forschungsanstrengungen beantwortet werden müssen. In Anbetracht der zahlreichen ungeklärten Fragen ist es nicht weiter verwunderlich, dass eine breite Anwendung von Industrie 4.0 Technologien in der Bauindustrie noch nicht vorzufinden ist. Vor diesem Hintergrund ist es das primäre Ziel dieses Beitrags, auf Basis einer branchenspezifischen Begriffsdefinition ein mögliches Industrie 4.0 Anwendungsszenario in der Bauindustrie unter Berücksichtigung des aktuellen Stands der Wissenschaft, der Praxis und der Technik zu skizzieren und zu ergründen, warum ein solches Anwendungsszenario in der Realität noch nicht vorzufinden ist. Des Weiteren untersuchen wir, welche Anforderungen erfüllt werden müssen, damit ein solches Anwendungsszenario realisiert werden kann.

Vollständig neuer Original-Beitrag

T.D. Oesterreich (✉) • F. Teuteberg
Universität Osnabrück, Osnabrück, Deutschland
E-Mail: toesterreich@uni-osnabrueck.de; frank.teuteberg@uni-osnabrueck.de

© Springer Fachmedien Wiesbaden GmbH 2017   71
S. Reinheimer (Hrsg.), *Industrie 4.0*, Edition HMD,
DOI 10.1007/978-3-658-18165-9_6

Schlüsselwörter
Industrie 4.0 • Digitalisierung • Anwendungsszenario • Wertschöpfungskette •
Bauindustrie

6.1 Motivation

Die Digitalisierung ist derzeit in allen Bereichen von Wirtschaft und Gesellschaft
präsent. International werden seit einigen Jahren Schlagworte wie „Industrial Internet", „Advanced Manufacturing" oder „Smart Production" verwendet, um die
zunehmende Digitalisierung in der Industrie voranzutreiben. In Deutschland ist
diese Entwicklung unter dem Konzept „Industrie 4.0" bekannt, welches seit 2011
von der Bundesregierung in ihrer Hightech-Strategie als innovationstreibende
„vierte industrielle Revolution" für die deutsche Wirtschaft propagiert wird (Kagermann et al. 2013).

Digitalisierte und intelligent vernetzte Produktionssysteme im Sinne des Industrie 4.0 Leitgedankens sind in der Bauindustrie aktuell nicht weit verbreitet. Viel
mehr herrschen auf den Baustellen zumeist die gleichen Verhältnisse wie schon vor
Jahrzehnten. Zahlreiche Aktenordner, Baupläne, Lieferscheine und verknitterte
Stundenzettel prägen das Bild auf einer heutigen Baustelle. Trotz der vielfältigen
technischen Möglichkeiten zur Digitalisierung der Prozessschritte stehen weiterhin
eine Vielzahl manueller Tätigkeiten und papierbasierter Prozesse an der Tages-
ordnung, die häufig Informationsverlust und daraus resultierende Fehler zur Folge
haben. So ist es nicht weiter verwunderlich, dass die Bauindustrie sich im Vergleich
mit anderen Wirtschaftszweigen als Digitalisierungs-Nachzügler auf einem der hinteren Plätzen wiederfindet (Accenture 2014, S. 13–14). Eine weitere ernüchternde
Tatsache ist, dass die Arbeitsproduktivität in der Bauindustrie in den letzten Jahrzehnten abgenommen hat, während sie sich in den anderen Industriesektoren verdoppelt hat (Teicholz 2013; Changali et al. 2015).[1] Dabei ist die Bauindustrie in
nahezu allen Ländern der Welt einer der wirtschaftlich bedeutendsten Schlüsselbranchen. Mit einem Beitrag von 4,7 % zur gesamtwirtschaftlichen Bruttowert-
schöpfung sowie 5,6 % zur gesamten Beschäftigung liegt die deutsche Baubranche
bspw. noch vor anderen wichtigen Industriebereichen wie dem Fahrzeugbau, dem
Maschinenbau oder der chemischen Industrie (Hauptverband der Deutschen
Bauindustrie e.V. 2016). An dieser Stelle wird deutlich, dass die Digitalisierung im
Sinne von Industrie 4.0 insbesondere für die Bauindustrie ein enormes wirtschaftliches Optimierungspotenzial bereithält.

Aufgrund ihrer äußerst differenzierten Wertschöpfungskette gehören Bauprojekte zu den komplexesten Wirtschaftsgegenständen (Dubois und Gadde
2002; Butzin und Rehfeld 2009). Bauprojekte sind Unikate, die in stark arbeitsteiligen „wandernden Fabriken" in einem ortsgebundenen, spezifischen Umfeld
und in einem begrenzten Zeitrahmen hergestellt werden. In großen Bauprojekten

---

[1] Das Zahlenbeispiel bezieht sich auf die Produktivitätsentwicklung in der US-amerikanischen
Bauindustrie.

sind bis zu hunderte von unterschiedlichen Teilnehmern auf der Baustelle beteiligt. Infolgedessen besteht die große Herausforderung darin, diese hohe Anzahl an unterschiedlichen Akteuren effizient zu koordinieren, dabei die Kommunikation aufrecht zu erhalten, Informationsverluste zu minimieren und dadurch die Komplexität der bauspezifischen Wertschöpfungskette zu reduzieren. In der Bauindustrie ist das Schlagwort Industrie 4.0 trotz des hohen Aufholbedarfs in Sachen Digitalisierung inzwischen ein zwar geläufiger, aber inhaltlich weiterhin unklarer Begriff.

Vor diesem Hintergrund ist es das primäre Ziel dieses Beitrags, auf Basis einer branchenspezifischen Begriffsdefinition ein mögliches Industrie 4.0 Anwendungsszenario in der Bauindustrie unter Berücksichtigung des aktuellen Stands der Wissenschaft, der Praxis und der Technik zu skizzieren und der Frage nachzugehen, warum ein solches Anwendungsszenario in der Realität noch nicht vorzufinden ist. Des Weiteren untersuchen wir, welche Anforderungen erfüllt werden müssen, damit ein solches Anwendungsszenario realisiert werden kann. Mithilfe der Antworten soll ein umfassendes Verständnis für die branchenspezifische Industrie 4.0 Anwendung sowie die damit verbundenen Möglichkeiten im komplexen Produktionsumfeld der Bauindustrie vermittelt werden. Auf diese Weise soll es Wissenschaftlern, Praktikern und anderen Beteiligten aus der Bauindustrie erleichtert werden, offene Fragen auf dem Weg zur Umsetzung des Industrie 4.0 Konzeptes gezielt zu beantworten und die praktische Umsetzung der Vision einer digitalen Baustelle voran zu treiben.

6.2 Stand der Anwendung von Industrie 4.0 Technologien in der Bauindustrie

Obwohl der Begriff Industrie 4.0 derzeit in allen Wirtschaftszweigen sehr häufig verwendet wird, ist eine konsistente, branchenspezifische Begriffsdefinition in vielen Fällen weiterhin nicht existent. Auch in der Bauindustrie herrscht Unklarheit bzgl. der genauen Begriffsdefinition. Bevor ein realistisches Industrie 4.0 Anwendungsszenario für die Bauindustrie skizziert werden kann, muss daher zunächst das klassische, aus der stationären Industrie stammende Industrie 4.0 Konzept auf die Anwendung in der Bauindustrie übertragen und konsistent hergeleitet werden. Darüber hinaus soll ein kurzer Überblick über den aktuellen Stand der Forschung, der Praxis und der Technik als weitere Grundlage für die im weiteren Verlauf folgende Szenario-Betrachtung dienen.

6.2.1 Branchenspezifische Definition des Industrie 4.0 Begriffs für die Bauindustrie

Eine publikationsbasierte Untersuchung des Industrie 4.0 Begriffs hat eine Reihe von Basistechnologien und Teilkomponenten des Industrie 4.0 Konzeptes identifiziert, die mit der Anwendung in der Bauindustrie verbunden werden (Oesterreich und Teuteberg 2016). Die Ergebnisse sind in Tab. 6.1 zusammengefasst und beinhalten alle Teilkonzepte, die in den untersuchten Publikationen als Bestandteil des Industrie 4.0 Konzeptes genannt werden. Dabei wird ebenfalls untersucht, inwiefern sich die bauspezifische Definition des Industrie 4.0 Begriffs von der „klassischen" Definition unterscheidet.

In der klassischen Industrie 4.0 Literatur wird *Simulation und Modellierung* als Basistechnologie zur Beherrschung komplexer Zusammenhänge und zur Unterstützung der interdisziplinären Zusammenarbeit in der klassischen Industrie 4.0 Definition genannt (Kagermann et al. 2013). Diese Funktion übernimmt in der bauspezifischen Definition die Methode *Building Information Modeling (BIM)*, die als das zentrale Element des Industrie 4.0 Konzeptes in der Bauindustrie betrachtet wird. Bei BIM handelt es sich um eine Methode zur Abbildung von digitalen, parametrisierten Planungsmodellen von Bauwerken inkl. der physikalischen und funktionalen Eigenschaften eines Bauwerks und andere relevante Informationen wie z. B. Kosten und Zeit (Egger et al. 2013). Da die BIM-Methode alle Phasen innerhalb des Produktlebenszyklus von der Planung über die Bauausführung und Wartung bis hin zur Demontage eines Bauwerkes abdeckt, ist auch die Forderung nach einem ganzheitlichen *Product Lifecycle Management* zur nachhaltigen Produktgestaltung erfüllt. Dem PLM Ansatz wird daher sowohl in der klassischen Konzeptbetrachtung als auch in der bauspezifischen Betrachtung eine hohe Bedeutung beigemessen.

Tab. 6.1 Übersicht Industrie 4.0 Komponenten und Basistechnologien in der Bauindustrie, angelehnt an Oesterreich und Teuteberg (2016)

Industrie 4.0 Komponenten und Basistechnologien	Bauspezifische Definition	Klassische Definition
Building Information Modelling (BIM)	x	
Simulation und Modellierung		x
Internet der Dinge (IoT)/Internet der Dienste (IoS)	x	x
Product-Lifecycle-Management (PLM)	x	x
Cloud Computing	x	x
Mobile Computing	x	x
Augmented Reality (AR)/Virtual Reality (VR)/ Mixed Reality (MR)	x	x
Autonome Robotics	x	x
Sensortechnik/RFID	x	x
Big Data	x	x
Additive Manufacturing	x	x
Smart Factory	x	x
Mensch-Technik-Interaktion (MTI)	x	x
Modularisierung	x	x
Cyber-Physical Systems (CPS)/Eingebettete Systeme	x	x
Social Media		x

In der Bauindustrie wird BIM überwiegend als Digitalisierung des Planens und Bauens bezeichnet oder sogar als „eine Art Industrie 4.0 für die Bauwirtschaft" mit dem Potenzial, die Baubranche zu revolutionieren. Es gibt allerdings auch kritische Stimmen, die vor überzogenen Erwartungen an die BIM-Methode warnen, da diese keine vollständige Digitalisierung und Automatisierung der Prozesse ermöglichen, sondern nur die Komplexität innerhalb der Wertschöpfungskette reduzieren kann (Sailer und Kiehne 2015). Vielmehr muss die Anwendung von BIM mit der Digitalisierung und Vernetzung relevanter Datenflüsse im Unternehmen kombiniert werden. Diese Bedenken sind nachvollziehbar, denn die isolierte Nutzung von BIM bei gleichzeitiger Fortführung veralteter Infrastrukturen, papierbasierter Prozesse und veralteter Arbeitsweisen würde wenig Sinn ergeben. Erst mit der kombinierten Nutzung anderer Schlüsseltechnologien wie bspw. *Cloud Computing* und *Big Data* in Verbindung mit *mobilen Endgeräten* kann BIM dazu beitragen, eine enge Vernetzung aller am Bauprozess beteiligten Akteure als Basis für eine kooperative Zusammenarbeit im Sinne des Industrie 4.0 Gedankens zu erreichen. Doch nicht nur für die BIM Anwendung wird Cloud Computing wesentliche Vorteile zugeschrieben. Als Basistechnologie dient die Cloud als Plattform für andere Apps und Anwendungen oder als Speicherplatz zur Archivierung digitaler Baustellendokumente für eine effiziente Zusammenarbeit. Die Nutzung mobiler Endgeräte ermöglicht dabei den Zugriff auf die BIM-Modelle und digitale Baustellendokumenten oder die digitale Datenerfassung zu jeder Zeit und von überall.

Eine weitere Komponente des Industrie 4.0 Konzeptes sind das *Internet der Dinge (IoT)* und das *Internet der Dienste (IoS),* die sowohl in der klassischen Betrachtung als auch in der bauspezifischen Betrachtung eine hohe Aufmerksamkeit findet. Mit diesen Begriffen wird im Baubereich die intelligente Vernetzung von Gegenständen, Maschinen und Personen verstanden, die in Echtzeit miteinander kommunizieren und in einen automatisierten Datenaustausch treten. In dieser dynamisch vernetzten Umgebung besteht die große Herausforderung darin, die exponentiell wachsenden Datenmengen mittels Big Data sinnvoll zusammenzuführen und zielgerichtet zu nutzen, wie bspw. für Predictive Maintenance.

Als weiteres wichtiges Hilfsmittel bei der Automatisierung und Digitalisierung der Arbeitsprozesse werden *Augmented-, Virtual- und Mixed-Reality Konzepte (AR/ VR/MR)* zur Schaffung von mobilen Assistenzsystemen vorgeschlagen, z. B. in Kombination mit mobilen Endgeräten oder Smart Glasses. Auch der Einsatz von *autonomen Robotern* zur Ausführung gefährlicher oder repetitiver Arbeiten wird genannt, dazu zählen bspw. auch der Einsatz von Drohnen, die als unbemannte Objekte eingesetzt werden sollen. Die Nutzung von *RFID-Technik bzw. Sensorik* zur Lokalisierung und Vernetzung von Objekten, der *3D-Druck* und die *Modularisierung* als Teil des Fertigungskonzeptes oder auch die *Smart Factory* als Teil des Industrie 4.0 Begriffs werden mehrfach genannt. Auffällig ist, dass *Cyber-Physical-Systems (CPS)* als zentrales Element des klassischen Industrie 4.0 Konzeptes wenig Beachtung im Baubereich findet. *Social Media* wird als weiteres Teilkonzept aus der klassischen Definition genannt, im Baubereich findet es ebenfalls keine größere Beachtung. Viel Beachtung findet dagegen das Thema *Mensch-Technik-Interaktion (MTI),* welches im Zuge der technologischen Weiterentwicklungen für die Gestaltung der Mensch-Technik-Schnittstelle von zentraler Bedeutung ist.

6.2.2 Stand der Forschung und Praxis

Einer Studie aus dem Jahre 2014 zufolge ist die Bauindustrie im Vergleich mit anderen Wirtschaftszweigen als Digitalisierungs-Nachzügler auf einem der hinteren Plätzen (Accenture 2014, S. 13–14). Diese Aussage bestätigt sich auch beim Blick auf konkrete Anwendungsbeispiele, die in der deutschen Unternehmenspraxis eher rar sind. Dabei ist die Vision einer digitalen und vernetzten Baustelle in Anbetracht der zahlreich vorhandenen technischen Möglichkeiten bereits greifbare Realität.

Sowohl national als auch international findet das Konzept der *Modularisierung* seit geraumer Zeit eine breite Anwendung, lässt sich doch dadurch Termin- und Kostenvorteile im Rahmen der Bauproduktion realisieren. Auch *Cloud-Technologien* sind bereits seit Jahren praxiserprobt und somit für die Anwendung im Unternehmen einsatzbereit. Insbesondere für die KMU-geprägte Bauindustrie bietet Cloud-Computing große Potenziale für die unternehmensübergreifende Kollaboration (Zarvić et al. 2013). Auch die Nutzung von *Mobile Computing* bietet vielfältige Anwendungsmöglichkeiten, die sich in der Unternehmenspraxis auch weitgehend durchgesetzt hat. Die Nutzung von *Social Media* für unternehmerische Zwecke ist in der Baubranche dagegen eher weniger verbreitet. Trotz der vielen Vorteile, die vor allem mit einem verbesserten Außenauftritt des Unternehmens verbunden sind, ist die Nutzung dennoch rar. Dasselbe gilt für den Einsatz von *RFID-basierten Anwendungen*, die trotz Marktreife sich kaum in der Praxis durchgesetzt haben.

Im Bereich der bautechnischen Planung werden aktuell 5D-BIM-Lösungen (3D + Zeit + Kosten) angeboten, aber auch 7D-Lösungen (5D + Nachhaltigkeit + Facility Management) sind bereits verfügbar. Trotz der vielen genannten Vorteile der BIM-Methode ist eine breite Anwendung in Deutschland noch nicht erkennbar. Einer aktuellen Studie vom Fraunhofer Institut zufolge wenden nur 14 % aller befragten Unternehmen BIM seit längerer Zeit als Planungsmethode an (Braun et al. 2015), obwohl die Notwendigkeit mit der stufenweisen Einführung des BIM-Mandats gegeben ist, wodurch der Einsatz von BIM bei allen öffentlichen Infrastrukturprojekten in Deutschland ab 2020 zwingend vorgeschrieben ist (BMVI 2015). Für die Realisierung einer papierlosen Baustelle existieren einige Lösungen, bspw. zur Erstellung einer digitalen Baustellenakte mittels eines automatisierten und zentralisierten Dokumenten-Management-Systems oder zur automatisierten Erfassung von Betriebsdaten wie Einsatzzeit, Spritverbrauch, Arbeitsstunden für das interne Geräte- und Flottenmanagement.

Neben den genannten, ausgereiften und damit einsatzbereiten Technologien gibt es eine ganze Reihe von Technologien, die sich in den letzten Entwicklungsstadien oder kurz vor Marktreife befinden. Dazu zählen neue Technologien wie bspw. *AR-/VR-/MR-Konzepte* in Verbindung mit tragbaren Endgeräten, für die es bereits erste

Anwendungen gibt, diese jedoch noch keine ausgereifte, flächendeckende Nutzung erlauben. *Vollautonome Roboter* wie bspw. Drohnen oder Arbeitsroboter sind ebenso bereits vorhanden, eine breite Anwendung ist bisher jedoch ebenfalls noch nicht erfolgt. Andere typische Industrie 4.0 Basiskonzepte wie *IoT/IoS, CPS* und *Big Data* sind in Ansätzen bereits vorhanden, es fehlen aber auch hier Impulse zur breiten Anwendung und vor allem eine breite Akzeptanz.

Mit Blick auf die genannten Technologien und Konzepte kann festgehalten werden, dass es sich bei den meisten von ihnen um ausgereifte Technologien handelt, die jederzeit einsetzbar sind (bspw. Cloud Computing, BIM etc.). Zusammenfassend kann ebenfalls konstatiert werden, dass die wenigen Best-Practice Anwendungsbeispiele für Industrie 4.0 Technologien und Konzepten sich überwiegend im internationalen Umfeld wiederfinden (Oesterreich und Teuteberg 2016).

6.3   Industrie 4.0 Anwendungsszenario in der Bauindustrie

Basierend auf der branchenspezifischen Definition des Industrie 4.0 Begriffs sowie des aktuellen Anwendungsstands einzelner Technologien wird im nächsten Schritt ein Gesamtbild konstruiert, welches das Verständnis für ein mögliches Anwendungsszenario in der Bauindustrie erhöhen soll. Die Entwicklung des Anwendungsszenarios erfolgt dabei mittels der Methode der Szenario-Technik, die sich als Analyse- und Prognoseverfahren vor allem im Bereich der strategischen Unternehmensplanung bewährt hat (Götze 2013).

In der Regel werden mithilfe der Szenario-Technik drei unterschiedliche Zukunftsbilder bzw. Szenario-Typen entwickelt, die eine günstige Zukunftsentwicklung (positives Extremszenario), eine ungünstige Zukunftsentwicklung (negatives Extremszenario) sowie ein Trendszenario als zukünftige Fortschreibung der Ist-Situation beschreiben (Götze 2013). Der Fokus dieses Beitrags liegt auf der Entwicklung eines positiven Extremszenarios, um die möglichen Anwendungspotenziale des Industrie 4.0 Konzeptes für die Bauindustrie zu verdeutlichen. Dabei beschränkt sich das positive Zukunftsbild jedoch auf die als realistisch einzuschätzenden technischen Entwicklungen der einzelnen Industrie 4.0 Basistechnologien.

6.3.1   Gesamtkonzeption und Charakteristika Industrie 4.0 in der Bauindustrie

Aufgrund der branchenspezifischen Besonderheiten müssen zwischen der Anwendung des Industrie 4.0 Konzeptes in der stationären Industrie und der Anwendung in der Bauindustrie einige Unterschiede beachtet werden. Bei Bauprojekten handelt es sich bspw. um einen arbeitsteiligen Prozess, an dem der Kunde maßgeblich beteiligt ist, während ein Automobilhersteller dem Kunden lediglich ein fertiges Produkt liefert, welches in einem strukturierten Produktionsprozess hergestellt wird. Die Komplexität der Bauproduktion lässt sich anhand der Abb. 6.1 verdeutlichen.

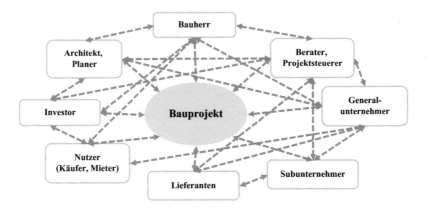

Abb. 6.1 Informationsströme zwischen den Akteuren der bauspezifischen Wertschöpfungskette

Bei der Betrachtung der komplexen Informationsströme innerhalb der bauspezifischen Wertschöpfungskette (Abb. 6.1) wird deutlich, dass gerade im Hinblick auf die Vernetzung, Interaktion und Kommunikation erhebliches Optimierungspotenzial vorhanden ist. Innerhalb der gesamten Wertschöpfungskette findet ein komplexer Austausch von Informationen, aber auch physikalischen Strömen zwischen allen Projektbeteiligten statt, die es in dieser ausgeprägten Form bspw. in der stationären Industrie nicht gibt. Wie dieses Beispiel zeigt, muss die Anwendung des Industrie 4.0 Konzeptes daher an die Komplexität des jeweiligen Produktionssystems angepasst werden. Die folgenden Charakteristika von Industrie 4.0 (Kagermann et al. 2013) lassen sich dennoch auf die Anwendung in der Bauindustrie beziehen (Abb. 6.1).

Um ein umfassendes Bild der bauspezifischen Definition von Industrie 4.0 zu skizzieren, haben wir die identifizierten Technologien und Konzepte in die genannten Charakteristika eingeordnet. Da viele Technologien sich zu mehreren Charakteristika zuordnen lassen, gibt es einige Schnittmengen, die sich in Abb. 6.2 entsprechend widerspiegeln.

Mit der *horizontalen Integration über Wertschöpfungsnetzwerke* wird eine Integration von IT-Systemen, Prozessen und Informationsflüssen zwischen den Geschäftspartnern über die Unternehmensgrenzen hinweg angestrebt. Auf die Bauindustrie bezogen wäre dies die enge Zusammenarbeit von allen Projektbeteiligten wie Bauherr, Lieferanten, Nachunternehmer etc. auf Grundlage einer gemeinsamen Datenbasis. Die Schaffung einer *digitalen Wertschöpfungskette* setzt eine digitale Durchgängigkeit aller Prozessschritte voraus, bei der die Modellierung zur Beherrschung der zunehmenden Komplexität als Hilfsmittel genannt wird. In Bauprojekten müssen somit alle Prozessschritte von der Planung über die Kalkulation bis hin zur Bauausführung, Inbetriebnahme und Wartung im Sinne des *PLM-Ansatzes* digital vernetzt werden. Die *vertikale Integration und Vernetzung der Produktionssysteme* zielt auf eine flexible, selbststeuernde und selbstoptimierende Gestaltung der Produktionssysteme und die Integration der unternehmensinternen IT-Systemen, Prozessen und Informationsflüssen ab. Aufgrund der Komplexität der

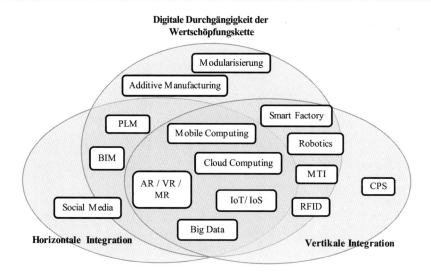

**Digitale Durchgängigkeit der
Wertschöpfungskette**

Abb. 6.2 Übersicht Konzeptmatrix Industrie 4.0

bauprojektbezogenen Produktion und der hohen Anzahl der Projektbeteiligten ist dies jedoch nur zum Teil auf die Bauindustrie übertragbar.

Betrachtet man die drei typischen Charakteristika des Industrie 4.0 Konzeptes und die damit verbundenen Wirkungsebenen, so lassen sich auf die Bauindustrie alle drei Ebenen wie folgt in einem Gesamtkonzept visualisieren (Abb. 6.3). Die technische Umsetzung des Industrie 4.0 Konzeptes gleicht einer integrierten IT-Struktur, die alle technologischen Basistechnologien und Teilkomponenten zu einer Gesamtlösung verbindet. Neben der Integration von unternehmensinternen Prozessen und Informationsflüssen (vertikale Integration und digitale Wertschöpfungskette) liegt der Fokus dabei auch auf der unternehmensübergreifenden Interaktion und Vernetzung der Akteure auf der Baustelle (horizontale Integration von Bauherren, Subunternehmer, Lieferanten und sonstigen unterstützenden Dienstleistern) im Sinne des Industrie 4.0 Leitkonzeptes (Kagermann et al. 2013).

Im Folgenden soll auf Basis des Gesamtkonzeptes aus Abb. 6.3 mittels der Szenario-Technik ein mögliches Anwendungsszenario konstruiert werden, um die Einsatzmöglichkeiten des Industrie 4.0 Konzeptes in der Bauindustrie zu visualisieren.

6.3.2 Industrie 4.0 Anwendungsszenario in der Bauindustrie

Der Arbeitstag von Bauleiterin Lisa Müller und Polier Hans Meier[2] beginnt früh morgens im gut gesicherten Eingangsbereich ihrer Baustelle in Berlin, wo sie die Baustelle wie alle anderen Projektbeteiligten durch ein *biometrisches Drehkreuz mit*

---

[2] Es handelt sich bei den genannten Personen um fiktive Namen ohne Realitätsbezug.

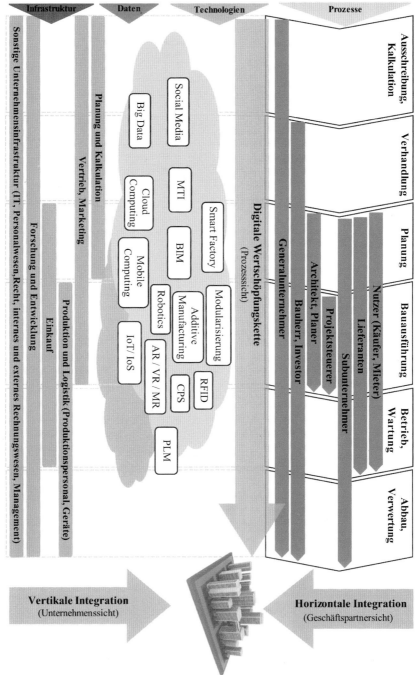

Abb. 6.3 Bauspezifische Industrie 4.0 Charakteristika

Fingerprint-Sensor betreten (TI Security 2015). Im gleichen Augenblick wird auch die *digitale Zeiterfassung* aktiviert (KRONOS 2014), die ihre Aufenthaltsdauer für die *papierlose Lohn- und Gehaltsabrechnung* (DOCUBYTE 2016) elektronisch erfasst und in Echtzeit in die Personalabteilung überträgt. Das spart nicht nur eine Menge Papier, sondern erhöht auch die Transparenz für die Mitarbeiter, da sie jederzeit Einsicht in ihre Stunden- und Gehaltskonten haben.

Nach dem Passieren des Drehkreuzes gelangen beide zum Baustellencontainer, in dem sich die *biometrischen Schließfächer* (METRICO 2016) zur sicheren Aufbewahrung ihrer persönlichen Sicherheitsausrüstung sowie der technischen Geräte befinden. Um sicherzustellen, dass wirklich alle Mitarbeiter auf der Baustelle eine Sicherheitsausrüstung zum persönlichen Schutz tragen, werden diese mit *Sensortechnik (RFID)* ausgestattet, sodass bei Bedarf in Echtzeit überprüft werden kann, ob diese tatsächlich vorschriftsmäßig von allen getragen werden (Barro-Torres et al. 2012). Neben der Sicherheitsausrüstung nimmt Bauleiterin Lisa Müller aus ihrem Schließfach noch ihre *Smart Glasses* mit, da sie diese für ihren um 10:00 Uhr angesetzten Termin mit dem Bauherrn benötigt, um einige kurzfristige Designänderungen an der Außenverkleidung des Süd-Ost-Flügels vorzunehmen. Dafür hat sie bereits am Vortag die Änderungen ins *5D-BIM-Gebäudemodell* einarbeiten lassen und bespricht später über eine *holografische Darstellung* (Trimble Buildings 2015) die Änderungen mit dem Bauherrn, der aus Zeitgründen nicht vor Ort sein kann, sondern aus München zugeschaltet wird. Des Weiteren nimmt sie ebenfalls ihr *Smartphone* aus dem Schließfach mit, dieses benötigt sie täglich auf der Baustelle, um auch dort über einer zentralen *Cloud-Plattform* auf alle wichtigen Backend-Systeme zugreifen zu können und alle Tätigkeiten weitestgehend papierlos zu gestalten. Von der *cloudbasierten Zugangs- und Benutzerverwaltung* (Microsoft 2014) profitieren nicht nur alle Mitarbeiter auf der Baustelle, sondern auch Subunternehmer, Lieferanten oder Mitarbeiter auf Auftraggeberseite, um z. B. für die eigenen Arbeiten auf das BIM-Gebäudemodell zugreifen zu können (Autodesk 2013). Das Ergebnis ist eine höhere Qualität und eine verbesserte Zusammenarbeit, da alle am selben Modell arbeiten und Missverständnisse, Verwechslungen oder falsche Datengrundlagen minimiert werden.

Zunächst macht sich Bauleiterin Lisa Müller auf den Weg zu den Fertignasszellen am Süd-Ost-Flügel des Bauabschnittes A, die soeben als *Fertigteilelemente* eingebaut wurden *(Modularisierung)*. Die Fertigstellung ist für sie einfach zu erkennen, da jede Fertignasszelle im Sinne eines *Cyber-Physical-Systems* (Akanmu und Anumba 2015) mit einem *RFID-Tag* versehen und mit diesen eingebaut werden. Sobald der Einbau erfolgt ist, scannt der Subunternehmer die Bauteile und gibt seine Arbeit als fertiggestellt an. Gerade bei den Fertignasszellen möchte Bauleiterin Lisa Müller aber genauer hinsehen, da es hier einige kurzfristige Änderungen bzgl. der Einbauorte gab. Diese Änderungsinformationen wurden in die RFID-Tags der entsprechenden Fertigteile übertragen und sollen vom Subunternehmer vor dem Einbau abgerufen und während des Einbaus berücksichtigt werden. Mithilfe ihrer *Smart Glasses* und dem darauf geladenen *BIM-Gebäudemodell* überprüft Lisa Müller die eingebauten Elemente, indem sie mittels

Augmented Reality diese mit den Elementen aus dem *BIM-Modell* vergleicht (Wang et al. 2013). Beim Verlassen des Bauabschnittes A läuft Lisa Müller aus Unachtsamkeit in die Nähe eines anrückenden Baggers, der Baggerarbeiten in den Außenanlagen ausführen soll. Zum Glück warnen sie laute Signale vor dem potenziellen Zusammenstoß, sodass sie in letzter Minute noch ausweichen kann. Denn über installierte *iBeacons* in Kombination mit der „Safe Site"-App werden automatisch alle Mitarbeiter alarmiert, die sich in die Nähe einer identifizierten Gefahrenquelle begeben (Apple 2016). Auf diese Weise lassen sich Unfälle vermeiden und die Arbeitssicherheit auf der Baustelle erhöhen.

In der Zwischenzeit macht sich Polier Hans Meier auf den Weg zu seinem Kollegen Michael Lange, welcher ihn auf seinem *Smartphone* kontaktiert und ihn gebeten hat, ihm ein paar passende Schraubenschlüssel mitzubringen. Michael Lange steht gerade auf dem Gerüst und muss einige Schrauben festziehen, die etwas locker geworden sind. Seine *Smart Glasses* ermöglichen es ihm, während der Arbeiten auf dem Gerüst zu kommunizieren und gleichzeitig beide Hände frei zu haben (Ubimax GmbH 2016). Schnell schaut Polier Hans Meier auf seinem *Smartphone* nach, wo sich die nächsten Schraubenschlüssel befinden. Dank eines ausgeklügelten *Trackingsystems für Materialien, Geräte und Baukomponenten* (Sardroud 2015) im Sinne eines *Internets der Dinge (IoT)* findet er schnell heraus, dass ganz in der Nähe ein Lagerplatz für Kleinwerkzeuge und Hilfsstoffe ist. Mithilfe dieses Trackingsystems können auch mit Sensoren ausgestattete Baumaschinen und Geräte für den nächsten Einsatz lokalisiert werden. Dadurch entfällt die oftmals aufwändige Suche nach den benötigten Geräten. Des Weiteren können Verwechslungen und Diebstahl ausgeschlossen werden, da Informationen zur Zugehörigkeit in den entsprechenden Sensoren hinterlegt werden.

Da er schon mal dabei ist, schaut er auch noch mal nach, wann die Lieferung der Kühlgeräte für den Tag ansteht. Diese sind sehr sperrig und brauchen daher einen geräumigen Lagerplatz auf dem Dach, wo sie am selben Tag noch eingebaut werden sollen. Mittels der in den Kühlgeräten *eingebauten RFID-Tags* kann er schnell ausfindig machen, dass die Kühlgeräte in etwa zwei Stunden geliefert werden. Da er keinen Kollegen auf dem Dach erreichen kann, vergewissert er sich mithilfe einer *Drohne*, dass der als frei gekennzeichnete Platz auf dem Dach auch wirklich verfügbar ist. Auf diese Weise spart er sich den körperlich anstrengenden Aufstieg über die Bautreppen und Gerüste, auf die er mit seinen 60 Jahren gerne verzichtet. Danach bestätigt er auch einen Wartungstermin für den Raupenbagger, den die Herstellerfirma elektronisch für die darauffolgende Woche angefragt hat. Der Raupenbagger hat auf Basis gesammelter Leistungsdaten automatisch einen Wartungsbedarf an die Herstellerfirma gesendet. Dank der automatisierten Erfassung von Betriebsdaten wie Einsatzzeit, Spritverbrauch, Arbeitsstunden für das interne Geräte- und Flottenmanagement (Savvy Telematic Systems AG 2014) können mittels *Big Data* und eines integrierten *Predictive Maintenance Ansatzes* die Kosten für Geräteausfälle gesenkt werden.

In der Zwischenzeit hat Bauleiterin Lisa Müller fast alle ihrer Tagesaufgaben erledigt. Bevor sie zur nächsten Baustelle fahren kann, ist jedoch noch eine Sache zu erledigen. Auf den Außenanlagen zwischen dem Bestandsgebäude und dem Neubau sollen heute zwei große Bäume gepflanzt werden. Hierfür muss der Garten- und Landschaftsbauer gleich zwei große Erdgruben ausheben. Das

Problem ist jedoch, dass in diesem Bereich wichtige Gas-, Wasser- und Strom-
leitungen verlaufen, die auf gar keinen Fall bei den Aushubarbeiten beschädigt
werden dürfen. Glücklicherweise können deren genaue unterirdische Position
mittels eines Systems basierend auf *Augmented Reality, Mobile Computing,
Sensoren (GNSS) und 3D GIS* (LARA consortium 2015) auf dem Touchpad
dreidimensional eingeblendet und bei den Aushubarbeiten sorgfältig beachtet
werden. Bevor Lisa Müller die Baustelle verlässt, ruft sie noch schnell Polier
Hans Meier herbei, der den Aushub überwachen soll. Schmunzelnd denkt sie
zurück an die Zeit, als sie mit mehreren Aktenordnern voller Papier die Baustelle betreten und mit noch mehr Papier die Baustellen wieder verließ. Diese
Zeiten sind zum Glück vorbei.

6.4   Nutzeffekte und Adoptionsbarrieren

Das beispielhafte Anwendungsszenario zeigt auf, dass die Adoption des Industrie
4.0 Konzeptes im bauindustriellen Umfeld keine ferne Vision darstellt, sondern
bereits heute greifbare Realität sein kann. Daneben sind die Nutzenerwartungen, die
mit der Umsetzung des Industrie 4.0 Konzeptes in der Bauindustrie verbunden sind,
sehr umfangreich. Mithilfe einer Situationsanalyse auf Basis von überwiegend
anwendungsnaher Publikationen aus der Baupraxis können diesbezüglich folgende
Kategorien von erwarteten *Nutzeffekten* (Schumann und Linß 1993) in Abb. 6.4
abgeleitet werden (Oesterreich und Teuteberg 2016):

1. *Ökonomische Nutzeffekte*: Mit einer vertikalen und horizontalen Integration von
   Informationsflüssen wird in erster Linie eine Verbesserung der Kundenbeziehung
   sowie der interdisziplinären und unternehmensübergreifenden Zusammenarbeit
   verbunden. Des Weiteren soll der konsequente Ansatz des virtuellen Bauens mittels BIM, Cloud Technologien und anderen Basistechnologien die Kosten- und
   Terminsicherheit erhöhen, mögliche Planungs- und Ausführungsfehler reduzieren und den Bauwerken damit zu einer höheren Qualität verhelfen. Durch eine
   sinnvolle Datennutzung soll außerdem die Transparenz innerhalb der gesamten
   Wertschöpfungskette erhöht und die Entscheidungsgrundlage verbessert werden.
   Aus der Nutzung neuer Technologien wie bspw. AR-/VR-Technologien können
   neue Geschäftsmodelle entstehen. Zusammenfassend lassen sich die ökonomischen Nutzeffekte langfristig in einer Verbesserung der Kundenbeziehung und
   einer Steigerung der Effizienz und Wirtschaftlichkeit zusammenfassen, mit
   deren Realisierung auch eine höhere Wettbewerbsfähigkeit als strategischer
   Nutzen erwartet wird.
2. *Soziale Nutzeffekte*: Mit der Anwendung von Industrie 4.0 wird eine Verbesserung der Arbeitsbedingungen und der Arbeitssicherheit verbunden. Dadurch
   wird es auch älteren Arbeitnehmern ermöglicht, länger in ihrem Beruf zu bleiben.
   Die Verbesserung der Arbeitsbedingungen führt ebenfalls zu einer Steigerung
   der Arbeitgeberattraktivität und auf Branchenebene zu einer Verbesserung des
   Images der Bauindustrie.

3. *Ökologische Nutzeffekte*: Mit der Anwendung von Technologien wie BIM sowie der durchgängigen Digitalisierung der Prozesse werden die Nutzeffekte eines energieeffizienten und nachhaltigen Bauens verbunden, die mithilfe von CO_2-Reduktionen und Energieeinsparungen realisiert werden sollen. Zum einen ermöglicht die umfassende Lebenszyklusbetrachtung (PLM) eines Bauwerkes eine energieoptimierte und ressourcenschonende Wiederverwendung der ursprünglich eingesetzten Materialien auch nach der Inbetriebnahme und Demontage. Zum anderen sind digitale Prozesse nachhaltiger und ressourcenschonender, da sie zu weniger Papierverbrauch führen.

Trotz der zahlreichen Nutzenerwartungen, der vorliegenden Marktreife vieler Industrie 4.0 Basistechnologien sowie deren vielfältigen Einsatzmöglichkeiten im Produktionsumfeld ist dennoch eine große Zurückhaltung seitens der Unternehmen der Bauindustrie bei der Umsetzung spürbar. Einer Umfrage zufolge sieht sich die Baubranche wenig mit dem digitalen Wandel konfrontiert. Nur 20 % der befragten Unternehmen sind der Meinung, dass Schlüsseltechnologien sich im Umbruch befinden und lediglich 11 % sehen ihre Geschäftsmodelle von der digitalen Entwicklung bedroht (Commerzbank AG 2015). Diese Umfrageergebnisse verdeutlichen die allgemeine Skepsis der Baubranche gegenüber digitalen Trends wie dem Industrie 4.0

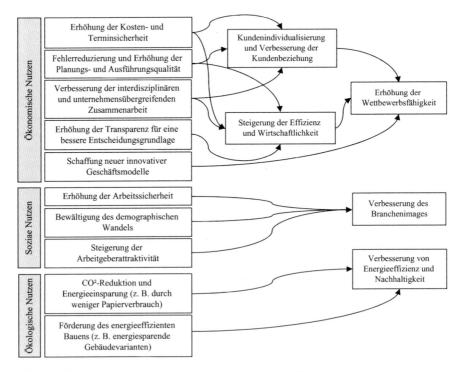

Abb. 6.4 Nutzenerwartungen bei Umsetzung des Industrie 4.0 Konzeptes

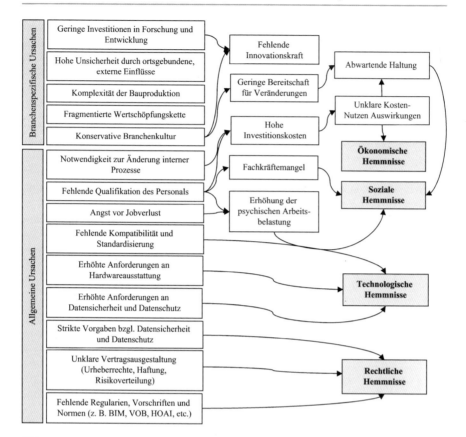

Abb. 6.5 Hemmnisse auf dem Weg zur Umsetzung von Industrie 4.0 in der Bauindustrie

Konzept. Die Gründe für diese allgemeine Skepsis bzw. Adoptionsbarrieren lassen sich mithilfe der Situationsanalyse in Abb. 6.5 wie folgt zusammenfassen:

1. *Branchenspezifische Besonderheiten*: Das Produktionsumfeld der Baubranche ist geprägt von einer *fragmentierten Wertschöpfungskette*, bestehend aus einer hohen Anzahl an kleinen und mittelständischen Unternehmen (KMU) mit begrenzten finanziellen Mitteln für Investitionen in neue Technologien. Als Unikate werden Bauprojekte in stark arbeitsteiligen „wandernden Fabriken" in einem ortsgebundenen, spezifischen Umfeld und in einem begrenzten Zeitrahmen hergestellt und gehören daher zu den *komplexesten Wirtschaftsgegenständen* des Wirtschaftslebens (Dubois und Gadde 2002; Butzin und Rehfeld 2009). Die Tatsache, dass die Bauproduktion in hohem Maße von Witterungseinflüssen abhängig ist, macht eine genaue Vorhersage des Produktionsverlaufs zudem nahezu unmöglich (Dubois und Gadde 2002). Diese Komplexität, gepaart mit einer *hohen Unsicherheit* und einer hohen Anzahl an stark arbeitsteiligen

Prozessen, lässt den Einsatz integrierter Technologien im Vergleich zu den stabilen Bedingungen wie in der stationären Industrie erschwert erscheinen. Die Bauindustrie ist für ihre *traditionelle Kultur und ihre geringe Bereitschaft für Veränderungen* bekannt (Arayici und Coates 2012). Die Zeitbegrenzung auf wenige Monate bis zu wenigen Jahren bei Bauprojekten mit jeweils wechselnden Projektbeteiligten führt dazu, dass kurzfristige Problemlösung gefördert und langfristige, nachhaltige Innovationen verhindert werden (Dubois und Gadde 2002). Die *dauerhaft niedrigen Investitionen in Forschung und Entwicklung* sind dabei ebenfalls ein innovationshemmender Grund. Ein Zahlenbeispiel verdeutlicht diese Schieflage eindrucksvoll: Im Jahre 2012 wurde 37,3 % der gesamten F&E-Ausgaben in der Automobilbranche investiert, aber nur 0,1 % der Gesamtausgaben entfielen auf die Baubranche (BMBF 2015).

2. *Ökonomische Hemmnisse*: Viele Unternehmen scheuen sich vor den *hohen Implementierungskosten*, bedingt durch die oftmals einhergehende Notwendigkeit zur *Anpassung unternehmensinterner Prozesse an die neuen Technologien* sowie der *hohen Weiterbildungskosten* für das Personal. Angesichts der hohen Kosten und der fehlenden Best-Practices sind zudem die *unklaren finanziellen Auswirkungen* große ökonomische Hemmnisse.

3. *Soziale Hemmnisse*: Als große Herausforderung wird die *geringe Bereitschaft für Veränderungen bzw. fehlende Akzeptanz* gegenüber neuen Technologien genannt, die insbesondere in der Bauindustrie stark ausgeprägt ist. Weitere soziale Hemmnisse sind zum einen die *steigenden fachlichen Anforderungen an das Personal* und eine damit verbundene *Erhöhung der psychischen Arbeitsbelastung* (Stress, Leistungsdruck, höhere Anforderungen) sowie die allgemeine *Angst vor Jobverlust* (Ersatz Mensch durch Technik).

4. *Technologische Hemmnisse*: Trotz der Marktreife vieler Industrie 4.0 Technologien existieren immer noch viele technologische Hemmnisse, z. B. in der *fehlenden Kompatibilität und Standardisierung der Systeme* (z. B. BIM). Vor dem Hintergrund der exponentiell wachsenden Datenmengen ist des Weiteren das Thema *Datenschutz und Datensicherheit* ein weiteres zu lösendes Problem. Der Einsatz von Hardware und Endgeräten auf Baustellen (z. B. Tablets, Smartphones, Roboter) stellt zudem erhöhte technologische Anforderungen an deren Beschaffenheit und Funktionalität (Schmutzabweisende Eigenschaften, Wetterfestigkeit, Bruchfestigkeit etc.).

5. *Rechtliche Hemmnisse*: Auf rechtlicher Ebene existieren ebenfalls erhebliche Hemmnisse, die zum einen die *unzuverlässigen rechtlichen Rahmenbedingungen* betreffen, wie z. B. *strikte Vorgaben bzgl. Datenschutz und Datenaustausch* auf nationaler Ebene, *fehlende Regularien, Vorschriften und Normen (z. B. BIM, VOB, HOAI etc.)* sowie unbeantwortete Fragen in Bezug auf die *Vertragsausgestaltung* (Urheberrechte, Haftung, Risikoverteilung).

In Anbetracht der zahlreichen ungeklärten Fragen ist es nicht weiter verwunderlich, dass eine breite Anwendung von Industrie 4.0 Technologien in der Bauindustrie noch nicht vorzufinden ist.

6.5   Herausforderungen für Wissenschaft und Praxis

Die durchgängige Digitalisierung und Automatisierung der Wertschöpfungskette Bau, kombiniert mit einer horizontalen und vertikalen Integration von Informationsflüssen und Prozessen, bietet den potenziellen Nutzergruppen (Kunden, Mitarbeitern, Subunternehmern etc.) ein breites Anwendungsfeld zur Optimierung der Kommunikation und Interaktion. Sowohl aus wissenschaftlicher als auch aus praktischer Sicht ist die angestrebte Integration von Basistechnologien und Einzellösungen zu einer Gesamtlösung aus vielen Gründen eine zentrale Herausforderung. Folgende Fragen sind dabei in erster Linie zu beantworten:

- Wie lassen sich technologische Einzellösungen wie BIM, AR/MR/VR, Big Data, mobile Endgeräte, Cloud-Konzepte etc. zu einer interaktiven Gesamtlösung integrieren? Wie lassen sich dabei technische Hemmnisse wie die *fehlende Kompatibilität und Standardisierung der Systeme* überwinden?
- Welche neuen Anreizsysteme (z. B. benefit sharing) und Geschäftsmodelle lassen sich aus den veränderten Produktions- und Dienstleistungsprozessen ableiten (z. B. kundenindividuelle Konfiguration von BIM-Modellen als Serviceangebot)?
- Wie können die höheren Anforderungen an ein sicheres und verantwortungsvolles Datenmanagement im Hinblick auf die steigenden Datenmengen erfüllt werden (Datenqualität, Datenschutz, Zugriffsrechte, Vertrauen)?
- Wie lassen sich soziale Nutzungsbarrieren und Akzeptanzprobleme zugunsten einer nachhaltigen Nutzung der neuen Technologien beseitigen (Akzeptanzmodelle, Personalentwicklung, Mensch-Technik-Interaktion etc.)?
- Wie lassen sich ökonomische Nutzungsbarrieren zugunsten einer ökonomisch sinnvollen Anwendung von Industrie 4.0 Technologien beseitigen? Welche Ansätze können dabei zur Quantifizierung der erwarteten Nutzeffekte herangezogen werden (z. B. Kosten-Nutzen Modelle)?
- Welche konkreten rechtlichen Rahmenbedingungen müssen geschaffen werden, damit eine breite Anwendung der Technologien für alle Akteursgruppen möglich ist?
- Welche weiteren Chancen und Risiken für die unterschiedlichen Akteursgruppen sind mit der Nutzung der neuen Technologien verbunden und wie lassen sich diese im Integrationskonzept berücksichtigen?
- Welche weiteren, noch nicht bekannten sozio-technischen und sozio-ökonomischen Implikationen hat die technologische Transformation auf Menschen, Prozesse, Unternehmenskultur und Umwelt?

Die Beantwortung dieser und weiterer Kernfragen ist für eine erfolgreiche Implementierung von wesentlicher Bedeutung. Das Aufzeigen konkreter Umsetzungsbeispiele und Best-Case-Szenarios sind ebenfalls von hoher Relevanz, um unternehmerische Investitionsentscheidungen in neue Technologien zu erleichtern. Trotz der zunehmenden Digitalisierung, die aktuell in allen Wirtschaftsbereichen Einzug hält, ist das

Produktionsumfeld der Bauindustrie bis heute stark von manuellen Tätigkeiten, papierbasierten Prozessen und zahlreichen Schnittstellen geprägt. Die Umsetzung des Industrie 4.0 Konzeptes kann diese Defizite reduzieren und die Aufgaben für alle Beteiligten effizienter gestalten.

Die Notwendigkeit zur Digitalisierung und Automatisierung im Kontext von Industrie 4.0 ist in Anbetracht des beschriebenen Aufholbedarfs in der Bauindustrie zweifellos gegeben. Sowohl im internationalen Branchenvergleich als auch im Vergleich mit anderen nationalen Industriebereichen gilt es für die Baubranche, in Sachen technologischer Fortschritt aufzuschließen, um ihrer Bedeutung als einer der Schlüsselbranchen gerecht zu werden und die internationale Wettbewerbsfähigkeit zu sichern. Demzufolge ist ein Nachholbedarf vorhanden, der nur durch weitere Forschungsanstrengungen und konsequenter Umsetzung in aktiver Zusammenarbeit zwischen Wissenschaft und Praxis realisiert werden kann. Vor diesem Hintergrund soll mithilfe der in diesem Beitrag skizzierten Begriffsdefinition des Industrie 4.0 Konzeptes sowie das darauf basierende Anwendungsszenario das Verständnis für eine mögliche Umsetzung dieses Konzeptes erhöhen. Die beschriebenen Herausforderungen sollen darüber hinaus weitere offene Fragen adressieren, die auf dem Weg einer möglichen Umsetzung beantwortet werden müssen.

Literatur

Accenture (2014) Neue Geschäfte, neue Wettbewerber. Die Top500 vor der digitalen Herausforderung

Akanmu A, Anumba CJ (2015) Cyber-physical systems integration of building information models and the physical construction. Eng Constr Archit Manag 22:516–535

Apple (2016) Business – mobile enterprise apps – industrial products. http://www.apple.com/lae/business/mobile-enterprise-apps/industrial-products.html. Zugegriffen am 15.01.2017

Arayici Y, Coates P (2012) A system engineering perspective to knowledge transfer: a case study approach of BIM adoption. In: Xinxing T (Hrsg) Virtual reality – human computer interaction. InTech. doi: http://dx.doi.org/10.5772/3333

Autodesk (2013) Collaboration takes off in the cloud. http://damassets.autodesk.net/content/dam/autodesk/www/case-studies/oakland-international-airport/turner-construction-company-customer-story-en.pdf. Zugegriffen am 01.01.2017

Barro-Torres S, Fernández-Caramés TM, Pérez-Iglesias HJ, Escudero CJ (2012) Real-time personal protective equipment monitoring system. Comput Commun 36:42–50

BMBF (2015) BMBF ,Daten-Portal' Bundesbericht Forschung und Innovation 2014. http://www.datenportal.bmbf.de/portal/de/Tabelle-1.5.1.html. Zugegriffen am 24.11.2015

BMVI (2015) Building Information Modeling (BIM) wird bis 2020 stufenweise eingeführt. In: Informationen BMVI. http://www.bmvi.de/SharedDocs/DE/Pressemitteilungen/2015/152-dobrindt-stufenplan-bim.html?nn=35712. Zugegriffen am 30.12.2015

Braun S, Rieck A, Köhler-Hammer C (2015) Ergebnisse der BIM-studie für Planer und Ausführende. „Digitale Planungs- und Fertigungsmethoden". Fraunhofer-Institut für Arbeitswirtschaft und Organisation IAO, Stuttgart

Butzin A, Rehfeld D (2009) Innovationsbiografien in der Bauwirtschaft. Fraunhofer-Institut für Arbeit und Technik, Stuttgart

Changali S, Mohammad A, van Nieuwl M (2015) The construction productivity imperative. McKinsey & Company. http://www.mckinsey.com/industries/capital-projects-and-infrastructure/our-insights/the-construction-productivity-imperative. Zugegriffen am 30.12.2015

Commerzbank AG (2015) Management im Wandel: Digitaler, effizienter, flexibler! Frankfurt am Main. https://www.unternehmerperspektiven.de/portal/media/unternehmerperspektiven/up-studien/up-studien-einzelseiten/up-pdf/Studie15-Mai-2015-Management-im-Wandel.pdf

DOCUBYTE (2016) Digitale Gehaltsabrechnung – ePayslip von DOCUBYTE. https://www.docubyte.de/de/elektronische-gehaltsabrechung-epayslip/. Zugegriffen am 01.01.2017

Dubois A, Gadde L-E (2002) The construction industry as a loosely coupled system: implications for productivity and innovation. Constr Manag Econ 20:621–631. doi:10.1080/01446190210163543

Egger M, Hausknecht K, Liebich T, Przybylo J (2013) BIM-Leitfaden für Deutschland

Götze U (2013) Szenario-Technik in der strategischen Unternehmensplanung. Springer, Wiesbaden

Hauptverband der Deutschen Bauindustrie e.V. (2016) Bedeutung der Bauwirtschaft – Die Deutsche Bauindustrie. http://www.bauindustrie.de/zahlen-fakten/bauwirtschaft-im-zahlenbild/bedeutung-der-bauwirtschaft/. Zugegriffen am 01.01.2017

Kagermann H, Wahlster W, Helbig J (2013) Recommendations for implementing the strategic initiative INDUSTRIE 4.0. acatech, Frankfurt am Main

KRONOS (2014) Crossland construction saves $850,000 in labor costs using Kronos automated workforce management solution. http://enewsletters.constructionexec.com/techtrends/files/2015/02/Kronos-Case-Study-Crossland-Construction-Saves-850000-in-labor-costs-with-automated-workforce-management-solution.pdf. Zugegriffen am 23.01.2016

LARA consortium (2015) LARA project. http://www.lara-project.eu/. Zugegriffen am 19.02.2016

METRICO (2016) Metrico Secure – Biometrische Schließfächer. In: Metrico secure. http://www.metrico-secure.com/. Zugegriffen am 01.01.2017

Microsoft (2014) Construction firm uses cloud-based tools to advance mobility and productivity. https://www.google.de/url?sa=t&rct=j&q=&esrc=s&source=web&cd=10&ved=0ahUKEwiqo9H-1bHKAhXk63IKHR2vDf8QFghuMAk&url=https%3A%2F%2Fcustomers.microsoft.com%2FPages%2FDownload.aspx%3Fid%3D10787&usg=AFQjCNFN7jbY9jjclqUP7KViRgYbZ5WWA. Zugegriffen am 23.01.2016

Oesterreich TD, Teuteberg F (2016) Understanding the implications of digitisation and automation in the context of Industry 4.0: a triangulation approach and elements of a research agenda for the construction industry. Comput Ind 83:121–139. doi:10.1016/j.compind.2016.09.006

Sailer PS, Kiehne N (2015) „Bauen 4.0“: Baubranche steht mit Digitalisierung ganz am Anfang. ABZ Allg. Bauztg. – Baunachrichten

Sardroud (2015) Perceptions of automated data collection technology use in the construction industry. J Civ Eng Manag 21:54–66. doi:10.3846/13923730.2013.802734

Savvy Telematic Systems AG (2014) Bauindustrie – Automatische Betriebsdatenerfassung. http://www.savvy-telematics.com/bau-automatische-betriebsdatenerfassung.html. Zugegriffen am 01.01.2017

Schumann PDM, Linß D-IH (1993) Wirtschaftlichkeitsbeurteilung von DV-Projekten. In: Preßmar PDDB (Hrsg) Informationsmanagement. Gabler Verlag, Wiesbaden, S 69–92

Teicholz PM (2013) Labor-productivity declines in the construction industry: causes and remedies (a second look). AECbytes 1:n/a

TI Security (2015) Case study – Russells construction. https://www.tisecurity.co.uk/news/case-study-russells-construction. Zugegriffen am 23.01.2016

Trimble Buildings (2015) Trimble and Microsoft HoloLens: the next generation of AEC-O technology. http://buildings.trimble.com/hololens. Zugegriffen am 20.02.2016

Ubimax GmbH (2016) Ubimax GmbH. In: Ubimax GmbH. http://www.ubimax.de. Zugegriffen am 10.07.2016

Wang X, Love PED, Kim MJ et al (2013) A conceptual framework for integrating building information modeling with augmented reality. Autom Constr 34:37–44. doi:10.1016/j.autcon.2012.10.012

Zarvić N, Martens B, Thomas O, Teuteberg F (2013) Supporting entrepreneurial venturing of SMEs in collaborative cloud computing environments: a dependency-driven construction of scenario maps. Int J Entrep Ventur 5:272–291. doi:10.1504/IJEV.2013.055294

Wandlungsbereitschaft und Wandlungsfähigkeit von Mitarbeitern bei der Transformation zu Industrie 4.0

André Ullrich, Christof Thim, Gergana Vladova und Norbert Gronau

Zusammenfassung

Unternehmen aller Branchen und Größen stehen aufgrund des industriellen Paradigmenwechsels der Industrie 4.0 vor tief greifenden prozessualen sowie technologischen Veränderungen, um langfristig global wettbewerbsfähig sein zu können. Dieser Wandel kann nur gemeinsam mit den Mitarbeitern vollzogen werden. Dementsprechend gilt es, die individuelle Bereitschaft und die einzelnen Fähigkeiten der Mitarbeiter hinsichtlich geänderter Anforderungen zu entwickeln.

Bestehende Ansätze des Wandlungsmanagements und der Akzeptanzforschung sind für den synchronen Technologie- und Aufgabenwandel unzureichend und müssen entsprechend erweitert werden. Insbesondere die Darstellung der Wirkung von Maßnahmen ist für die Praxis von Bedeutung. Dieser Beitrag entwirft auf Basis bestehender Ansätze der Akzeptanzforschung ein Modell, welches das gesamte Verhaltensspektrum, von der Akzeptanz über Toleranz bis zur Opposition abdeckt und in Bezug zu Maßnahmen des Wandlungsmanagements stellt. Als Kerneinflussbereiche werden die individuelle Wandlungsbereitschaft und die Wandlungsfähigkeit gesehen. Beide wirken auf der Aufgaben- und Technologieebene und können mit Maßnahmen erhöht werden, um negative Effekte und ein Scheitern der Transformation zu vermeiden.

Überarbeiteter Beitrag basierend auf Ullrich et al. (2015) Akzeptanz und Wandlungsfähigkeit im Zeichen der Industrie 4.0, HMD – Praxis der Wirtschaftsinformatik Heft 305, 52(5):769–789.

A. Ullrich (✉) • C. Thim • G. Vladova • N. Gronau
Universität Potsdam, Potsdam, Deutschland
E-Mail: andre.ullrich@wi.uni-potsdam.de; christof.thim@wi.uni-potsdam.de; gergana.vladova@wi.uni-potsdam.de; norbert.gronau@wi.uni-potsdam.de

© Springer Fachmedien Wiesbaden GmbH 2017
S. Reinheimer (Hrsg.), *Industrie 4.0*, Edition HMD,
DOI 10.1007/978-3-658-18165-9_7

Anhand von zwei Wandlungspfaden, der Einführung einer Industrie 4.0-Insel sowie der Umstellung des gesamten Produktionsbereichs, werden einzelne Maßnahmen und ihre Wirkung auf das Mitarbeiterverhalten erörtert.

Schlüsselwörter

Akzeptanz • Industrie 4.0 • Veränderungsmanagement • Wandlungsbereitschaft • Wandlungsfähigkeit

7.1   Problemstellung und Motivation

Industrie 4.0 eröffnet Unternehmen aller Branchen und Größen erhebliche Chancen, die allerdings einen umfassenden prozessualen sowie technologischen Änderungsbedarf und damit einhergehend auch Weiterbildungsbedarf aller in der Produktion tätigen Mitarbeiter nach sich ziehen.

Die klassische Fabrik wird in der Industrie 4.0 um integrierte Software, Sensoren, Aktoren, Kommunikatoren und Prozessoren sowie Maschinen und Informationssysteme zur Aufzeichnung und Analyse von Daten erweitert und über globale Netzwerke mit der Infrastruktur anderer Unternehmen verknüpft (Gronau 2014), so dass weltweit verfügbare Daten und Dienste genutzt werden können. Diese horizontale und vertikale Durchdringung von Fabriken und Wertschöpfungsketten ermöglicht eine dezentrale, (teil-)autonome und kontextadaptive Steuerung von Produktion und Logistik (Gronau et al. 2011), schnelle Reaktion auf kurzfristige Vorgänge und Veränderungen (Spath et al. 2013), eine umfassende Nutzung von dezentral verfügbaren Sensorinformationen zur Überwachung und Steuerung der Produktionsprozesse (vgl. Veigt et al. 2013, S. 16) und die Absicherung von Entscheidungsalternativen mittels virtueller Modelle und dadurch eine Steigerung der Produktivität und der Wettbewerbsfähigkeit (Hahne 2013; Nagel et al. 1999; Sendler 2013). Hierdurch sind auf dem Weg zur Industrie 4.0 zahlreiche ablauf- und aufbauorganisatorische Veränderungen notwendig, die einen strukturierten und diesen Anforderungen angepassten Wandlungsprozess erfordern. Der Mitarbeiter in seiner neuen Rolle ist dabei ein kritischer Erfolgsfaktor. Ihm müssen neue Technologien und Aufgaben nahegebracht werden. Dies verlangt nach einem Ansatz zur Betrachtung der Verhaltensfaktoren und Wirkungsweise veränderungsfördernder Maßnahmen sowie dem kontextsensitiven Einsatz von Maßnahmen zur Befähigung der Mitarbeiter und zur Beeinflussung deren Einstellung.

Auf den Wandlungserfolg wirken individuelle Fähigkeiten (Wandlungsfähigkeit), die persönliche Einstellung zur Leistungserbringung (Wandlungsbereitschaft) sowie änderungsfördernde externe Rahmenbedingungen (Wandlungsermöglichung) (Ziegengeist et al. 2014). Mithilfe von gezielten Maßnahmen zur Modifikation dieser drei Aspekte können sowohl die Einstellung als auch das Verhalten von Mitarbeitern beeinflusst werden.

Die Einstellung der Mitarbeiter muss einerseits beobachtbar sowie messbar gemacht und andererseits proaktiv durch gezielte Maßnahmen positiv beeinflusst werden. Im weitesten Sinne können hierzu bestehende theoretische Modelle zur

Technologieakzeptanz (Davis 1986; Goodhue und Thompson 1995; Venkatesh und Bala 2008) einbezogen werden. Im Zusammenhang mit Industrie 4.0 weisen diese jedoch diverse Unzulänglichkeiten auf. So liegt ihr Fokus auf einer Technologieveränderung, was das Modell im Kontext der Industrie 4.0 nur begrenzt nutzbar macht, da sich das gesamte Bündel aus Technologien und Aufgaben synchron wandelt (acatech 2011), indem innovative Technologien neue Prozessentwürfe ermöglichen und auch die Rollenbilder der Mitarbeiter hin zu neuen Tätigkeitstypen, wie beispielsweise dem Systemregulierer (vgl. Schumann et al. 1990), verändert. Zudem handelt es sich um starre Modelle, die nur in geringem Maße Wandlungsdynamik berücksichtigen. Schlussendlich neigen die genannten Modelle dazu, lediglich Akzeptanz zu messen, Toleranz und opponierendes Verhalten – die gegensätzliche Ausprägung – wird dabei völlig vernachlässigt.

Vor diesem Hintergrund sind die Forschungsziele, über die in diesem Beitrag berichtet wird:

1) Die Entwicklung eines Modells der Verhaltensfaktoren zum Verständnis der Akzeptanz kombinierter Prozess- und Technologieveränderungen.
2) Die Zuordnung von akzeptanzfördernden Maßnahmen zu den Einflussfaktoren auf die Akzeptanz.

Zweck dieser Maßnahmen ist es, Ablehnung zu verringern, verdeckte Einstellungen positiv zu beeinflussen sowie Mitarbeiter mit offen positiver Haltung dabei zu unterstützen, diese zu verbreiten.

Zur Erreichung der Ziele werden die Einstellungen der Akteure im Kontext der Industrie 4.0-bedingten Veränderungen entlang der Ausprägungen Akzeptanz, Toleranz und Opposition systematisiert. Diese fließen in ein Analysemodell des Wandels zu einer späteren Einordnung von Maßnahmen ein. Am Modell werden Einflussfaktoren auf die Wandlungsfähigkeit und die Wandlungsbereitschaft strukturiert, und es wird der Zusammenhang zwischen Maßnahmen und Einflussfaktoren exemplarisch aufgezeigt. Zu diesem Zweck ist der vorliegende Beitrag wie folgt gegliedert: Im vorliegenden Abschnitt wurden die Problemstellung und die Motivation dargelegt, der Anwendungskontext abgegrenzt sowie die Zielstellung skizziert. In Abschn. 7.2 werden Beispielszenarien eingeführt, anhand derer die relevanten theoretischen Grundlagen in Abschn. 7.3 praktisch greifbar werden. Darauf aufbauend wird in Abschn. 7.4 das eigene theoretische Modell vorgestellt. In Abschn. 7.5 werden Implikationen für die zwei unterschiedlichen Entwicklungspfade abgeleitet, und es werden den Einflussfaktoren Maßnahmen zugeordnet. Abschn. 7.6 fasst den Beitrag zusammen und gibt einen Ausblick auf weitere Forschungsarbeiten.

7.2 Veränderungspfade im Kontext von Industrie 4.0

Im Folgenden werden Szenarien dargestellt, die bewusst polarisiert zwei mögliche Situationen bei der Einführung von Industrie 4.0-Technologien beschreiben. Es wird jeweils ein Bündel von technologischen, aufgaben- und prozessbezogenen sowie personellen und individuellen Veränderungen eingeführt. In Szenario 1 liegt der Schwerpunkt der Betrachtung auf der Einführung einer neuen Technologie und dementsprechend auf dem Personen-Technologie-Fit. Szenario 2 wird schwerpunktmäßig zur Darstellung des Personen-Aufgaben-Fit und somit den sich ändernden Aufgabenbereichen der Mitarbeiter verwendet, wobei sich in beiden Szenarien jeweils sowohl Technologien als auch Aufgaben der Mitarbeiter ändern.

Pfad 1 (Gestaltung einer inkrementellen Veränderung)
In einem großen Unternehmen wird auf Managementebene entschieden, Teile eines Produktionsbereichs als Industrie 4.0-Inseln zu gestalten, die mit der gesamten Produktionsplanung verknüpft sind. Es werden agentenbasierte Systeme zur automatisierten Steuerung einzelner Produktionsabschnitte eingeführt und Aufgaben sowie Prozesse entsprechend modifiziert. Daraus resultiert zusätzlicher Qualifikationsbedarf für die Mitarbeiter. Dieser vom Wandel betroffene Bereich funktioniert bis auf Weiteres unabhängig von den anderen Bereichen, jedoch existieren übergreifende prozessuale Schnittstellen zu vor- und nachgelagerten Produktionsschritten, die bei der Gestaltung der Maßnahmen nicht außer Acht gelassen werden können.

Pfad 2 (Gestaltung einer radikalen Veränderung)
Ebenso auf Managementebene in einem Großunternehmen wird entschieden, einen gesamten Produktionsbereich unter Industrie 4.0-Bedingungen neu einzurichten. Es entsteht eine Vielzahl neuer Prozessabläufe. Im Mittelpunkt dieser Veränderungen stehen neue Industrie 4.0-Aufgaben der Mitarbeiter, deren Rolle sich vom klassischen Maschinenbediener hin zum Systemregulierer wandelt sowie Aufgaben der Informationssysteme, die beispielsweise Verbrauchsdaten kontrollieren, regulieren und entsprechend steuern und somit dem Mitarbeiter eine ganzheitliche Überwachung ermöglichen. Alle relevanten Aufgabenebenen in diesem Produktionsbereich sind vom Wandel betroffen und durch eine gemeinsame Strategie sowie durchgehende technische Lösungen miteinander verknüpft.

Die zwei Szenarien stellen typische gegenwärtige Situationen im produzierenden Gewerbe dar. Um mit solchen Herausforderung erfolgreich umzugehen und die Mitarbeiter der Industrie 4.0-Fabrik ausreichend zu befähigen sowie deren Einstellung adressieren zu können, sind diverse theoretische Grundlagen von Bedeutung. Diese werden nachfolgend skizziert.

7.3   Grundlagen zur Modellbildung

Der Wandel der Produktionsabläufe bei Industrie 4.0 findet gleichzeitig auf mehreren Ebenen statt. Technologisch erlauben cyber-physische Systeme über Sensoren und Aktoren eine tief gehende Überwachung und feingliedrige Steuerung der Produktionsprozesse (vgl. ten Hompel und Liekenbrock 2005, S. 16; Veigt et al. 2013, S. 16). Auf der Prozessebene führen die globale Vernetzung von Produktionsprozessen, die Selbststeuerung der Produktionsobjekte und die Möglichkeit zur hochgradigen Individualisierung der Produkte und Dienste zu erhöhter Prozesskomplexität. Bei geeignetem Einsatz von Informationssystemen steht dem eine erhöhte Prozesskontrolle gegenüber, wobei mitunter individuelle Entscheidungskompetenzen auch an Informationssysteme verloren gehen.

Es erfolgt somit nicht nur die Einführung einer neuen Technologie, sondern eine Umstellung des gesamten Arbeitsumfelds (acatech 2011). Anders als in der klassischen Akzeptanzforschung müssen daher Ansätze betrachtet werden, die die synchrone Veränderung von Technologie und Prozess berücksichtigen. Zugleich muss der organisationale Kontext stärker berücksichtigt werden, in dem die Mitarbeiter unterschiedliche Rollen im Wandlungsprozess einnehmen können. Es werden daher im Folgenden verschiedene Zugänge zur Struktur des Wandels sowie des Verhaltens vorgestellt. Dabei werden Akzeptanz, passive Duldung in Form von Toleranz und offenes Opponieren als Verhaltensoptionen untersucht. Die Betrachtungen münden in einem Modell (Abschn. 7.4), welches das Verständnis der Einstellung und Einordnung der Akzeptanz hinsichtlich kombinierter Prozess- und Technologieveränderungen erlaubt.

7.3.1 Wandlungsmanagement, Wandlungsbereitschaft und Wandlungsfähigkeit

Die Spezifik des Wandlungsmanagements in der Industrie 4.0 betrifft die Notwendigkeit einer synchronen Bearbeitung von Technologie- und Prozessveränderungen. Die einzelnen technologischen Neuerungen müssen in existierende Abläufe integriert und diese Abläufe wiederum müssen modifiziert werden. Die Aufgaben des Wandlungsmanagements bestehen darin, Methoden und Maßnahmen für die Transformation bereitzustellen sowie Personen (Change Agents) festzulegen, die den Wandlungsprozess in beiden synchronen Veränderungen stützen und vorantreiben (Krüger 2002). Der Kern hierbei ist aktive Kommunikation und Partizipation. Damit soll die Einstellung der Mitarbeiter in Bezug auf den Wandel positiv beeinflusst und deren Wandlungsbereitschaft hergestellt werden. Des Weiteren zielt das Wandlungsmanagement auf die Befähigung der Mitarbeiter zur aktiven Gestaltung des Wandels ab. Die Anpassung des Sets an Fähigkeiten an die Anforderungen soll die Wandlungsfähigkeit erhöhen.

Die Mitarbeiter reagieren unterschiedlich auf Maßnahmen des Wandlungsmanagements. Reaktionen können sich offen, z. B. in aktiver Zustimmung (Promotoren) oder Ablehnung (Gegner), aber auch verdeckt zeigen (Abb. 7.1). Viel hängt dabei mit der Einschätzung der Risiken der Veränderung zusammen. Sachliche Risiken beziehen sich auf den Inhalt der Veränderung, auf die Einstellung zur eingeführten Technologie oder zur Aufgabenveränderung. Die persönlichen Risiken hingegen basieren auf der Beurteilung der eigenen Leistungsfähigkeit sowie der Offenheit gegenüber Veränderungen im Allgemeinen (Mohr et al. 1998). Die Wahrnehmung sachlicher Risiken deutet auf eine geringe Wandlungs**fähigkeit** hin, wohingegen persönliche Risiken ein Indiz für geringe Wandlungs**bereitschaft** darstellen. So spielen in den in Abschn. 7.2 aufgeführten Veränderungspfaden beide Risikoarten in Abhängigkeit der jeweiligen individuellen Risikowahrnehmung der betroffenen Mitarbeiter eine nicht zu vernachlässigende Rolle. In Pfad 1 können aufgrund der inkrementellen Veränderung in Form der Einführung der neuen Technologie die sachlichen Risiken höher als die persönlichen Risiken ausgeprägt sein. Beispielsweise schätzt der Mitarbeiter die Tatsache, dass nunmehr softwarebasierte Agenten die Aufgabe der Steuerung des Produktionsabschnitts und dadurch auch

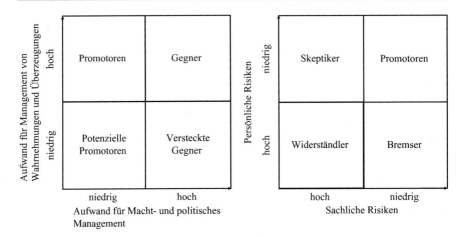

Abb. 7.1 Außen- und Innenperspektive der Einstellung. (Eigene Darstellung nach Krüger 2004; Mohr et al. (1998))

Kontrollfunktionen übernehmen als höhere Gefahr ein, als sein vermeintliches „überholtes" technisches Verständnis.

Aus der Managementperspektive kann entsprechendes Verhalten entlang der Dimensionen Wahrnehmung/Überzeugung und Macht-/politisches Management eingeordnet und mit entsprechenden Maßnahmen verknüpft werden (Krüger 2004). So ist beispielsweise in den Bedingungen von Pfad 2 neben der Identifikation von Promotoren und der Festlegung von Change Agents besonderes Augenmerk auf die Identifikation und die Ansprache von Gegnern der Veränderung zu legen. Dies geschieht zu dem Zweck, Skeptiker frühestmöglich von den notwendigen Veränderungen des Aufgabenfeldes überzeugen zu können und ihnen die Möglichkeit zu geben, mitgestaltend aktiv zu werden, so dass diese bestenfalls auch zu Promotoren werden.

Je nach Erfolg des Einsatzes von Maßnahmen zur Beeinflussung der Wandlungsfähigkeit und der Wandlungsbereitschaft kann unterschiedliches Mitarbeiterverhalten beobachtet werden, welches vom aktiven Commitment über die passive Akzeptanz bis zum verdeckten oder offenen Widerstand oder im schlimmsten Fall zum Verlust geeigneter Mitarbeiter im Wandlungsprozess reicht (vgl. Kriegesmann et al. 2013).Während offenes Verhalten im Wandlungsprozess direkt sichtbar ist, liegt der Schlüssel zur Analyse des verdeckten Verhaltens in der Ermittlung der Einstellung.

Aus der Einstellungsforschung ist Ajzens (1985) Theorie des geplanten Verhaltens (TRA) ein Erklärungsansatz zur Verhaltensbeschreibung. Hierbei ist die Verhaltensintention das zentrale Konstrukt. Im Ursprungsmodell werden drei bestimmende Faktoren festgehalten: die Bewertung, wie einfach die Verhaltensänderung auszuführen ist, die soziale Norm (z. B. Druck oder Vorbilder im Umfeld des Akteurs) sowie die wahrgenommene Verhaltenskontrolle. Wandlungsmanagement setzt dementsprechend mit einstellungsändernden Maßnahmen an, um den Nutzungsgrad und die Durchdringung zu erhöhen. Die Freiwilligkeit der Nutzung ist dabei der zentrale Aspekt.

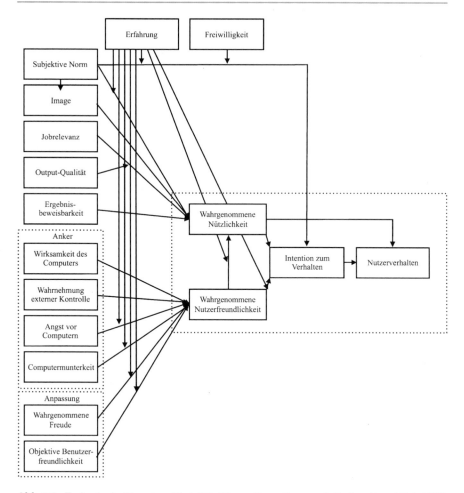

Abb. 7.2 Technologie Akzeptanz Modell 3. (Eigene Darstellung nach Venkatesh und Bala 2008, S. 280)

7.3.2 Akzeptanz

Ausgehend von Dillon (2001), Wiendieck (1992) und Vogelsang et al. (2013) kann Nutzerakzeptanz definiert werden, als nachweisliche Bereitschaft in neuen Arbeitsprozessen zu arbeiten, neue und andersartige Arbeitsaufgaben auszuführen sowie eine Technologie für die Aufgaben zu nutzen, für die diese entwickelt wurde.

Das Technologie Akzeptanz Modell 3 (TAM3) (Abb. 7.2) greift die Theorie des geplanten Verhaltens auf und führt zwei Konstrukte an, welche die Wandlungsbereitschaft und -fähigkeit beeinflussen (Venkatesh und Bala 2008). Die subjektive Einschätzung einer Person, ob die Anwendung einer bestimmten Technologie die persönliche Leistungsfähigkeit verbessert, wird durch die wahrgenommene Nützlichkeit repräsentiert. Die Einschätzung einer Person bezüglich des Lernaufwandes zur effizienten Verwendung einer Technologie entspricht dagegen der wahrgenommenen

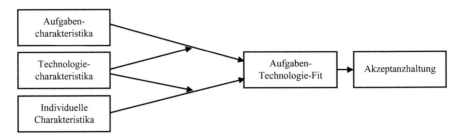

Abb. 7.3 Task Technology Fit Modell. (Eigene Darstellung nach Goodhue und Thompson 1995, S. 217)

Nutzerfreundlichkeit. Diese beiden Variablen werden von einer Vielzahl externer Variablen, u. a. auch Anker- und Anpassungsvariablen beeinflusst (Davis et al. 1989; King und He 2006; Venkatesh und Davis 2000; Venkatesh et al. 2003; Venkatesh und Bala 2008). Daneben kann mittels diverser Interventionsvariablen (Gestaltungsmerkmale, Qualifizierung, gegenseitige Unterstützung, betriebliche Unterstützung, Anreizsysteme, Partizipationsmaßnahmen, Managementunterstützung) auf die Akzeptanz der Mitarbeiter eingewirkt werden (Venkatesh und Bala 2008, S. 293).

Das Technologieakzeptanzmodell konzentriert sich stark auf die eingeführte Technologie und betrachtet den Prozess nur peripher. Daher ist der Erklärungsansatz für Akzeptanz bei der Einführung von Industrie 4.0 unzureichend. Das in Abb. 7.3 dargestellte Task Technology Fit Modell (TTFM) betrachtet hingegen die Kongruenz zwischen Aufgaben und Technik und versucht, die Einflussfaktoren auf die Nutzereinstellung zu erklären. Der kritische Einflussfaktor ist der Aufgaben-Technologie-Fit. Dieser stellt die subjektive Einschätzung der Systemleistung dar. Darüber hinaus beeinflussen die jeweiligen Wechselwirkungen zwischen Aufgaben und Technologie sowie Individuum und Technologie die Akzeptanz. Die Aufgaben werden über ihren Schwierigkeitsgrad und ihre Vielfältigkeit beschrieben. Die Technologie zeichnet sich durch Reaktionsfähigkeit, Verfügbarkeit und Usability aus. Das Individuum wird durch seine Qualifikation, Erfahrungen und Motivation beschrieben (Goodhue und Thompson 1995).

Insbesondere im Kontext von Industrie 4.0 lassen sich die Effekte der Veränderung der Aufgaben- und Technologiecharakteristika über dieses Modell beschreiben und messen. Es wird davon ausgegangen, dass die Beurteilung einer neu eingeführten Technologie (z. B. RFID) und die damit einhergehenden Aufgabenveränderungen (z. B. Entnahmeprozess von Werkstücken aus dem Lager) durch das Individuum neu bewertet werden. Hierbei spielen wiederum individuelle Charakteristika (z. B. Erfahrung mit RFID oder Verständnis für Prozessveränderungen) eine Rolle.

Die vorgestellten Akzeptanzmodelle betrachten nur eine Richtung im Wandlungsprozess. Anders als in diversen Phasenmodellen (Akzeptanzprozess (Leao 2009), Innovationsentscheidungsprozess (Rogers 2003)), wird der Akzeptanz nur fehlende Akzeptanz gegenübergestellt, welche sich z. B. in indifferentem oder opponierendem Verhalten äußern kann. Daher werden in den folgenden Abschnitten alternative Erklärungsmuster vorgestellt, die es ermöglichen, das gesamte Spektrum von Einstellung und Verhalten abzudecken.

7.3.3 Toleranz

Die Toleranz der Veränderung ist eine mögliche Ausprägung einer fehlenden positiven Einstellung gegenüber dem Wandel und kann auch als eine passive Anerkennung der Veränderung verstanden werden. Toleranz umschreibt dabei ein über die Duldung hinausgehendes Gewährenlassen, die Anerkennung einer Gleichberechtigung oder den friedlichen Umgang mit Varietäten (Teichert 1996). Im sozialen Bereich heben Definitionen die Beurteilung der Angemessenheit im existierenden Kontext hervor (European University Institute 2013).

Stärker auf das individuelle Verhalten bezogen, wird unter Toleranz das Zusammenspiel mehrerer Komponenten in einem Toleranzrahmen verstanden. Zunächst müssen zumindest zwei Toleranzsubjekte bzw. -objekte vorhanden sein, die in ihrer Toleranzentscheidung frei sind. Übertragen auf den Kontext der Technologieeinführung bezieht sich die Toleranz des Mitarbeiters (Toleranzsubjekt) immer auf die Technologie oder den Prozess (Toleranzobjekt). Hinzu kommen zwei inhaltliche Komponenten, die beschreiben, welches Verhalten oder welche Eigenschaften akzeptiert bzw. abgelehnt werden. Den Übergang zwischen diesen beiden Charakteristika beschreibt die Zurückweisungskomponente, deren Überschreitung die Grenze der Toleranz ist (Forst 2000, S. 8 f.). Die letzten drei Komponenten (Ablehnungs-, Akzeptanz- und Zurückweisungskomponente) spannen somit das Spektrum zwischen Akzeptanz und Opposition auf.

Innerhalb der Toleranz lassen sich vier abgestufte Konzepte unterscheiden (Forst 2000, S. 42 ff.):

- Erlaubnis – Duldung der Abweichung,
- Koexistenz – wechselseitige Tolerierung,
- Respekt – moralische Begründung der Toleranz auf Grund von Einsicht in allgemeine Prinzipien,
- Wertschätzung – aktives Begrüßen der Abweichung bzw. Andersartigkeit.

Das Vorhandensein von Vorurteilen (Klein und Zick 2013) und die Wahrnehmung der Notwendigkeit des Wandels (Lober und Green 1994) sind die primären Einflussfaktoren auf die Toleranz. So bezieht sich die Toleranz auf die Einschätzung der Mitarbeiter, dass die neue Technologie sowie die (damit verbundenen) neuen Aufgaben ein notwendiger und wertgeschätzter Teil des Arbeitskontextes sind. Dies fügt sich in die Aussagen der Akzeptanzmodelle, insbesondere des TTFM ein. Wandlungsbereitschaft wird erzielt, wenn Wandlungsnotwendigkeit empfunden wird. Die Wertschätzung korrespondiert hingegen mit dem Erschließen des Neuen und der Erfahrung. Beides steht im Zusammenspiel mit der erwarteten Leistungsentwicklung des Mitarbeiters. Schätzt dieser seine Leistungsveränderung positiv ein, wird sein Verhalten eher tolerant bzw. akzeptierend sein. Vermutet er mit der Veränderung jedoch Leistungseinbußen, so ist in seinem Verhalten eine Verschiebung in Richtung Opposition (Abschn. 7.3.4) wahrscheinlich. Aufgabe des Managements ist es an dieser Stelle, gezielte Maßnahmen zu entwickeln, um die Erwartungen der Mitarbeiter bezüglich der Leistungsveränderung zu stärken und positiv zu beeinflussen. So kann in Pfad 2 die Leistungsbereitschaft der Mitarbeiter dadurch erhöht werden, dass die Auswirkungen der erhöhten Effektivität des Maschinenparks auf die persönliche Arbeit, z. B. in punkto Arbeitsflexibilität und Ergonomie herausgestellt werden. In Pfad 1 kann die Arbeitsweise der neuen Technologie (agentenbasierte Steuerung) und die Logik der neuen Aufgaben sowie ihr Bezug zum gesamten Arbeitsprozess z. B. über eine praktische Demonstration transparent gemacht werden und damit zum Abbau von Vorurteilen beitragen.

Durch die Nutzung des Toleranzkonzeptes ist es möglich, einen Bereich des Verhaltens zu adressieren und abzudecken, der kein aktives Verhalten gegenüber dem Wandlungsobjekt voraussetzt. Somit wird eine Zone der Indifferenz eröffnet, die von sehr schwacher Akzeptanz bis zu schwacher Opposition reicht.

7.3.4 Opposition

Der Ursprung offen ablehnender Einstellungen liegt oftmals in Hemmnissen aufgrund realer, fiktiver oder virtueller Barrieren. Sind diese in ihrer Ausprägung entsprechend groß, so können sie oppositionelles Verhalten verursachen.

Auf persönlicher Ebene lassen sich zwei Barrieretypen unterscheiden: Fähigkeits- und Willensbarrieren (Witte 1973, S. 5 ff.). Fähigkeitsbarrieren basieren auf limitierter Motivation sowie nicht aufgabenadäquater Qualifikation und sind damit analog zur persönlichen Wandlungsfähigkeit zu sehen. Willensbarrieren wiederum treten auf, wenn der Status quo bevorzugt wird und Veränderungen per se als negativ betrachtet werden. Sie spiegeln daher die fehlende Wandlungsbereitschaft wider.

Neben dem Willen kann die individuelle Risikoeinschätzung der Ursprung für opponierendes Verhalten sein (Mohr et al. 1998). Opponenten (oder aktive Widerständler) schätzen sowohl die persönlichen als auch die sachlichen Risiken der Veränderung hoch ein. Bremser hingegen versuchen den Veränderungsprozess aufgrund wahrgenommener hoher persönlicher Risiken zu hemmen. Die dritte Gruppe der Skeptiker sieht zwar hohe sachliche Risiken der Veränderung, diese werden jedoch nicht auf ihre Person bezogen. So können in Pfad 1 mit der Anpassung der Funktionalitäten bezüglich der vorhandenen Prozesse sowie der Sicherstellung eines hohen Reifegrades des agentenbasierten Steuerungssystems die sachlichen Risiken deutlich reduziert werden. In Pfad 2 hingegen kann mit anspruchsvollen jedoch auch qualifikationsentsprechenden Aufgaben sowie dem Zuteilen von Entscheidungsspielräumen, bspw. hinsichtlich Maschinenauslastungsplänen, den persönlichen Risiken und der damit potenziell verbundenen opponierenden Haltung entgegengewirkt werden.

Das Handeln und Wirken von Opponenten ist häufig nicht offen beobachtbar. Es geschieht stärker im Hintergrund und zielt oftmals auf bestimmte Maßnahmen im Entscheidung- und Innovationsprozess ab und weniger auf die eigentlichen technischen Innovationen an sich (Müller 2004, S. 161). Es kann zwischen offenen und stillen Opponenten unterschieden werden. Die offenen Opponenten operieren mit erklärtem Willen und offenen Gegenargumenten und die stillen Opponenten verfolgen eine verzögernde, abwartende und im Prozeduralen operierende Strategie (Witte 1988, S. 168).

Das Auftreten von Opponenten stellt eine Herausforderung für Promotoren von Maßnahmen dar. Diese sind dadurch gezwungen, Entscheidungen sorgfältig und mit Umsicht zu bearbeiten, Prognosen zu fundieren sowie Unsicherheiten zu reduzieren (Müller 2004, S. 161). Somit nehmen Bremser und Opponenten eine verantwortungsvolle Aufgabe wahr: Sie wollen das Neue nicht zwangsläufig verhindern, sondern den Vorwärtsdrang des Promotors zügeln. Dies kann auch bedeuten, dass es darum geht, Dinge anders oder später zu machen, wenn dafür gute Argumente vorliegen. Andererseits kann eine oppositionelle Einstellung auch vollkommen destruktiv sein. In diesem Fall muss diese überwunden werden, z. B. durch das gezielte gemeinsame Auftreten mehrerer Promotoren (Hauschildt 1999).

7.4 Modell der Verhaltensfaktoren

Für das Modell der Verhaltensfaktoren zum Verständnis der Akzeptanz kombinierter Prozess- und Technologieveränderungen wird das Task-Technology-Fit-Modell als Grundlage genutzt. Es wird dazu in den Person-Technologie-Fit und den Person-Aufgaben-Fit zerlegt. Der Person-Technologie-Fit bestimmt, wie wandlungsbereit und wandlungsfähig der Mitarbeiter in Bezug auf die neue Technologie ist. Beispielsweise können in Pfad 1 anhand von Partizipation bei der Gestaltung von Funktionalitäten Blockaden und Hemmnisse bei den Mitarbeitern abgebaut und somit sowohl Wandlungsbereitschaft als auch -fähigkeit erhöht werden, da einerseits die Einstellung durch die Beteiligung adressiert und andererseits das Verständnis für die notwendigen Fähigkeiten zum Umgang mit der Technologie geschaffen wird. Der Person-Aufgaben-Fit fokussiert hingegen die Seite der Aufgabenveränderung. In diesem Zusammenhang könnte in Pfad 2 anhand der Gestaltung räumlicher und zeitlicher Aufgabendurchführung oder der Beachtung einer hohen Benutzerfreundlichkeit bei der Ausführung von Aufgaben und entsprechenden Standards die Wandlungsfähigkeit adressiert werden, die Wandlungsbereitschaft hingegen durch gut strukturierte Prozesse.

Beide Arten der Passung sind bei der Entwicklung des eigenen Modells den Dimensionen Wandlungsbereitschaft und Wandlungsfähigkeit zugeordnet und somit bewertbar (Tab. 7.1).

Die Analyse der Passung lässt sich jeweils separat anwenden, z. B. wenn eine neue Technologie keinen Wandel in den Aufgaben nach sich zieht oder ein Prozess mit bestehender Technologie neu gestaltet wird. Im Kontext der Industrie 4.0 kann mit diesem Modell jedoch auch das Zusammenspiel von gleichzeitiger Aufgaben- und Technologieveränderung analysiert werden. Zu beachten ist, dass die Passung zwischen Aufgabe, Technologie und Person allein nicht zu aktivem Verhalten führt, sondern zunächst die Einstellung adressiert.

Das zutage Treten positiven oder negativen Verhaltens, d. h. das Verlassen der Indifferenzzone, wird über die Einschätzung der Leistungsveränderung (vgl. Abschn. 7.3.3) erreicht. Nur wenn der Mitarbeiter eine positive oder negative Leistungsveränderung erwartet, wird er als Promotor oder Gegner aktiv für bzw. gegen die Veränderung agieren. Diese Annahme basiert zunächst darauf, dass die Leistung an extrinsische Motivationsfaktoren gekoppelt ist, wie z. B. Boni, Karrierewege etc.

Tab. 7.1 Leitfragen des personellen Fits

	Aufgabe	Technologie
Wandlungsfähigkeit	Wie gut werde ich die neue Aufgabe beherrschen?	Wie gut werde ich die neue Technologie beherrschen?
Wandlungsbereitschaft	Bin ich der neuen Aufgabe gegenüber aufgeschlossen?	Bin ich dieser neuen Technologie gegenüber aufgeschlossen?

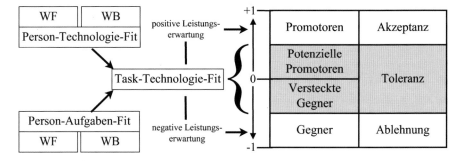

Abb. 7.4 Modell zum Verständnis der Akzeptanz kombinierter Prozess- und Technologieveränderungen

Zudem ist auf sozialer Ebene der Leistungsvergleich ein Faktor für die Anerkennung unter Kollegen und den Status in der informellen Organisation.

Zur aktiven Beeinflussung des positiven Verhaltens ist der gezielte Einsatz von Maßnahmen notwendig. Zusammengefasst kann als Ausgangspunkt zur Bewertung der Wirkungsweise veränderungsfördernder Maßnahmen das Modell wie in Abb. 7.4 dargestellt werden.

Das resultierende Modell verdeutlicht den Zweck, über die Beeinflussung des Person-Technologie und des Person-Aufgaben-Fits die Einstellung der Mitarbeiter sowie ihre Leistungserwartung positiv zu gestalten. Jeder Fit ist durch eine Willens- und Fähigkeitskomponente gekennzeichnet. Entsprechend lassen sich Maßnahmen des Veränderungsmanagements den jeweiligen Ausprägungen der Einstellung und des Verhaltens zuordnen.

Ausgehend von der Zuordnung der veränderungsfördernden Maßnahmen bei Venkatesh und Bala (2008, S. 293) können diese Interventionen vor und nach der Implementierung erfolgen. Während sich das TAM 3 auf technologische Veränderungen konzentriert, ist im Kontext der Industrie 4.0 eine Erweiterung der Perspektive auf Prozessveränderungen notwendig. Es lassen sich daher vier Kategorien bilden, in die die Maßnahmen eingeordnet werden können:

- Allgemeine Maßnahmen zur Herstellung der Wandlungsbereitschaft
- Schaffung einer wandlungsunterstützenden Infrastruktur
- Maßnahmen zur Verbesserung des Aufgaben-Technologie-Fits
- Maßnahmen zur Begleitung des Wandels

Die Herstellung der Wandlungsbereitschaft fußt stark auf der Schaffung eines wandlungsförderlichen Kontextes und ist daher in der Phase vor der Implementierung zu verorten. Der Kontext wirkt als Bezugsrahmen für alle operativen Maßnahmen, deren Wirkung darüber positiv und negativ verstärkt werden kann. Zunächst zählt hierzu die Schaffung eines geteilten Begriffs-, Problem- und Strategieverständnisses. Zwei Mechanismen spielen hierbei ineinander: Top-Down-Information und Nutzerpartizipation.

Reine Informationsmaßnahmen zielen auf die Kommunikation von Managementvision sowie Nutzungskonzept für Industrie 4.0 ab und verdeutlichen den Nutzern, welchen Einfluss die neue Technologie und die neuen Aufgaben auf die Unternehmensidentität haben werden. Damit geht auch die Kommunikation des allgemeinen Verständnisses von Industrie 4.0 einher. Der Begriff ist offen für Interpretationen, so können mit ihm Programme der Kostenreduzierung, Effizienzsteigerung ebenso assoziiert werden wie die Betonung offener, unternehmensübergreifender Produktionsprozesse und die Kreation neuer Produkte und Dienstleistungen. Daher muss der Industrie 4.0-Begriff für die zukünftige Unternehmensstrategie konkretisiert werden. Dementsprechend ist ein durchdachtes und klar kommuniziertes Wandlungskonzept zu Beginn des Veränderungsprozesses unentbehrlich. Kriegesmann et al. (2013) verweisen auf die Bedeutung der Schlüssigkeit des Konzeptes und der Umsetzungsschritte sowie auf die Aufklärung aller Mitarbeiter hinsichtlich des Umsetzungserfolges.

Neben der Top-Down Kommunikation von Visionen und Zielen ist die Partizipation der Nutzer notwendig, um die Konstruktion eines geteilten Umfelds zu ermöglichen. Die Implikationen der Industrie 4.0-Strategie für die einzelnen Unternehmens- und Tätigkeitsbereiche gilt es, partizipativ zu erarbeiten. Hierzu ist ein offener sozialer Kontext notwendig, in dem die Mitarbeiter ihre Hoffnungen und Bedenken artikulieren und den Wandel mitgestalten können. Sowohl für Unternehmensleitung als auch für Mitarbeiter ist dabei eine realistische Kommunikation der mit der Transformation verbundenen Unsicherheiten notwendig. Bleibt diese Einschätzung verdeckt, kann es auf beiden Seiten zu Enttäuschungen und damit verbundenen negativen Einflüssen auf den Implementierungsprozess kommen.

Im Zuge der Partizipation empfiehlt es sich, Schlüsselpersonen und Promotoren für den Wandlungsprozess zu identifizieren und zu überzeugen. Diese sollten offen für die Veränderung sein, einen hohen sozialen Status in ihren Teams sowie eine hohe Risikobereitschaft besitzen. Über diese Multiplikatoren können später Maßnahmen in die Breite getragen und Netzwerkeffekte bei der Überzeugungs- und Sensibilisierungsarbeit erzielt werden.

Der Übergang zur Implementierung wird über die Gestaltung der Anreizsysteme geschaffen. Diese begleiten die Einführung von Industrie 4.0 und sollten die Wirkung konkreter Implementierungsmaßnahmen verstärken. Über das Setzen von positiven und negativen Anreizen kann die individuelle Risikowahrnehmung, welche eine Ursache für Willensbarrieren ist, verändert werden. Zur Gestaltung der Anreizsysteme ist ein Herunterbrechen der Transformationsziele in Subziele notwendig. Diese sollten sich am Prozess orientieren und zur Annahme und Beschäftigung mit der neuen Technologie motivieren. An diese Ziele, z. B. Verringerung des Ressourcenverbrauchs, Erhöhung der Outputqualität oder Beschleunigung der Durchlaufzeit können dann explizite positive Anreize gebunden werden. Andererseits ist es auch möglich, über die Gestaltung der Anreizsysteme Willensbarrieren über negative Sanktionen zu durchbrechen. Die Ziele spiegeln dann die Erwartung des Managements über die Nutzung wider. Negative Sanktionen können dahingehend positiv wirken, dass ein initialer Impuls zur Veränderung erzwungen wird. Auf Dauer wirken sie jedoch vertrauenszerstörend und führen eher zu Demotivation und Rückzug.

Mit der Schaffung von Anreizsystemen geht auch die Gestaltung von organisatorischen Unterstützungsleistungen einher. Diese können z. B. durch formal festgelegte System- und Prozessexperten, Helpdesks oder domänenspezifische Supportteams erbracht werden. Hierdurch erhalten die Nutzer eine Anlaufstelle bei Problemen und Fragen. Im Kontext der Industrie 4.0 können diese Teams aus Prozess- und Technologieexperten bestehen, die bei Fehlern schnell Reparaturen durchführen oder den Nutzern die Funktionsweise der neuen technischen Entitäten und der Prozessabläufe verständlich machen. Neben der formalen Funktion kann auch das Promotorennetzwerk zur Unterstützung herangezogen werden, wobei darauf zu achten ist, dass die Promotoren nicht überlastet werden und ihnen weiterhin ausreichend Raum für die eigentliche Tätigkeit zur Verfügung steht.

Diese vier Aspekte bilden den organisatorischen Rahmen für Transformationsvorhaben hin zu Industrie 4.0. Die Transformation selbst ist in zwei ineinander verschränkte, iterative Phasen gegliedert: (1) Design- bzw. Entwicklungsphase und (2) Nutzungsphase. In der Design- und Entwicklungsphase wird die neue Technologie erschlossen und in den Arbeitskontext eingebettet. Dabei sind auf zwei Ebenen akzeptanzfördernde Aspekte zu berücksichtigen: Auf Technologieebene ist auf die Benutzbarkeit zu achten. Dies betrifft Bedienkonzepte aber auch die Informationsdarstellung. Hierbei ist wiederum ein partizipativer Ansatz zu bevorzugen. Über das Feedback der Nutzer kann schnell eine optimale, an die Arbeitsbedingungen angepasste Technologie identifiziert oder entwickelt werden. Auf Prozessebene gilt es, die neuen Abläufe zu organisieren und zu strukturieren. Hierfür bieten sich Prozessmodellierung und -visualisierung an. Beide Ebenen der Entwicklung bedingen einander. Das Ziel ist die Herstellung eines möglichst optimalen Fit zwischen Aufgabe und Technologie. Sowohl die Schaffung von Prozessverständnis sowie die Einbettung der neuen Technologie wirken direkt auf die Wandlungsfähigkeit. Die Nutzer werden befähigt, sich im Prozess mit der Technologie zurechtzufinden und die geforderten Leistungen zu erbringen. Durch das gemeinsame Erarbeiten von Lösungen wird jedoch auch die Wandlungsbereitschaft positiv beeinflusst, indem Problembewusstsein sowie Zugehörigkeitsgefühl geschaffen werden. Somit wird die resultierende Kombination aus Technologie und Prozess nicht als extern und fremd wahrgenommen, sondern als eigen und angepasst empfunden.

Die Entwicklungsphase ist eng mit der Nutzungsphase verknüpft. Die Brücke zwischen beiden wird initial über System- und Prozessschulungen geschlagen. Alle Schulungsmaßnahmen wirken auf die Wandlungsfähigkeit der Mitarbeiter, indem sie konkrete Fähigkeiten im Umgang mit der neuen Technologie und ein Verständnis über die neuen Prozessabläufe erhalten. Schulungen unterscheiden sich hinsichtlich ihrer Durchführungsform. Ullrich und Vladova (2015) führen anhand einer Reihe von Parametern aus, welche unterschiedlichen Konstellationen möglich sind. Dabei ist zu unterscheiden, ob die Aufgabe oder die Technologie das Ziel der Schulung ist.

So gilt es beispielsweise im Personen-Aufgaben-Fit, die Mitarbeiter gezielt mittels Weiterbildungsmaßnahmen – idealerweise „on the job" – bezüglich ihrer neuen Aufgaben zu qualifizieren.

Im Bereich des Person-Technik-Fit können Maßnahmen wie bspw. Qualifizierung „along the job"[1] zielführend sein. Zusammen mit der eigentlichen Vermittlung von Technologie- und Prozesswissen ist es zudem hilfreich, die Mitarbeiter über Methodenschulungen zur Selbstanalyse und -steuerung zu befähigen und somit deren Selbstwirksamkeit aufzubauen. Dadurch können Misserfolge bei der Nutzung besser verarbeitet und das Selbstvertrauen in unklaren Situationen erhöht werden. Insbesondere bei der Transformation zur Industrie 4.0 haben diese methodischen, weichen Aspekte des Kompetenzaufbaus eine besondere Bedeutung. Ein hoher Grad von Prozess- und technologischer Autonomie führt dazu, dass die Mitarbeiter flexibel auf die geänderten Anforderungen reagieren können. Zusätzlich erfolgt die Einstellungsbildung umso rationaler, je größer Prozess- und Technologieverständnis sind. Negative, in Versagensangst begründete Leistungserwartungen werden dabei abgemildert und positive Leistungserwartungen durch die erhöhte Selbstwirksamkeit gefördert.

In der Nutzungsphase wirken die vorab installierten Anreizsysteme und die betriebliche Unterstützung. Während die Anreizsysteme die Wandlungsbereitschaft erhöhen, wirkt die betriebliche Unterstützung zusätzlich auf die Wandlungsfähigkeit, indem der Mitarbeiter im Umgang mit der Technologie beiläufig von den Experten geschult wird. Durch die angebotenen Anreize und die Unterstützung sinkt das wahrgenommene Risiko der Nutzer, worauf sie ihre Leistungserwartung stabilisieren oder nach oben anpassen. Jedoch können negative Sanktionen auch den umgekehrten Effekt hervorrufen. Zwang und Bestrafung führen eher zu einer Reduktion der Wandlungsbereitschaft. Solche negativen Sanktionen sollten daher äußerst sparsam angewendet werden, ggf. um initiale Widerstände zu brechen und Mitarbeiter, die sich einer Nutzung verweigern, mit der Technologie zu konfrontieren.

Neben den organisatorisch etablierten Unterstützungsleistungen beeinflussen sich die Mitarbeiter untereinander. Über gegenseitige Unterstützung erschließen sich Teams den neuen Arbeitskontext. Zur Steuerung dieser Vorgänge eignet sich der Einsatz von Promotoren. Durch deren Gruppenführerschaft können sie positiv auf die Umgebung wirken und die Einstellung der Mitarbeiter verändern. Dabei muss jedoch bedacht werden, dass über diese gegenseitigen Abstimmungsprozesse auch Negativspiralen erzeugt werden können. Neben den formalen Tätigkeiten des Veränderungsmanagements sind daher Stimmung und Dynamik in den Gruppen genau zu beachten.

---

[1] Along the job-Maßnahmen umfassen Maßnahmen, die laufbahnbegleitend durchgeführt werden; vom Einstieg bis zum Ausstieg eines Kompetenzträgers im Unternehmen (Klötzl 1996). Sie befassen sich mit der systematischen Veränderung der Positionen von Kompetenzträgern im Laufe ihres unternehmerischen Werdegangs und können in horizontaler oder vertikaler Richtung, wie auch zentral erfolgen (Conradi 1983). Methoden zur Umsetzung solcher Maßnahmen sind beispielsweise Erfahrungsgruppen, Laufbahnplanung und Fachtrainings.

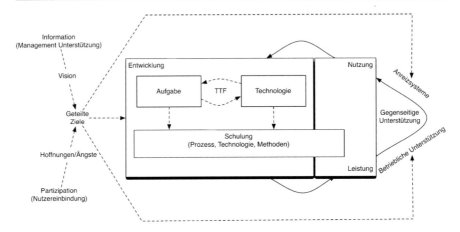

Abb. 7.5 Faktoren der Akzeptanzförderung bei der Transformation zur Industrie 4.0

Je humanzentrierter die Nutzungsphase ausgestaltet ist, umso größer sind die organischen Lerneffekte der Mitarbeiter durch die Technologienutzung und damit der Anstieg der Selbstwirksamkeit. Somit wirken Nutzung sowie Unterstützungsleistungen sowohl auf die Wandlungsbereitschaft als auch auf die Wandlungsfähigkeit.

Der Erfolg des Wandels hin zur Industrie 4.0 ist von mehreren Faktoren abhängig, die zyklisch miteinander verbunden sind (Abb. 7.5). Die Transformation ist somit kein einmaliger Prozess. Diese kann vielmehr als kontinuierliche Metamorphose der Fertigung verstanden werden, welche sowohl Technologie als auch Prozesse sowie die soziale Arbeitswelt modifiziert. Die selbstständige Entwicklung von Bereitschaft und Fähigkeiten ist dabei unerlässlich.

7.5   Implikationen für die Entwicklungspfade

In beiden Entwicklungspfaden werden die betroffenen Mitarbeiter mit neuen Strukturen, Aufgabenfeldern und Technologien konfrontiert, die weder vertraut noch völlig planbar sind. Nachfolgend wird die allgemeine mit der Veränderung verbundene Situation als Ausgangspunkt für die Maßnahmenbildung und -zuordnung beschrieben.

Für die Betroffenen der inkrementellen Veränderung (Pfad 1) besteht die Herausforderung darin, die auf die Industrie 4.0-Insel bezogenen Aufgaben von anderen potenziell anfallenden Aufgaben der Mitarbeiter im Betrieb zu trennen und diese explizit zu fokussieren. Durch eine Vermischung von alten und neuen Arbeitsfeldern entsteht die Gefahr, dass das neue Konzept nicht bewusst wahrgenommen wird und damit die Transparenz für die Beurteilung der eigenen Leistung fehlt. Eine isolierte Einführung erlaubt es unter Umständen nicht, die Breite der Funktionalitäten, die Industrie 4.0 ermöglicht, aufzuzeigen und zu nutzen. Entscheidungsbezogene Veränderungen, bei denen technischen Entitäten relevante Kompetenzen zugeschrieben werden, werden hier ebenso weitgehend außer Acht gelassen, da bedingt durch die Berücksichtigung der Verknüpfung zu anderen Bereichen mit alten Strukturen nicht alle entscheidungsrelevanten Situationen abgedeckt werden können. Ebenso erschwert der kontinuierliche Abgleich zwischen „alt" und „neu" in Problemsituationen die Akzeptanz der neuen Strukturen, bedingt durch psychologische Aspekte und das Vorziehen bekannter und erprobter Gegebenheiten, auch wenn die neuen Möglichkeiten mehr Vorteile mit sich bringen. Die Entwicklung eines Qualifikationskonzeptes für die betroffenen Mitarbeiter stellt eine weitere Herausforderung dar. Die neuen Qualifikationen sollten maßgeschneidert entwickelt werden, so dass einerseits der Bezug zur bisherigen Rolle erhalten bleibt und andererseits die Veränderungen und neuen Aufgabenfelder berücksichtigt werden.

In der in Pfad 2 beschriebenen Situation der radikalen Veränderung bedeutet der Wandel für die Betroffenen ein Umdenken in Bezug auf deren technische-, soziale- und Entscheidungskompetenzen, bedingt durch den neuen technischen Rahmen. Weiterhin kann die Vorreiterrolle des Unternehmens als zusätzlicher Druck empfunden werden und Unsicherheit bei den Mitarbeitern auslösen. Dies wird durch fehlende Referenzbeispiele und Vergleichsmöglichkeiten verstärkt. Die Gefahr, dadurch in (subjektiv empfundene) individuelle Isolation zu geraten, steigt. Tatsächliches oder empfundenes Scheitern ist unter Umständen ebenso ein Hindernis für eine Akzeptanzhaltung zur Veränderung. Strukturen und Strategien gilt es laufend mitzugestalten. Ein kontinuierlicher Ist-Soll-Abgleich ist für das Aufdecken von Prozess- und Strukturdefiziten sowie fehlende Kompetenzen notwendig. Demgemäß müssen die Qualifizierungsmaßnahmen laufend angepasst werden. Positiv bei dieser Art des Wandels ist die Fokussierung der Maßnahmen und Bemühungen auf ein klares Ziel und auf den Veränderungsprozess. Diese zu gestalten, wird zur herausfordernden Meta-Aufgabe. Vor diesem Hintergrund ist es bei der Gestaltung der Maßnahmen wichtig, betont die Entwicklung und nicht lediglich die Etablierung neuer Prozesse als Ziel zu proklamieren.

Die Ausprägungen und Schwerpunkte der Maßnahmen zur Begleitung des Wandels sind für den radikalen und für den inkrementellen Wandel teils unterschiedlicher Natur. Zur Steigerung der Akzeptanz der Mitarbeiter sind bei radikalem Wandel in der Anfangsphase die strategische Notwendigkeit der Transformation sowie deren Vorteile in den Vordergrund zu stellen. Wohingegen bei inkrementellem Wandel die kontinuierliche Verbesserung der Prozesse und Aufgaben mittels neuer Technologien und deren Unterstützungsfunktion im Arbeitsprozess zu betonen sind.

Beide Entwicklungspfade unterscheiden sich bezüglich Reichweite und Geschwindigkeit, mit denen Industrie 4.0 das Unternehmen erfasst. Welcher Pfad gewählt wird, hängt von diversen Faktoren ab. So kann z. B. der Marktdruck zu einer schnellen Einführung zwingen, um Wettbewerbsvorteile zu sichern. Andererseits können finanzielle und technische Beschränkungen einen inkrementellen Transformationspfad erfordern. Weiterhin können Unternehmen, die bisher keinen wandlungsförderlichen Kontext etabliert haben, mit radikalen Veränderungen überfordert sein.

Auch das Veränderungsmanagement muss der jeweiligen Zielstellung des Entwicklungspfades folgen. Entsprechend der oben skizzierten Interventionsvariablen,

Tab. 7.2 Visionen und Ziele nach Entwicklungspfad

	Inkrementeller Wandel	Radikaler Wandel
Fokus	• Sicherheit der Arbeitsplätze	• Bedeutung des Paradigmas Industrie 4.0 für das Unternehmen
Ziel	• Langfristiges Verständnis für Veränderungen	• Schaffung von Verständnis, Einsicht und Motivation für Veränderungen • Klare Kommunikation von Risiken • Offener Umgang mit Fehlern

wobei die Variable „Managementunterstützung" direkt in „Vision und Ziele" transformiert und die Variable Gestaltungsmerkmale entsprechend dem TTFM-Modell in „technische Entwicklung" und „Prozessentwicklung" aufgespalten wird, lassen sich diverse Unterschiede feststellen: Der erste Unterschied in beiden Entwicklungspfaden besteht in der kommunizierten Zielstellung und Managementvision. Während der inkrementelle Wandel eine risikoarme Veränderung des Unternehmens anstrebt, setzt der radikale Wandel auf Disruption. Entsprechend unterscheiden sich sowohl der Fokus der Transformation als auch das angestrebte Ziel (Tab. 7.2).

Durch die engere Taktung der Veränderungsmaßnahmen bei radikalem Wandel unterscheiden sich auch die möglichen einzusetzenden Partizipationsinstrumente. Bei inkrementellem Wandel liegt das Hauptaugenmerk auf der Verbesserung des Umgangs mit der Technologie. Es sind insbesondere Fragen der Arbeitsgestaltung, die partizipativ erörtert werden. Da der Wandel in der radikalen Variante ein größeres Veränderungstempo und eine höhere Reichweite aufweist, ist die Partizipation hier grundsätzlicher Natur. Es geht eher um die Motivation der Erschließung neuer Lösungen und die Entwicklung einer gemeinsamen Vision über die neuen sozialen Strukturen in Bezug auf die technischen Entitäten als selbstständige Akteure. Zur Stabilisierung des Prozesses und zur Sicherung der kontinuierlichen Partizipation muss daher auch die Belastung der Mitarbeiter im Auge behalten werden (Tab. 7.3).

Aus der Vision sowie den Partizipationszielen leiten sich unterschiedliche Ziele für die Entwicklungspfade ab, welche sich in Prozess- und Technologieentwicklung niederschlagen. Bezüglich Technologie strebt der inkrementelle Entwicklungspfad eine schrittweise Einführung technischer Neuerungen in isolierter Form an. In Kombination mit der oben beschriebenen, auf Arbeitsoptimierung ausgelegten Partizipation, können somit organisationsinterne technologische Leuchttürme geschaffen werden. Diese sind jedoch isoliert und schöpfen meist nicht alle Potenziale aus. Der radikale Entwicklungspfad strebt hingegen von Beginn an einen hohen Reifegrad der technischen Entitäten an. Deren Zusammenspiel soll deutliche Leistungssteigerungen zu Tage fördern. Dafür werden die technischen Lösungen kontinuierlich erweitert und mit anderen Bereichen vernetzt (Tab. 7.4).

Da sich Technologien und Prozesse in Koevolution weiterentwickeln, greifen die technischen Veränderungen direkt in die Prozessstruktur ein. Durch die Inselentwicklung beim inkrementellen Entwicklungspfad muss auch die Prozessentwicklung isoliert betrieben werden. Eine Analyse und Optimierung erfolgt auf Aufgabenebene, berücksichtigt jedoch nicht die Interdependenzen entlang des

Tab. 7.3 Partizipationsmaßnahmen nach Entwicklungspfad

	Inkrementeller Wandel	Radikaler Wandel
Ziele	• Überprüfung der empfundenen Jobrelevanz und Benutzerfreundlichkeit	• Erhöhung der intrinsischen Motivation zur Lösungsentwicklung • Entwicklung einer gemeinsamen Vision
Instrumente	• Regelmäßige Umfragen • Besprechungen zur Erfassung des Ist-Zustands und der Potenziale, • Beschwerde- und Kritikmanagement • Geregelter Umgang mit Verbesserungsvorschlägen	• Maßnahmen zur Bewältigung von Stresssituationen • Regelmäßige Umfragen • Besprechungen zur Erfassung des Ist-Zustands und der Potenziale, • Beschwerde- und Kritikmanagement • Geregelter Umgang mit Verbesserungsvorschlägen

Tab. 7.4 Technische Entwicklung in Entwicklungspfaden

	Inkrementeller Wandel	Radikaler Wandel
Ziel	• Schrittweise Einführung der technischen Neuerungen	• Hoher Reifegrad der technischen Entitäten
Entwicklung	• Gegebene Einschränkung des Funktionsumfangs der technischen Entitäten.	• Orientiert an der Leistungsfähigkeit des Systems • Konzentration auf die Stabilität im Zusammenspiel der Entitäten • Kontinuierliche Erweiterung des Funktionsumfangs • Verfahren zur Ergebnisbeweisbarkeit und Outputqualität

Gesamtprozesses. Dies begrenzt zwar die Reichweite der Veränderung, führt aber gleichzeitig zu einer genauen Definition des neuen Prozesses. In der radikalen Veränderung ist diese Abgrenzung nur selten möglich. Es geht vielmehr darum, umfassende Verbesserungen durch die verstärkte Interaktion im Produktionssystem zu erzielen. Hierbei entstehen zwangsläufig sogenannte „graue Bereiche". Das Ziel der Prozessgestaltung ist daher die Klarheit und offene Kommunikation darüber (Tab. 7.5).

Auch die Qualifizierung der Mitarbeiter für den Entwicklungspfad kann entweder als „sanfte" Transformation oder als radikale Neuausrichtung implementiert werden. Während die kleinen, isolierten Veränderungen nur graduelle, primär an der Technik orientierte Schulungsmaßnahmen erfordern, umfassen Qualifizierungsmaßnahmen bei radikalem Wandel eher methodische Aspekte. Es sind in der Regel weder die Bedienung der Technologie oder ein tiefes Verständnis der Vorgänge, sondern eher ein neues Entscheidungsverhalten und das Verlernen alter Handlungsmuster, welche mit den Mitarbeitern trainiert werden müssen. Dies kann u. U. problematisch sein, wenn die kognitive Flexibilität oder die Bereitschaft zur Übernahme von Entscheidungsverantwortung nicht vorhanden sind (Tab. 7.6).

Tab. 7.5 Prozessentwicklung in den Entwicklungspfaden

	Inkrementeller Wandel	Radikaler Wandel
Ziel	• Isolierte Optimierung der Aufgaben	• Prozessübergreifende Realisierung von Verbesserungen
Entwicklung	• Klarheit über Schnittstellen zwischen Aufgaben • Klare Zuordnung der Arbeitsaufgaben zu dem jeweiligen Bereich • Genaue Bestimmung des Ortes und der Zeit der Aufgabendurchführung.	• Klarheit und offene Kommunikation über „graue Bereiche" • Fokus auf Verbesserung der Produktionszeiten • Genaue Bestimmung des Umfangs und der Qualität bestimmter Aufgaben • Schnittstellendefinition • Angepasstes Industrie 4.0-Rollenkonzept

Tab. 7.6 Qualifizierung in den Entwicklungspfaden

	Inkrementeller Wandel	Radikaler Wandel
Ziel	• Arbeitsintegrierte Trainings insbesondere bezüglich des Umgangs mit der neuen Technik	• Arbeitsintegrierte Trainings mit Fokus auf Rollenverteilung und Entscheidungsbefugnis unter Berücksichtigung der technischen Entitäten
Instrumente	• Qualifikationsprofile und Qualifizierungsmaßnahmen mit gleichmäßiger Berücksichtigung bisheriger und neuer Tätigkeitsbereiche • Klares Verständnis bezüglich des Brückencharakters der Veränderungen und der damit verbundenen Implikationen für die Aufgaben und Rollen	• Qualifikationsprofile und Qualifizierungsmaßnahmen mit operativer und strategischer Ausrichtung • Orientierung an zukünftigen Aufgaben und Entscheidungsspielräumen • Aufgaben- und technikrelevante Qualifizierungsmaßnahmen

Bei der Industrie 4.0-Einführung kann die soziale Dynamik und das gegenseitige Lernen unterschiedlich gefördert werden. Der Fokus bei inkrementellen Veränderungen liegt auf Individual- oder Teamlernen. Die Nutzer sollen Erfahrungen mit Technologie und Prozess im Inselbetrieb sammeln und damit sicher umgehen können. Hierfür kann ein wandlungsbereichsinterner Verantwortlicher (Promotor) ausgewählt werden. Weiterhin wird den Nutzern zusätzliche Zeit zum Lernen gegeben. Beim radikalen Wandel liegt der Fokus hingegen auf organisationalem Lernen. Der Austausch findet zwischen einzelnen Betriebsbereichen statt. Hierfür sind Schnittstellen zu schaffen und Zuständigkeiten festzulegen. Die Anforderungen an die Mitarbeiter sind hierbei umfassender. Schulungen sollen diese auf die Übernahme von Verantwortung in ihrem Bereich vorbereiten. Bei der gegenseitigen Unterstützung ist daher nicht der Promotor der Antrieb, die Vernetzung untereinander erfolgt selbstständig (Tab. 7.7).

Tab. 7.7 Gegenseitige Unterstützung in den Entwicklungspfaden

	Inkrementeller Wandel	Radikaler Wandel
Ziel	• Sammeln von Erfahrung sowie der sichere Umgang mit der neuen Technik	• Austausch und Erfahrungsweitergabe an andere Betriebsbereiche
Instrumente	• Ernennung von wandlungsbereichsinternen Verantwortlichen und Ansprechpartnern (Promotorenrolle) • Ausreichende Zeit für die Beschäftigung mit den neuen technischen Entitäten in Lernumgebungen	• Klare Zuteilung der Übertragung von Entscheidungskompetenz für den relevanten Bereich • Klare Regelung der Datenzugangsrechte und der Zuständigkeiten

Tab. 7.8 Anreizsysteme der Entwicklungspfade

	Inkrementeller Wandel	Radikaler Wandel
Ziel	• Verbesserung der Bedienungssicherheit und Qualifikation	• Schaffen von Verantwortlichkeit und Heben von Effizienzpotenzialen
Instrumente	• Meinungs- und Stimmungsumfragen im Vorfeld und im weiteren Verlauf • Outputorientierung	• Meinungs- und Stimmungsumfragen im Vorfeld und im weiteren Verlauf • Motivation zu Eigenverantwortung • Prämierung von Verbesserungsvorschlägen

Analog zur sozialen Umwelt müssen die Veränderungen auch inzentiviert werden. Anreizsysteme sollten daher die Zielstellung des jeweiligen Entwicklungspfades widerspiegeln. Da die Zielstellung beim inkrementellen Wandel ein langsames aber sicheres Erlernen der Technologie ist, sollten die Anreize auch auf Basis der Qualität der Ergebnisse gesetzt werden. Solche Anreize motivieren die Mitarbeiter, sich in ihrem Feld zu verbessern. Die Intensität der Anreize kann über Meinungs- und Stimmungsumfragen ermittelt werden. Durch die tief greifende Umstellung von Technologien und Prozessen beim radikalen Wandel sind solche Zielstellungen nicht angemessen, da die Nutzer selten den direkten Output kontrollieren können. Entsprechend sollten die Anreize nicht an den direkten Prozessergebnissen, sondern eher an der Übernahme von Verantwortung und an der selbstständigen Gestaltung von Prozessen und Technologie orientiert sein. Auch hierfür können Meinungs- und Stimmungsumfragen genutzt werden, um die Bereitschaft zu ermitteln und eine entsprechende Anreizintensität festzulegen (Tab. 7.8).

Der dritte Faktor der Nutzungsförderung ist die betriebliche Unterstützung. Hierbei werden weder die soziale Dynamik noch direkte Anreize in den Mittelpunkt gestellt. Vielmehr soll eine Infrastruktur geschaffen werden, auf welche die Nutzer bei Problemstellungen und Fragen zurückgreifen können. Der Umfang unterscheidet sich in den beiden vorgestellten Entwicklungspfaden. Während beim inkrementellen Wandel die Technologie- und Produktdokumentation lokal vorliegen und Ansprech-

Tab. 7.9 Betriebliche Unterstützung in den Entwicklungspfaden

	Inkrementeller Wandel	Radikaler Wandel
Ziel	• Lokale Unterstützungsstruktur	• Organisationsweite Synchronisierung der Aktivitäten
Instrumente	• Promotoren • Technologie- und Prozessdokumentation • Vergabe lokaler Entscheidungskompetenz	• Dokumentationsstruktur auf Organisationsebene • Zentrale Koordinationsstelle für Transformation • Transparenz der verteilten Kompetenzen

partner im direkten Arbeitsumfeld (die bereits angesprochenen Promotoren) gefunden werden müssen, ist für den radikalen Wandel ein erheblich größerer Aufwand notwendig. Hier gilt es, einzelne Technologien miteinander abzustimmen und die Prozesse zu synchronisieren. Die Zuordnung und Transparenz der Entscheidungskompetenz ist dabei für die Gesamtorganisation zu schaffen. Auch der Zugriff auf und die Organisation der Technologie sowie Prozessdokumentation sind unternehmensweit festzulegen. Die Nutzung des Promotorenkonzeptes ist auch hier hilfreich, gelangt jedoch schnell an seine Grenzen. Die Schaffung einer Transformationsstelle, die die Aktivitäten in den einzelnen Bereichen koordiniert und unterstützend eingreifen kann, ist in diesem Fall vorteilhafter (Tab. 7.9).

In Bezug auf die beschriebenen Wandlungspfade gewinnt die Differenzierung in primär und sekundär steuernde Veränderungsmaßnahmen an Bedeutung. Zentrale Elemente primärer Verhaltenssteuerung sind: der Situationskontext des Verhaltens, die zu erreichenden Zielstellungen sowie die Konsequenzen von Zielerreichung oder Zielverfehlungszuständen (Kleinsorge und Schmidt 2007, S. 1283 ff.). Häufig wird auch mit sanktionsorientierten Mechanismen, wie beispielsweise Antreiben, autoritäre Führung, Planzeiten, Leistungskontrolle, Rationalisierung, Verarmung von Tätigkeitsinhalten gearbeitet (für weitere vgl. Breisig 1988, S. 71). Die Maßnahmen der sekundären Verhaltenssteuerung versuchen, individuelle Situationswahrnehmungen und -interpretationen dahingehend zu beeinflussen, dass die angestrebten Verhaltensweisen durch den Mitarbeiter aus eigener Überzeugung akzeptiert werden (Breisig 1988, S. 72). Klassische Beispiele sind Beteiligungsangebote, Beschwerdeprogramme, Cafeteria-System,[2] Vorgesetztenbeurteilung oder Methoden der Arbeitsgestaltung zur Erweiterung des Handlungsspielraums, wie Job Rotation, Job Enrichment, Job Enlargement.

Besonders primäre Steuerungsmaßnahmen können dysfunktional im Wandlungsprozess wirken. Wirksamkeit und Nachhaltigkeit von durch Mitarbeiter negativ wahrgenommenen Verhaltenssteuerungsmaßnahmen sind stark in Frage zu stellen. Die Mitarbeiter empfinden sanktionierende Maßnahmen als Zwangsordnung oder identifizieren sich dabei stärker mit Anreizen als mit dem Wandel. Daher

---

[2] Das Cafeteria-System (auch Cafeteria-Modell) ist ein Vergütungsmodell im Personalwesen, welches auf die Erhöhung der Motivation der Mitarbeiter durch individuelle Wahlmöglichkeiten bei der Ausgestaltung der Entlohnung abzielt (Langemeyer 1999).

müssen sekundäre Steuerungsmaßnahmen die Bedürfnisse der Beteiligten flankierend adressieren und Freiheitsgrade bei der Gestaltung des Wandels absichern.

In den Entwicklungspfaden ist eine unterschiedliche Gewichtung primärer und sekundärer Steuerung notwendig. Der radikale Wandel findet häufig unter größerem Zeitdruck statt. Erste Umsetzungserfolge müssen schnell erzielt werden, um die Motivation hoch zu halten. Hierfür eignen sich primär steuernde Maßnahmen kurzfristig besser. Damit einher geht aber auch das Risiko, dass der Wandel sich nicht selbst trägt, sondern immer auf Anreize und Zwang angewiesen ist. Sekundäre Steuerungsmaßnahmen sollten daher mit steigender Dauer ausgebaut werden. Umgekehrt ist das Verhältnis von primären und sekundären Maßnahmen bei inkrementellen Wandlungsvorhaben. Da hier der explorative Charakter der Transformation betont wird, kommen eher sekundäre, auf Beteiligung und gemeinsame Gestaltung ausgerichtete Maßnahmen zum Einsatz. Die Nutzung von Zwang und Anreizen kann dort sogar das aufgebaute Vertrauensverhältnis zerstören.

Insgesamt wird deutlich, dass Wandlungsbereitschaft und -fähigkeit in den vorgestellten Transformationspfaden unterschiedlich adressiert werden. Die Auswahl und Kombination der Instrumente sollte auf einer grundlegenden Analyse der Fähigkeiten und Bereitschaft der Organisation und Mitglieder fußen.

7.6 Fazit

Im Mittelpunkt des Beitrags stehen der Wandlungsprozess sowie die Mitarbeitereinstellung mit dem Fokus auf Akzeptanz im Kontext von Industrie 4.0. Ausgangspunkt für die Überlegungen bilden die Besonderheiten der Veränderungen – es handelt sich dabei nicht um die ausschließliche Einführung einer neuen Technologie, sondern ebenso neuer Aufgaben- und Arbeitskontexte, sozialer- und Prozessstrukturen, Entscheidungsregeln, Qualifikationen und Metakompetenzen. Der visionäre Charakter von Industrie 4.0 und die Angst der angestrebten Ersetzbarkeit des Menschen durch technische Akteure beeinflussen zusätzlich negativ die Wahrnehmung der Veränderungen.

Vor diesem Hintergrund wurden im vorliegenden Beitrag Ansätze betrachtet, die die synchrone Veränderung der Technologie und des Prozesses berücksichtigen. Als Ergebnis wurde 1) ein Spektrum an Verhaltensoptionen untersucht – proaktives Verhalten, passive Duldung und offenes Opponieren sowie 2) die Aspekte der Wandlungsfähigkeit, Wandlungsbereitschaft und die Erwartung der Leistungsfähigkeitsentwicklung herausgearbeitet und 3) beide Dimensionen in einem Modell zusammengefasst, um die Bewertung der Wirksamkeit der Wandlungsmaßnahmen zu ermöglichen. Im Kontext von zwei beispielhaften Entwicklungspfaden wurden weiterhin die Unterschiede bei der Maßnahmenentwicklung zur Begleitung des Wandels bei radikalen und inkrementellen Veränderungen im Industrie 4.0-Kontext herausgearbeitet und adressiert.

7.7   Förderhinweis

Dieses Forschungs- und Entwicklungsprojekt wird mit Mitteln des Bundesministeriums für Bildung und Forschung (BMBF) im Rahmenkonzept „Forschung für die Produktion von morgen" (Förderkennzeichen: 02PJ4040 ff.) gefördert und vom Projektträger Karlsruhe (PTKA) betreut. Die Verantwortung für den Inhalt dieser Veröffentlichung liegt bei den Autoren.

Literatur

acatech (2011) Cyber-physical systems: driving force for innovation in mobility, health, energy and production (acatech position paper). Springer, Heidelberg

Ajzen I (1985) From intentions to actions: a theory of planned behavior. In: Kuhl J, Beckman J (Hrsg) Action-control: From cognition to behavior. Springer, Heidelberg, S 11–39

Breisig T (1988) Sozialtechniken und Maschinisierung. In: Kißler L (Hrsg) Computer und Beteiligung. Opladen, S 65–93

Conradi W (1983) Personalentwicklung. Enke-Verlag, Stuttgart

Davis FD (1986) A technology acceptance model for empirically testing new end-user information systems: theory and results. Dissertation, Massachusetts Institute of Technology

Davis FD, Bagozzi RP, Warshaw PR (1989) User acceptance of computer technology: a comparison of two theoretical models. Manage Sci 35(8):982–1003

Dillon A (2001) User acceptance of information technology. In: Karwowski W (Hrsg) Encyclopedia of human factors and ergonomics. Taylor and Francis, London

European University Institute (2013) Tolerance, Pluralism and Social Cohesion. The Accept Pluralism Tolerance Indicators Toolkit. Published by the European University Institute Robert Schuman Centre for Advanced Studies

Forst R (2000) Toleranz: philosophische Grundlagen und gesellschaftliche Praxis einer umstrittenen Tugend, Bd 48. Campus Verlag, Frankfurt am Main

Forst R (2003) Toleration, justice and reason. In: McKinnon C, Castiglione D (Hrsg) The culture of toleration in diverse socities. Manchester University Press, Manchester, S 71–85

Goodhue DL, Thompson RL (1995) Task-technology fit and individual performance. MIS Q 19:213–236

Gronau N (2014) Wandlungsfähigkeit in Produktion und Logistik. Prod Manage 19(2):23–26

Gronau N, Fohrholz C, Lass S (2011) Hybrider Simulator – Neuer Ansatz für das Produktionsmanagement. Z Wirtsch Fabrikbetrieb 106(4):204–208

Hahne A (2013) Smart Factory kommt nicht vor 2025 – Industrie 4.0: Die schleichende Revolution. Industrieanzeiger 10:46–49

Hauschildt J (1999) Widerstand gegen Innovationen – destruktiv oder konstruktiv? Z Betriebswirtsch Ergänzungsheft 2:1–21

ten Hompel M, Liekenbrock D (2005) Autonome Objekte und selbst organisierende Systeme: Anwendung neuer Steuerungsmethoden in der Intralogistik. Ind Manage 4:15–18

King WR, He J (2006) A meta-analysis of the technology acceptance model. Inf Manage 43(6):740–755

Klein A, Zick A (2013) Toleranz versus Vorurteil? Kölner Z Soziol Sozialpsychol (KZfSS) 65(2):277–300

Kleinsorge T, Schmidt K-H (2007) Verhaltenssteuerung. In: Landau K (Hrsg) Lexikon Arbeitsgestaltung: Best Practice im Arbeitsprozess. Genter, Stuttgart

Klötzl G (1996) Personalentwicklung. Gabler Verlag, Wiesbaden

Kriegesmann B, Kley T, Lücke C et al (2013) Vertrauensorientiertes Changemanagement: Gestaltungsideen für nachhaltigen Wandel in Organisationen, Bd 29 (Institut für angewandte Innovationsforschung e.V. (Hrsg))

Krüger W (2002) Excellence in Change – Wege zur strategischen Erneuerung. Gabler Verlag, Wiesbaden

Krüger W (2004) Implementation the core task of management. In: De Witt B, Meyer R (Hrsg) Strategy, process, content, context – an international perspective. Thompson, London

Langemeyer H (1999) Das Cafeteria-Verfahren. Hampp Verlag, München

Leao A (2009) Fit for Change: 44 praxisbewährte Tools und Methoden im Change für Trainer, Moderatoren, Coaches und Change Manager. Managerseminare Verlag, Bonn

Lober D, Green D (1994) NIMBY or NIABY: a logit model of opposition to solid-waste-disposal facility siting. J Environ Manage 40(1):33–50

Mohr N, Woehe JM, Diebold R (1998) Widerstand erfolgreich managen: Professionelle Kommunikation in Veränderungsprojekten. 1. Aufl. Campus Verlag, Frankfurt am Main/New York

Müller A (2004) Zur Strukturgenese von und Kommunikation in Innovationsnetzwerken. http://sundoc.bibliothek.uni-halle.de/dissonline/04/04H201/prom.pdf. Zugegriffen am 05.04.2015

Nagel K, Erben RF, Piller FT (1999) Informationsrevolution und Industrielle Produktion. In: Nagel K, Erben RF, Piller FT (Hrsg) Produktionswirtschaft 2000 – Perspektiven für die Fabrik der Zukunft. Gabler Verlag, Wiesbaden, S 3–32

Rogers EM (2003) Diffusion of innovations, 5. Aufl. Free Press, New York

Schumann M, Baethge-Kinsky V, Kurz C, Neumann U (1990) Reprofessionalisierung der Industriearbeit: ein Selbstläufer. Gewerksch Monatshefte 7(90):417–437

Sendler U (2013) Industrie 4.0 – Beherrschung der industriellen Komplexität mit SysLM (Systems Lifecycle Management). In: Sendler U (Hrsg) Industrie 4.0 – Beherrschung der industriellen Komplexität mit SysLM. Springer Vieweg, Berlin/Heidelberg, S 1–19

Spath D, Ganschar O, Gerlach S (Hrsg) (2013) Produktionsarbeit der Zukunft – Industrie 4.0. Fraunhofer Verlag, Stuttgart

Teichert D (1996) Toleranz. In: Mittelstraß J (Hrsg) Enzyklopädie Philosophie und Wissenschaftstheorie, Bd 4. Metzler, Stuttgart

Ullrich A, Vladova G (2015) Qualifizierungsmanagement in der vernetzten Produktion – Ein Ansatz zur Strukturierung relevanter Parameter. In: Meier H (Hrsg) Lehren und Lernen für die moderne Arbeitswelt. GITO-Verlag, Berlin, S 58–80

Veigt M, Lappe D, Hribernik KA, Scholz-Reiter B (2013) Entwicklung eines Cyber-Physischen Logistiksystems. Ind Manage 29(1):15–18

Venkatesh V, Bala H (2008) Technology acceptance model 3 and a research agenda on interventions. Decis Sci 39(2):273–315

Venkatesh V, Davis FD (2000) A theoretical extension of the technology acceptance model: four longitudinal field studies. Manag Sci 46(2):186–204

Venkatesh V, Morris MG, Davis GB, Davis FD (2003) User acceptance of information technology: toward a unified view. MIS Q 27:425–478

Vogelsang K, Steinhüser M, Hoppe U (2013) Theorieentwicklung in der Akzeptanzforschung: Entwicklung eines Modells auf Basis einer qualitativen Studie. 11th International Conference on Wirtschaftsinformatik, Leipzig, S 1425–1439

Wiendieck G (1992) Akzeptanz. In: Friese E (Hrsg) Enzyklopädie der Betriebswirtschaft: Band 2 Handwörterbuch der Organisation. Poeschel, Stuttgart, S 89–98

Witte E (1973) Organisation für Innovationsentscheidungen. Otto Schwarz, Göttingen

Witte E (1988) Kraft und Gegenkraft im Entscheidungsprozess. In: Witte E, Hauschild J, Grün O (Hrsg) Innovative Entscheidungsprozesse. Die Ergebnisse des Projektes „Columbus". Mohr, Tübingen, S 162–169

Ziegengeist A, Weber E, Gronau N (2014) Wandlungsbereitschaft von Mitarbeitern. Z Führung Organ (zfo) 83(6):421–426

Die neue Rolle des Mitarbeiters in der digitalen Fabrik der Zukunft

8

Alexander Richter, Peter Heinrich, Alexander Stocker und Melanie Steinhüser

Zusammenfassung

Die „Digitalisierung der Industrie" und Schlagworte wie „Industrie 4.0" und „Smart Factory" sind aktuell in aller Munde. Doch gleichzeitig fällt es vielen Praktikern und Forschern schwer, diese Begriffe einzuordnen, um konkrete Anwendungsfälle für Innovationsprojekte zu identifizieren. Insbesondere die (neue) Rolle des Mitarbeiters beschäftigt Unternehmen und Angestellte. Hier setzt der vorliegende Beitrag an. Es wird ein aktuell laufendes EU-Projekt vorgestellt, das sich mit der Entwicklung von Informations- und Kommunikationstechnologien (IKT) für Produktionsarbeiter der Zukunft auseinandersetzt. Vier aus dem Projektkontext gewählte Fallbeispiele illustrieren, wie IKT sich in Industriebetrieben einsetzen lassen, um den Menschen in den Mittelpunkt der Fabrik von morgen zu rücken. Darauf aufbauend wird gezeigt, inwiefern die Befähigung der Produktionsmitarbeiter in den vier Bereichen (1) Autonomie,

Vollständig überarbeiteter und erweiterter Beitrag basierend auf Richter et al. (2015a) Der Mensch im Mittelpunkt der Fabrik von morgen, HMD – Praxis der Wirtschaftsinformatik Heft 305, 52(5):690–712.

A. Richter (✉)
IT-Universität Kopenhagen, Kopenhagen, Dänemark
E-Mail: aric@itu.dk

P. Heinrich
ZHAW, Zürich, Schweiz
E-Mail: peter.heinrich@zhaw.ch

A. Stocker
Das Virtuelle Fahrzeug in Graz, Graz, Österreich
E-Mail: alexander.stocker@gmail.com

M. Steinhüser
Universität Osnabrück, Osnabrück, Deutschland
E-Mail: melanie.steinhueser@uni-osnabrueck.de

© Springer Fachmedien Wiesbaden GmbH 2017
S. Reinheimer (Hrsg.), *Industrie 4.0*, Edition HMD,
DOI 10.1007/978-3-658-18165-9_8

(2) Kompetenz, (3) Verbundenheit und (4) Abwechslungsreichtum in der Fabrik von morgen durch neue IKT gesteigert werden kann. So ermöglicht der Beitrag einerseits die Orientierung an konkreten Anwendungsfällen und deren Reflexion sowie andererseits die Entwicklung eines ganzheitlichen Verständnisses für die sich derzeit und in den kommenden Jahren vollziehenden Veränderungen in vielen Industrieunternehmen.

Schlüsselwörter
Smart Work • Digital Work Design • Industrie 4.0 • Smart Factory • Internet der Dinge

8.1 Der Faktor Mensch in der Industrie 4.0

Der Begriff „Industrie 4.0" steht für die vierte industrielle Revolution und ihren Auslöser – das Internet mit seinen zahlreichen Facetten wie Daten, Dienste und Dinge (Kagermann et al. 2013). Dabei steht das Internet nur stellvertretend für technologische Weiterentwicklungen wie Cloud Computing, Wireless Sensor Networks, Smartphones, Wearables oder RFID. Als eingebettete Systeme sorgen diese dafür, dass Produkte und Maschinen selbstständig Informationen untereinander austauschen können. Der industrielle Prozess soll zunehmend nicht mehr zentral aus der Fabrik heraus organisiert, sondern dezentral und dynamisch gesteuert werden. Das vierte industrielle Zeitalter ist somit durch eine zunehmende „Informatisierung" nicht nur einzelner Fabriken, sondern ganzer Produktions-Wertschöpfungsnetzwerke charakterisiert.

Durch den Einzug von Informations- und Kommunikationstechnologien in physische Produkte sowie in ihre Produktionsstätten werden Maschinen intelligenter und vernetzter: Aus mechatronischen Produkten entstehen vernetzte cyber-physikalische Systeme (CPS), und klassische Produktionssysteme transformieren zu cyber-physikalischen Produktionssystemen (CPPS) (Denger et al. 2014). Beide bedienen sich einer Vielzahl unterschiedlicher Sensoren, um Daten aus der physischen Welt zu verarbeiten sowie Aktoren, um Vorgänge in der physischen Welt auszulösen. Als smart, connected products bezeichnet, sind sie im Begriff, Geschäftsmodelle von Unternehmen und ganzen Branchen zu verändern (Porter und Heppelmann 2014). Diese technologischen und wirtschaftlichen Veränderungen werden von einer steigenden Anzahl an Initiativen und Studien untersucht und gewinnen auf europäischer Ebene durch Begriffe wie „Factory of the Future (FoF)", „Smart Factory" oder „Advanced Manufacturing" zunehmend an Bedeutung.

Zusammen mit den technologischen und wirtschaftlichen Aspekten stellt sich jedoch auch die Frage nach der zukünftigen Rolle des Menschen im Produktionsumfeld. In diesem Zusammenhang weist etwa die „Factories of the Future PPP Roadmap" auf die Bedeutung des Wissensarbeiters als Schlüsselressource für die industrielle Wettbewerbsfähigkeit (vgl. EFFRA 2013) hin. Die „European

Factory of the Future Research Association" (EFFRA) hebt drei Kernaspekte hervor, um die zukünftige Rolle des Menschen und sein Arbeitsumfeld in Fabriken zu gestalten: (1) menschliches Arbeiten und Lernen, (2) Mensch-Maschine-Interaktion und (3) Mehrwert des Menschen für die Produktion. Eine weitere Studie zur Produktionsarbeit der Zukunft (Spath et al. 2013) hebt die Rolle des Menschen in der Produktion hervor, indem sie betont, dass Mensch-zentrierte IKT-Ansätze dringend zur Realität in produzierenden Betrieben werden müssen, um diese attraktiver für qualifizierte Mitarbeiter zu machen. Automatisierung wird laut dieser Studie für immer kleinere Serien möglich, und gerade deswegen bleibt menschliche Arbeit ein wichtiger Bestandteil der Produktion. Auch andere Akteure kommen zu dem Schluss, dass nach einer Welle der Standardisierung und Automatisierung der nächste Schritt in der Fabrik der Zukunft darin bestehen wird, dass es immer weniger fest vorgeschriebene Arbeitsschritte geben wird und die Arbeitsinhalte häufiger wechseln werden (Kagermann 2014). In diesen zunehmend von Flexibilität geprägten Arbeitsbereichen spielen menschliche Produktionskräfte als Entscheider und Problemlöser eine wichtige Rolle. Es wird also von einem neuen Rollenbild des Menschen in der Produktion ausgegangen, dessen Flexibilität und Entscheidungsverantwortung durch verbesserte IKT optimal unterstützt werden soll. Jedoch fällt es Unternehmen schwer, konkrete Anwendungsfälle für dieses neue Rollenbild zu identifizieren, zu verstehen und in Innovationsprojekten entsprechend umzusetzen.

An dieser Stelle setzt der vorliegende Beitrag an. Er möchte Praktikern und Wissenschaftlern eine bessere Orientierung hinsichtlich der zukünftigen Rolle des Mitarbeiters in der Industrie ermöglichen. Hierzu wird ein aktuell laufendes EU-Projekt vorgestellt, das sich mit der Entwicklung von Informations- und Kommunikationstechnologien für Produktionsarbeiter der Zukunft auseinandersetzt. Drei aus dem Projektkontext gewählte Fallbeispiele illustrieren, welche Technologien sich von Industriebetrieben einsetzen lassen, um den Menschen in den Mittelpunkt der Fabrik von morgen zu rücken. Auf diesen Erläuterungen aufbauend wird dessen neue Rolle anschließend anhand unterschiedlicher Dimensionen der Mitarbeiterbefähigung diskutiert. Dabei stellt die Self-Determination Theory (SDT) (Deci et al. 1989) ein hilfreiches Rahmenwerk dar, um die Lösungen auf ihre Befähigungspotenziale hin zu untersuchen.

8.2   Mitarbeiterzentrierung im Projekt FACTS4WORKERS

8.2.1   Vorstellung des Projektes

Das Projekt FACTS4WORKERS sieht das besondere Potenzial in der Nutzung von IKT darin, den Mitarbeiter zu stärken und ihm zur rechten Zeit, in geeigneter Weise Informationen zur Verfügung zu stellen, die ihm unter anderem als Entscheidungshilfe oder zur Lösungssuche bei Problemen dienen können. Der Mensch soll einerseits von den gefertigten Produkten als Verbraucher profitieren und andererseits eine optimale Arbeitsstätte in der Produktion vorfinden, um den Produktionsstandort Europa für die Zukunft weiterhin attraktiv zu halten.

So soll zur Vision einer so genannten „Smart Factory" beigetragen werden, in der „Smart Workers" bestmöglich durch Informations- und Kommunikations-technologie unterstützt werden. Hierdurch soll dem Menschen als Wissensträger eine zentrale Funktion in der Produktion zukommen. In einer Smart Factory, der Fabrik der Zukunft, steht der Mensch als flexibelstes Element der Produktions-abläufe im Mittelpunkt der Aufmerksamkeit. Seine Rolle geht weit über die her-kömmlichen, automatisierten Routinetätigkeiten der Fabrikarbeit hinaus. Als Wissensarbeiter wird er durch eine autonome Arbeitsumgebung unter anderem dabei unterstützt, selbst neue Möglichkeiten zur kontinuierlichen Verbesserung von Wissensaustausch am Arbeitsplatz zu entwickeln (Campatelli et al. 2017). Von zentraler Bedeutung ist somit, dass er sich einerseits effizient und effektiv neues Wissen aneignen kann, beispielsweise als Grundlage für eine verbesserte Entscheidungsfindung. Andererseits soll er in die Lage versetzt werden, sein erworbenes Wissen und seine Erfahrungen an andere Mitarbeiter in geeigneter Weise zur Verfügung zu stellen.

Im Projekt FACTS4WORKERS stellt sich somit die Frage, wie Menschen arbei-ten und lernen, wie sie mit neuen Technologien interagieren und wie sich für sie ein attraktiver und fordernder Arbeitsplatz gestalten lässt, der ihre Zufriedenheit und Arbeitsmotivation – und damit auch ihre individuelle Produktivität – erhöht. Die Antworten auf diese Fragen sind der Schlüssel zu erfolgreichen sozio-technischen Lösungen in Produktionsprozessen. Hierdurch soll das Projekt FACTS4WORKERS helfen, einen besonderen Fokus auf den Produktionsarbeiter als Individuum zu legen, Lösungen dafür bereitzustellen und zum vielfältigen Diskurs beizutragen.

Im Fokus der im Projekt durchgeführten empirischen Untersuchungen stehen die täglichen Routinen der Industrie-Arbeiter, die sich über die Zeit entwickelt haben. Diese individuellen Praktiken stehen den top-down spezifizierten Produktions-prozessen gegenüber und ermöglichen ein tieferes Verständnis für die individuellen Bedarfe (vgl. Abb. 8.1). Bei der Analyse kommen moderne Datenerhebungsmethoden zum Einsatz, die von den Forschungspartnern weiterentwickelt werden. Dabei wer-den unter anderem ethnografische Methoden und semi-strukturierte Interviews mit neueren Ansätzen wie Storytelling kombiniert. Daneben kommen auch innovative Technologien wie Point-of-view-Kameras zum Einsatz.

Als Resultat werden in einem iterativen Prozess Anforderungen an eine Infrastruktur definiert und verfeinert, die Produktionsarbeiter **befähigt** (bessere Entscheidungsfähigkeit, erhöhte Teilhabe, erhöhte Autonomie) und **schützt** (redu-ziertes Stresslevel, reduzierte kognitive Überlastung, Reduktion monotoner, fehler-anfälliger Arbeit). Die oberste Maxime des Projektes ist es, die **Arbeitszufriedenheit** der Mitarbeiter nachhaltig zu erhöhen. Gleichzeitig wird in den ausgewählten Anwendungsfällen auch die Erhöhung der **Produktionsqualität** und **-effizienz** angestrebt. Die Daten für die folgenden drei Fallbeispiele wurden im Rahmen meh-rerer Aufenthalte bei den Industrieunternehmen in über 40 Interviews und jeweils mehreren Fokusgruppen-Workshops erhoben.

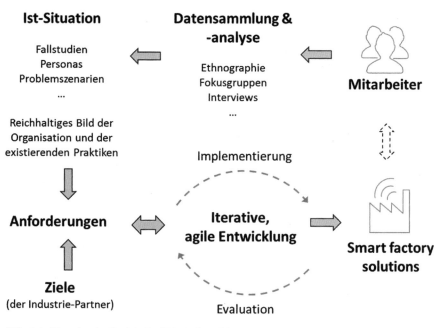

Abb. 8.1 Vorgehen im Projekt FACTS4WORKERS

8.2.2 Fallbeispiele des Projektes

Wie einführend erläutert, dienen die Fallbeispiele dazu, die Bandbreite möglicher Interventionen aufzuzeigen. Es werden sowohl bestehende Herausforderungen als auch Lösungsansätze gezeigt, um die identifizierten Probleme zu adressieren. Insbesondere ist zu erkennen, dass die bestehenden Unternehmensstrukturen einen großen Einfluss auf die Auswahl und den Einsatz der Technologien haben.

8.2.2.1 Fallbeispiel 1: Awareness für flexible Produktionsmitarbeiter

EMO-Orodjarna d.o.o. (EMO), ein seit mehr als 100 Jahren bestehendes mittelständisches, slowenisches Unternehmen, widmet sich der Herstellung von hoch-spezialisierten Werkzeugen für die Blechumformung und beliefert aktuell insbesondere die Automobilindustrie. In der Produktion sind die Stückzahlen identischer Werkzeuge sehr gering, in den meisten Fällen wird nur ein einziges Exemplar hergestellt. Die Komponenten dieser Werkzeuge werden vor Ort gefertigt und montiert. Auch wenn die Werkzeuge nach ähnlichen Prinzipien gestaltet werden, ist nahezu jedes Werkzeug einzigartig und seine Fabrikation verlangt damit ein hohes Maß an Agilität. Die Herstellung der Werkzeuge erfolgt parallel, Komponenten werden „just-in-time" gefertigt. Dadurch wird eine hohe Auslastung aller Ressourcen, wie z. B. von Maschinen, erreicht. Dies hat einerseits eine kontinuierliche Anpassung der eigenen Arbeitsprozesse zur Folge. Andererseits zeichnet sich die notwendige Agilität auch durch eine dezentrale und selbstorganisierende Steuerung des

Herstellungs- und Montageprozesses ab. Dieser ist zwar grob vorgegeben, muss aber in den Details dynamisch von den Mitarbeitern moderiert werden. Dies geschieht in einer flachen Hierarchie meist durch direkte Kommunikation und Interaktion zwischen Mitarbeitern. Der starke Einbezug der Mitarbeiter in die Planungsprozesse bietet dabei den Vorteil, dass einerseits die emergenten Prozesse genau auf die Bedürfnisse der Mitarbeiter in der aktuellen Situation zugeschnitten werden können. Andererseits assoziieren sich Mitarbeiter aufgrund dieser Planungs-aktivitäten auch verstärkt mit den Unternehmenszielen, da sie sich stets ein Gesamtbild über den Betrieb verschaffen müssen, um ihre Aktivitäten zu planen und zu priorisieren.

Herausforderung: Neben den Vorteilen einer dynamischen und „eingespielten" Produktionssteuerung ergeben sich hierbei jedoch starke punktuelle Belastungen der Mitarbeiter, insbesondere wenn eine Situation die Betrachtung der Gesamtlage erfordert. Schnell bilden sich hierbei großflächige Kommunikations-Netze, da Informationen von vielen Stellen eingeholt werden müssen. Stehen beispielsweise benötigte Bauteile während der Montage nicht bereit, muss geklärt werden, in welchem Stadium der Fertigung sich diese Bauteile befinden und wann mit der Fertigstellung zu rechnen ist. In einigen Fällen können die Mitarbeiter aus der Produktion dann auch spontan Teile nachfertigen oder nachbearbeiten. Die gesamte Koordination diesbezüglich erfolgt „auf Zuruf". Folglich sind Entscheidungen einzelner Mitarbeiter wesentlich für die Einhaltung von Terminzusagen verantwortlich. Größere außerplanmäßige Arbeiten müssen aber mit dem Produktionsleiter abgeglichen werden. Die Mitarbeiter sind sich der daraus erwachsenen Verantwortung jedoch bewusst und nehmen diese auch mit großem Einsatz an.

Lösungsansatz: Ziel der Lösung ist die systematische Unterstützung der Mitarbeiter, bei gleichzeitigem Erhalt von Agilität, Autonomie und Flexibilität. Ein großes Potenzial bietet dabei die Vernetzung der Mitarbeiter mittels mobiler Endgeräte, um die Informationstransparenz zu erhöhen und damit die Koordination zu verbessern. Die Belastungen der Mitarbeiter entstehen in dem angeführten Fallbeispiel vor allem durch die unzureichende Informationslage über die Tätigkeiten anderer am Prozess beteiligter Mitarbeiter. Daher soll ein dezentrales, vernetztes System den Mitarbeitern auf einfache Weise erlauben zu kommunizieren, an welchen Teilen sie gerade arbeiten oder auf welche Teile sie gerade warten. Somit bleibt die agile und selbstorganisierende Planung vollständig erhalten, und die Mitarbeiter werden nicht in ihrer Autonomie und Verantwortung beschnitten. Vielmehr ist jeder einzelne Mitarbeiter durch dieses System in die Lage versetzt, sich in Echtzeit einen Gesamtüberblick über den Zustand der Produktion zu machen. Die Lösung erhöht die Zufriedenheit der Mitarbeiter, da Stress und zeitraubende Aktivitäten (wie zum Beispiel das Suchen von Teilen) reduziert werden. Ebenfalls vereinfacht die Lösung die eigene Planbarkeit der täglichen Aktivitäten, da auf Engpässe frühzeitig reagiert werden kann.

8.2.2.2 Fallbeispiel 2: Selbstlernender Produktionsarbeitsplatz
Bei Hidria Rotomatika (Hidria) werden unter anderem Glühkerzen für Dieselmotoren hergestellt. Im Gegensatz zum ersten Fallbeispiel handelt es sich hierbei um Massenfertigung mit Kapazitäten jenseits von 100.000 Stück pro Woche und

Fertigungslinie. Dies ist nur durch einen hohen Grad an Automatisierung zu errei-chen, so dass der Zusammenbau der Glühkerzen vollautomatisch erfolgt. Menschliche Interaktion ist hierbei vor allem notwendig, um den Betrieb der Produktionsmaschinen aufrecht zu erhalten. Da die Fertigungslinien eine hohe technische Komplexität auf-weisen, sind ein tief greifendes Verständnis ihrer Wirkungsweisen und ein analyti-sches Vorgehen bei der Störungsbeseitigung unabdingbar, um eine hohe Verfügbarkeit der Maschinen zu gewährleisten. Die Mitarbeiter von Hidria arbeiten teils jahrelang im Schichtbetrieb mit den Maschinen, so dass ihr angeeignetes Erfahrungswissen einen elementaren Bestandteil der Wissens-Basis des Unternehmens darstellt, um einen reibungslosen Produktionsablauf zu gewährleisten.

Herausforderung: Im geschilderten Fall hängt die Effizienz der Produktionslinie insbesondere von der Problemlösungseffektivität einzelner Mitarbeiter ab. Diese möchten den Betrieb nach einem Maschinenausfall schnellstmöglich wieder aufneh-men, um die Produktionsvorgaben zu erreichen. Zwar bringen die Problemlösungs-Episoden Abwechslung in die sonst eher monotonen Abläufe, werden aber nach einiger Zeit nicht mehr als Herausforderung gesehen, sondern als unvermeidliches Übel. Gleiches gilt für die Umstellung der Produktion auf ein anderes Produkt, bei-spielsweise ein anderes Modell von Glühkerzen. Besonders bei der Inbetriebnahme sind die Mitarbeiter gefordert, mit wenig Ausschuss und in kurzer Zeit wieder Glühkerzen zu produzieren, welche die Qualitätsanforderungen einhalten.

Lösungsansatz: Im Gegensatz zum ersten Fallbeispiel sind die Potenziale von IT-Lösungen eher im Zusammenspiel zwischen Produktionslinie und Mitarbeiter selbst zu suchen. Zur Lösung der beschriebenen Probleme kommt in diesem Fallbeispiel das Konzept eines selbstlernenden Montage-Arbeitsplatzes – zu verste-hen als Mensch-Maschine-System – zum Einsatz. Insbesondere durch die Analyse von Anlagendaten (Entwicklung gemessener Toleranzen über die Zeit, aufgetretene Probleme, durchgeführte Wartungsarbeiten, …) ist es möglich, Probleme zu detektie-ren, bevor sich diese durch Ausschuss oder die Abschaltung der Produktionslinie mani-festieren. Die Maschine ,lernt' die bei der Produktion entstehenden Daten auf demnächst auftretende Probleme hin zu analysieren und diese frühzeitig vorherzusa-gen. Bei auftretenden Problemen gibt die Maschine dem Mitarbeiter eine Hilfestellung zur Lösungsfindung und unterstützt ihn bei seinen Entscheidungen zur Problemlösung. Wegen der hohen Komplexität dieser Maschinen scheint eine statische Datenbank mit Problemen und Lösungen als nicht zweckdienlich. Vielmehr kann diese Datenbank mit jedem weiteren aufgetretenen Problem auch um dessen Lösung erweitert werden. Dies dient der Befähigung der Mitarbeiter, Probleme schneller zu lösen, ohne auf die Hilfe von Vorgesetzten oder des Wartungs-Teams angewiesen zu sein.

8.2.2.3 Fallbeispiel 3: Kompetenzmanagement in der Qualitätssicherung

Bei der dritten Fallstudie handelt es sich um ein Werk des weltweit tätigen Automo-bilzulieferers Schaeffler AG, in dem verschiedene Motorenelemente produziert werden. In den vergangenen Jahren hat das Werk die Produktion von einer Fertigung, die nach Werkstattbereichen getrennt ist, hin zu einer modernen Wertstromfertigung

umgestellt. Dies bedingte auch eine Neugestaltung des bestehenden Qualitäts-
managements und der hier näher betrachteten, operativen Qualitätssicherung (QS)
und brachte mehrere Änderungen mit sich:

Zunächst einmal ist ein Mitarbeiter in der operativen QS seit der Umstellung nicht
mehr nur für die Qualitätssicherung eines Teilbereichs der Fertigung zuständig, sondern für die gesamten Fertigungsschritte eines Wertstroms und für alle damit verbundenen Technologien. Dies hat einen höheren Anspruch an das ohnehin bereits
umfassende Qualifikationsprofil eines QS-Mitarbeiters zur Folge: Aufgrund der
Umstellung benötigt er nun Expertise über eine weitaus größere Anzahl an Typen von
Produktionsmaschinen und zugehörigen Messeinrichtungen. Des Weiteren bedeutet
die Orientierung am Wertstrom, dass ein Produktionsbereich für die QS verantwortlich ist. Folglich ist ein QS-Fachbereich organisatorisch einem Produktionsbereich
unterstellt und agiert in dessen Rahmen als Dienstleister. Als solcher unterstützt der
QS-Fachbereich jeden Produktionsmitarbeiter in der täglichen Problemlösung,
z. B. bei der Behebung einer Störung einer Messstation. Daneben unterstützt der
QS-Fachbereich bei Neuanläufen von Produkt-Typen, indem beispielsweise neue
Einstellungen an Maschinen zeitnah geprüft und abgenommen werden. Nicht zu vergessen sind weitere regelmäßige Aufgaben, mit denen ein QS-Mitarbeiter betraut ist,
wie beispielsweise die Überprüfung und die Archivierung aller relevanten Prüf-
dokumente, das Erstellen von Maßnahmenplänen (inkl. Abstellmaßnahmen) für
fehlerhafte Anlagen sowie Messungen zur Nachvermessung von eventuell nicht korrekt messender Messtechnik. Die Integration von QS und Produktion und die damit
verbundene geteilte Verantwortung von QS- und Produktions-Mitarbeitern führt zwar
zu einer besseren Zusammenarbeit, der Zielkonflikt zwischen möglichst hoher produ-
zierter Stückzahl und Qualität als oberster Maxime bleibt aber bestehen.

Herausforderung: Aufgrund der veränderten Situation ist nicht nur der Anspruch
an den Umfang der Qualifikationen der QS-Mitarbeiter gestiegen, sondern auch an
die Qualifikationen der Produktionsmitarbeiter bzgl. der Qualitätssicherung.
Aufgrund des verbreiterten Aufgabenspektrums für die QS und des generell vor-
herrschenden Effizienzanspruchs ist es für beide Seiten eine Herausforderung, sich
die benötigten Qualifikationen anzueignen. Sind die Produktions-Mitarbeiter jedoch
nicht ausreichend geschult, fällt dieser Mangel in Form zusätzlicher Unterstützungsanfragen auf die QS zurück. Daneben hat die QS als Dienstleister ein hohes Interesse
daran, die Produktionsmitarbeiter best- und schnellstmöglich in der Erledigung der
qualitätsbezogenen Aufgaben zu unterstützen. Um dies zu erreichen und gleichzeitig die Anzahl ungeplanter Unterstützungseinsätze wie bspw. Abnahmen von
Einstellungen bei Neuanläufen zu minimieren, ist ein hohes Maß an zielgerichteter
Abstimmung zwischen Produktions- und QS-Mitarbeitern notwendig.

Lösungsansatz: Im vorliegenden Fall besteht ein hoher Bedarf an Kompetenzerwerb
und -austausch auf Seiten der QS- und Produktions-Mitarbeiter. Eine IKT-gestützte
Plattform ermöglicht die kollaborative Sammlung der Vielzahl notwendiger Abläufe
und Aufgaben sowie der damit verbundenen Dokumenttypen und bietet damit
einen verbesserten Zugang zu handlungsrelevantem Wissen für beide Seiten.
Daneben unterstützt eine solche Plattform die zentrale Dokumentation von Schicht-

übergaben und Problemlösungsprozessen und führt gleichzeitig zu einer Reduktion erstellter Dokumente in Papierform. Sie verbessert damit nicht nur die Problemlösungskompetenzen, sondern trägt durch die reduzierte Anzahl an Unterstützungsanfragen durch Eigenleistungen der Produktions-Mitarbeiter auch zu reduziertem Stressempfinden der QS-Mitarbeiter bei. Die gewonnene Zeit kann somit in präventive und strategische Maßnahmen zur weiteren Steigerung der Produktionsqualität investiert werden. Das kann bspw. die Analyse fehlerhafter Fertigungsteile sein, um durch die hierbei gewonnenen Erkenntnisse eine noch bessere Kalibrierung der Anlagen zu erreichen und den Anteil an Ausschuss noch weiter zu reduzieren. Daneben bleibt mehr Zeit für die Abarbeitung der eigentlich geplanten Haupttätigkeiten, wie die Erstellung von Prozess- und Fähigkeitslandkarten.

8.2.2.4 Fallbeispiel 4: Problemlösungsunterstützung in der mobilen Instandhaltung

Bei der vierten Fallstudie[1] handelt es sich um die Instandhaltungsabteilung in den Bereichen Klimatechnik und Strom der ThyssenKrupp Steel Europe AG. Die Mitarbeiter sind für die Wartung und Reparatur von Strom- und Klimageräten auf dem 9,5 km² großen Werksgelände in Duisburg im Einsatz.

Für die ThyssenKrupp Steel Europe AG ist das Wissen der Facharbeiter ein entscheidender Faktor, um ständig steigende Anforderungen an Qualität und Effizienz zu erfüllen und die damit einhergehende, zunehmende Arbeitskomplexität zu beherrschen. Die sich reduzierende Anzahl an Mitarbeitern sowie die immer kürzeren Einarbeitungsphasen erfordern eine kontinuierliche, betriebs- und berufsbegleitende Entwicklung von Mitarbeiterwissen und Kompetenzen.

Herausforderung: Im Zuge einer Störungsbehebung steht der Mitarbeiter vor einer Reihe an Herausforderungen. Das Auftreten einer Störung wird zumeist per Telefon, E-Mail oder Fax gemeldet. Eine grobe Information zur Störungsart und Anlage wird dem mobilen Instandhalter in Papierform übergeben. Oft ist weder der Weg zur Störungsstelle bekannt, noch gibt es eindeutige Übersichtspläne der Umgebung der Störungsquelle. Je nachdem, in welchem Bereich sich die Störung befindet, gibt es verschiedene Sicherheitsmaßnahmen sowie besondere An- und Abmeldeprozesse, die beachtet werden müssen. Neue Mitarbeiter benötigen etwa zwei Jahre, bis sie sich hinreichend selbstständig auf dem Werksgelände orientieren können und mit den Rahmenbedingungen an den meisten Werksanlagen vertraut und somit befähigt sind, Störungen alleine zu beheben.

Das notwendige Wissen wird meist im Laufe der Zeit durch die Begleitung eines erfahrenen Kollegen oder durch systematisches Ausprobieren erworben. Da ca. 3000 Anlagen gewartet und ggf. entstört werden müssen und diese Anlagen verschiedenste Bauteile beinhalten, verfügen Instandhaltungsmitarbeiter selten über alle relevanten Informationen, um ein spezifisches Problem ohne erheblichen Kommunikationsaufwand oder doppelte Wege zur weiteren Informationsbeschaffung zu lösen. Ebenso muss zur Beschaffung von Ersatzteilen die Werkstatt aufgesucht werden, da entsprechende Informationen zur Verfügbarkeit von Ersatzteilen und zum Bestellvorgang

---

[1] Mehr zu dieser Fallstudie findet sich in (Richter et al. 2015b).

mobil nicht verfügbar sind. Der gesamte Prozess der Störungsbeseitigung wird momentan nur durch klassische Mobiltelefone ohne Zugriff auf mobile Daten unterstützt. Durch das stark von papierbasierten Dokumenten geprägte Störungsmanagement und den dadurch erschwerten Datenaustausch zwischen den am Störungsprozess beteiligten Mitarbeitern kann es vorkommen, dass Mitarbeiter eine Störung bearbeiten, die schon einem anderen Mitarbeiter bekannt ist und deren Reparaturprozess bereits angestoßen wurde. Darüber hinaus fehlt häufig Wissen vor Ort, das ein anderer Mitarbeiter liefern könnte, der gerade nicht an der Störungsstelle ist. In diesem Fall fehlt die Möglichkeit des direkten Austauschs zwischen mehreren Kollegen, der im Optimalfall noch durch Bilder und Dokumente unterstützt werden könnte. Die gesamte Störungsbeseitigung ist damit mit Hindernissen verbunden, wodurch der einzelne Mitarbeiter viel Zeit investieren muss, doppelte Wege nötig werden und zugleich ein Potenzial für Frustration und Stress besteht.

Lösungsansatz: Aufgrund der oben genannten Mobilität sowie der Vielzahl verschiedener Herausforderungen, vor denen der Instandhalter steht, ist es wichtig, dass ihm benötigte Informationen mobil, kontextbezogen und gebündelt zur Verfügung gestellt werden. Dies soll im Projekt durch die Umsetzung einer mobilen Wissensmanagement-Lösung realisiert werden, die den Instandhalter als mobilen Wissensarbeiter ins Zentrum der Aufmerksamkeit stellt.

Als Lösungsansatz lässt sich benötigtes Wissen zur Instandhaltung über zwei Wege zur Verfügung stellen:

1. Durch ein mobil einsetzbares Informationssystem können kontextspezifische Informationen zu allen Anlagen (wie Datenblätter, Schaltpläne, Kartenansichten oder Fotos) vom Mitarbeiter abgerufen werden. Mit diesen Anlagendaten verknüpfte Wartungs- und Störungsmeldungen, die durch die Mitarbeiter editier- und kommentierbar sind, ermöglichen einerseits einen reibungslosen Ablauf der Instandhaltung mit allen notwendigen Informationen und andererseits den Zugriff auf mögliche Lösungsansätze oder potenziell erfahrene Kontaktpersonen über die Gerätehistorie.
2. Des Weiteren ist es dem Instandhalter möglich, durch kollaborativen Wissensaustausch auf das Erfahrungswissen seiner Kollegen im Bedarfsfall zuzugreifen. Dies kann beispielsweise durch einen Chat mit der Möglichkeit des Austauschs von Bildern wie bspw. ein Foto einer nicht funktionstüchtigen Anlagenkomponente zur Identifikation der Fehlerquelle realisiert werden.

Durch diese beiden Komponenten eines mobilen Wissensmanagement-Systems wird der Instandhalter zum Smart Worker, dem das notwendige Wissen zur Störungsbehebung zur richtigen Zeit sowie an Ort und Stelle digital zur Verfügung gestellt wird.

8.3   Die Chancen der Selbstbestimmung

Die Nutzbarmachung der genannten Potenziale bedingt (wie in Abb. 8.2 zu sehen), dass Mitarbeiter geschützter und befähigter ihren Tätigkeiten nachgehen können. Auf diese Weise steigt auch die Attraktivität der Arbeitsplätze.

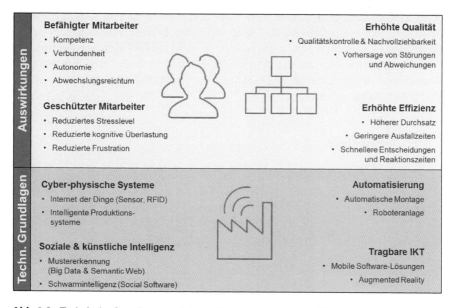

Abb. 8.2 Technische Grundlagen und Auswirkungen von Industrie 4.0

Im Weiteren steht die Befähigung der Mitarbeiter im Fokus. Diese sind mit zunehmenden Ansprüchen an ihre Problemlösungskompetenzen konfrontiert (Richter 2014). Die oben eingeführten Fallbeispiele beinhalten hinsichtlich der Befähigung der Produktionsmitarbeiter weitreichende Potenziale. Für die Diskussion dieser stellt die Self-Determination Theory (SDT) (Deci et al. 1989) ein hilfreiches Rahmenwerk dar, um die Lösungen auf ihre Befähigungspotenziale hin zu untersuchen.[2] Die SDT unterscheidet drei grundlegende menschliche Bedürfnisse, die in Arbeits-Kontexten befriedigt werden müssen, um Wohlbefinden sowie Motivation herzustellen (Ryan und Deci 2000): Kompetenz, Verbundenheit und Autonomie. Im Kontext von Arbeitssituationen gehört zu diesen Bedürfnissen zusätzlich noch der Abwechslungsreichtum (Turner und Lawrence 1965).

Bedürfnis nach …

(1) … Kompetenz – der Wunsch Einfluss auf ein (Arbeits-)Ergebnis zu haben, es kontrollieren zu können.
(2) … Verbundenheit – der Wunsch zu interagieren und verbunden zu sein.
(3) … Autonomie – der Wunsch eine Entscheidung selbst treffen zu können.
(4) … Abwechslungsreichtum – der Wunsch nach einem breiten Tätigkeitsspektrum.

---

[2] Die Bedürfnisse der Self-Determination, dt. Selbstbestimmung, sind grösstenteils deckungsgleich mit dem Konzept der Befähigung (Spreitzer 1995) und den darin enthaltenen Faktoren.

Dabei können diese Bedürfnisse auch voneinander abhängen bzw. sich gegenseitig bedingen. Soll beispielsweise die Autonomie durch eigenverantwortlich ausgeführte, neue Tätigkeiten erhöht werden, ist in vielen Fällen auch der Aufbau von Kompetenz notwendig, und der Abwechslungsreichtum erhöht sich. Im Weiteren dienen diese vier Bedürfnisse als Grundlage, um die Veränderungen in den genannten Fallbeispielen aufzuzeigen.

8.3.1 Autonomie

Im Fallbeispiel 1 (EMO) trägt die skizzierte Lösung zu einer Umstellung von ereignisgetriebener auf taktische Arbeitsplanung bei und somit auch zu mehr Autonomie. Das eingesetzte Informationssystem schafft die Datengrundlage für die selbstständige Planung der täglichen Aktivitäten. Die Auslöser für das eigene Handeln[3] kommen nicht mehr von externer Seite – wie beispielsweise durch das „plötzlich" fehlende Teil oder die unerwartete Fertigstellung dieses Teils – sondern jetzt durch eine eigenverantwortlichere Planung der Aktivitäten. Im Fallbeispiel 3 (Schaeffler AG) wird die Autonomie der Mitarbeiter sowohl direkt als auch indirekt gefördert. Einerseits wirken sich der Kompetenzaufbau bei den Produktionsmitarbeitern und der damit verbundene erweiterte Handlungsspielraum direkt auf deren Autonomie aus. Andererseits entsteht durch die Reduktion ereignisgetriebener Arbeitsabläufe bei den QS-Mitarbeitern das Potenzial zur eigenverantwortlichen Planung langfristiger Aktivitäten, wie beispielsweise die Analyse von Qualitätsmängeln, da sie weniger durch Hilfe-Anfragen von Produktionsmitarbeitern unterbrochen werden. Dies trägt zusätzlich auch zu mehr Qualität und Effizienz bei. Schliesslich sorgt der Kompetenzaufbau bei den QS-Mitarbeitern für zusätzliche Autonomie.

8.3.2 Kompetenz

Durch die Analyse der Fallbeispiele verstehen wir unter Kompetenz in diesem Kontext vor allem das Treffen von informierten Entscheidungen sowie die Fähigkeit, Probleme alleine oder im Team zu lösen. In allen drei Fallbeispielen lässt sich zeigen, dass die Fähigkeit, informierte Entscheidungen zu fällen und Probleme zu lösen durch die zukünftigen Lösungen unterstützt wird. Während es im Fallbeispiel 1 die Entscheidungen zur Arbeitsplanung und -vorbereitung sind, die durch eine stringente Vernetzung der gesamten Belegschaft im Produktionsbereich erreicht werden sollen, wird im Fallbeispiel 2 (Hidria) direkt die fachliche Entscheidung bei der Behebung von Problemen mit den Fertigungsmaschinen durch Wissensmanagement unterstützt. Hierdurch wird die Handlungsempfehlung adressiert „innovative Ansätze partizipativer Arbeitsgestaltung […] [zu] fördern,

---

[3] Fachlich spricht man vom „perceived locus of causality", also dem wahrgenommenen Ort der kausalen Ursachen für die eigenen Handlungen (Gagné und Deci 2005).

die über […] Qualifikationsniveaus hinweg die ganze Breite der Belegschaften berücksichtigen" (Kagermann et al. 2013, S. 60). Die Handlungsempfehlung für Best-Practice-Sharing (Kagermann et al. 2013) wird auch im Fallbeispiel 3 aufgegriffen. Durch die in Fallbeispiel 4 aufgezeigte Lösung kann die Kommunikation zwischen den Kollegen gesteigert, Erfahrungswissen ausgetauscht und somit der Prozess der Störungsbehebung effizienter gestaltet werden. Durch die Verfügbarkeit relevanter Informationen werden doppelte Wege vermieden, und die Handlungssicherheit der Mitarbeiter wird gesteigert, was sich positiv auf die Arbeitszufriedenheit auswirken wird.

8.3.3 Verbundenheit

Die Verbundenheit kann sich vielseitig zeigen. Beispielsweise durch Assoziation und Mitwirkung an den Unternehmenszielen, der Förderung von Innovation sowie die gegenseitige Wahrnehmung (beispielsweise über die Aktivitäten anderer Mitarbeiter). Neben der Förderung von Autonomie bewirkt die Lösung im ersten Fallbeispiel auch eine Förderung der Verbundenheit der Mitarbeiter. Die Grenzen des eigenen „Arbeitssilos" werden geöffnet, indem das System den Blick auf die Auswirkungen der eigenen Arbeit zulässt. Dies wäre beispielsweise die Kenntnis des Produktionsmitarbeiters, welcher Kollege gerade auf die hergestellten Teile wartet, oder umgekehrt aus Sicht der Montagemitarbeiter, wer gerade das benötigte Teil fertigt. Im Fallbeispiel 4 haben der Überblick über die Gerätehistorie sowie gemeinsame Chaträume das Potenzial, die Awareness der Mitarbeiter untereinander und somit auch die Verbundenheit deutlich zu steigern. Durch diese Art von Informationen ist somit auch eine Assoziation mit Team- oder Unternehmenszielen möglich. Somit lässt sich durch gezielten Technologieeinsatz neben einem eigenverantwortlichen auch ein partizipatives Arbeitsumfeld (Kagermann et al. 2013) gestalten.

8.3.4 Abwechslungsreichtum

Fallbeispiel 3 zeigt auf, wie ein Informationssystem zu einem grösseren Abwechslungsreichtum in der täglichen Arbeit führen kann. Durch die aktive Vernetzung der Mitarbeiter wird auch deren (vormals internalisiertes) Wissen zugänglich und dadurch der Tätigkeitsspielraum der Mitarbeiter erweitert. Auf der anderen Seite werden die QS-Mitarbeiter, die heute über ein großes „Inselwissen" verfügen, entlastet, wodurch bei diesen ein grösserer Planungsspielraum entsteht bzw. mehr Zeit für weitere Tätigkeiten bleibt, wie präventive und strategische Maßnahmen zur weiteren Steigerung der Produktionsqualität.

Schließlich zeigt sich an diesem Beispiel der enge Zusammenhang zwischen den einzelnen Bedürfnissen. Denn durch den o. g. Kompetenzgewinn wird gleichzeitig auch die Autonomie der Produktions-Mitarbeiter unterstützt, da sich damit auch ihr Handlungs- und Entscheidungsspielraum vergrössern.

8.4　　Attraktive Arbeitsplätze in der Fabrik der Zukunft

Mit der schrittweisen Realisierung von Smart Factories werden Produktionsstätten neu gedacht, und Produktionsarbeit erfährt einen wirtschaftlichen und gesellschaftlichen Wertewandel. Produktionsstandorte können somit nicht nur technologisch und wirtschaftlich, sondern auch auf der sozialen Ebene stabilisiert werden. Es existiert eine große Anzahl an Fertigungsformen, die je nach Unternehmen, Produkt und Stückzahl spezifisch den Anforderungen angepasst sind.

Wie die vier im Beitrag vorgestellten Fallbeispiele zeigen, führt dies zu vielfältigen Voraussetzungen und Ausprägungen. Unternehmen mit sehr flexibel ausgerichteter Fertigung und oftmals mit geringerer Automatisierung stehen hochautomatisierten Produktionsstätten gegenüber. Beiden gemeinsam ist der Bedarf, attraktive Arbeitsplätze zu schaffen, bei denen der Mensch im Mittelpunkt steht. Trotz der unterschiedlichen Organisation der Produktion bietet die Idee, die hinter dem Schlagwort Industrie 4.0 steht, einen gemeinsamen Schirm für das Bestreben, den Produktionsstandort Europa durch ein Forcieren des Einsatzes von IKT zu festigen und für eine erfolgreiche Zukunft vorzubereiten. Gerade aufgrund der variierenden Anwendungsfortschritte und Anwenderniveaus bietet sich kein einheitliches Bild in der Definition des Begriffs und der Abgrenzung. Durch die Vorstellung von vier anschaulichen Fallbeispielen möchte diese Veröffentlichung dazu einen Beitrag leisten.

Neben den angestrebten organisatorischen Veränderungen leiten sich durch die Einführung von Lösungen darüber hinaus auch Entwicklungspotenziale hin zu einem Mensch-zentrierten Arbeitsplatz ab. Als Basis zur Zielerreichung werden hierbei unter anderem „[…] die Verfügbarkeit aller relevanten Informationen in Echtzeit durch Vernetzung aller an der Wertschöpfung beteiligten Instanzen sowie die Fähigkeit aus den Daten den zu jedem Zeitpunkt optimalen Wertschöpfungsfluss abzuleiten. […]" genannt (vgl. Lucke et al. 2014).

Die vier Fallbeispiele haben gezeigt, wie ein Mitarbeiter durch den zielgerichteten Einsatz von IKT insbesondere (1) Kompetenz, (2) Verbundenheit, (3) Autonomie und (4) Abwechslungsreichtum gewinnen und damit zu einem befähigteren Mitarbeiter wachsen kann. Diese erste Diskussion der Potenziale und ihre systematische Einordnung in ein wissenschaftliches Rahmenwerk sollen dem Leser ein umfassenderes Verständnis ermöglichen. Gleichzeitig ist davon auszugehen, dass in den kommenden Jahren noch eine Vielzahl weiterer Fallbeispiele folgen wird, die zu einem ausdifferenzierteren Verständnis der Potenziale aber auch der Grenzen von Industrie 4.0 beitragen können.

Danksagung Das Projekt FACTS4WORKERS wird von der Europäischen Kommission im Rahmen des Forschungsrahmenprogramms Horizon 2020 finanziell unterstützt (the Factories of the Future PPP; H2020-FoF-04-2014; grant agreement n. 636778.)

Literatur

Campatelli G, Richter A, Stocker A (2017) Participative knowledge management to empower manufacturing workers. Int J Knowl Manage (IJKM) 12(4):37

Deci EL, Connell JP, Ryan MR (1989) Self-determination in a work organization. J Appl Psychol 74(4):580

Denger A, Fritz J, Denger D, Priller P, Kaiser C, Stocker A (2014) Organisationaler Wandel durch die Emergenz Cyber-Physikalischer Systeme: Die Fallstudie AVL List GmbH. HMD Prax Wirtschaftsinf 51(6):827–837

EFFRA (2013) Factories of the future 2020' roadmap 2014–2020. http://www.effra.eu/attachments/article/129/Factories%20of%20the%20Future%202020%20Roadmap.pdf. Zugegriffen am 25.06.2015

Gagné M, Deci EL (2005) Self-determination theory and work motivation. J Organ Behav 26(4):331–362

Kagermann H (2014). Der Mitarbeiter selbst wird wieder im Vordergrund stehen. http://www.zeit.de/karriere/beruf/2014-11/henning-kagermann-zukunft-arbeit-interview. Zugegriffen am 24.06.2015

Kagermann H, Wahlster W, Helbig J (2013) Umsetzungsempfehlungen für das Zukunftsprojekt Industrie 4.0: Abschlussbericht des Arbeitskreises Industrie 4.0, acatech – National Academy of Science and Engineering. Munich

Lucke D, Görzig D, Kacir M, Volkmann J, Haist C, Sachsenmaier M, Rentschler H (2014) Strukturstudie „Industrie 4.0 für Baden-Württemberg." 2014. Fraunhofer-Institut für Produktionstechnik und Automatisierung IPA. http://mfw.baden-wuerttemberg.de/fileadmin/redaktion/m-mfw/intern/Dateien/Downloads/Industrie_und_Innovation/IPA_Strukturstudie_Industrie_4.0_BW.pdf. Zugegriffen am 24.06.2015

Porter ME, Heppelmann JE (2014) How smart, connected products are transforming competition. Har Bus Rev 92(11) (November 2014):64–88

Richter A (2014) Vernetzte Organisation. De Gruyter Oldenbourg, Berlin

Richter A, Heinrich P, Stocker A, Unzeitig W (2015a) Der Mensch im Mittelpunkt der Fabrik von morgen. HMD Prax Wirtschaftsinf 52(5):690–712

Richter A, Lang A-K, Denner J, Wifling M (2015b) Industrie 4.0.: Der Mensch im Mittelpunkt der Produktion von morgen – Wissensmanagment für mobile Instandhalter bei der ThyssenKrupp Steel Europe AG, KnowTech 2015, Oktober 2015

Ryan RM, Deci EL (2000) Self-determination theory and the facilitation of intrinsic motivation, social development, and well-being. Am Psychol 55(1):68

Spath D, Ganschar O, Gerlach S, Hämmerle M, Krause T, Schlund S (2013) Produktionsarbeit der Zukunft – Industrie 4.0, Fraunhofer Institut für Arbeitswissenschaft und Organisation IAO. Fraunhofer Verlag, Stuttgart

Spreitzer GM (1995) Psychological empowerment in the workplace: dimensions, measurement, and validation. Acad Manage J 38(5):1442–1465. doi:10.2307/256865

Turner AN, Lawrence PR (1965) Industrial jobs and the workers: an investigation of response to task attributes. Harvard University, Division of Research, Graduate School of Business Administration, Boston

Smart HRM – das „Internet der Dinge" im Personalmanagement

9

Stefan Strohmeier, Dragana Majstorovic, Franca Piazza
und Christian Theres

Zusammenfassung

Während die Anwendung des Internet der Dinge in Unternehmen inzwischen breit diskutiert wird, existieren zu einer möglichen Anwendung im Personalmanagement bislang kaum Erkenntnisse. Der vorliegende Beitrag zielt daher auf eine erste Konzeption und Exploration des Internet der Dinge im Personalmanagement. Dabei zeigen die konzeptionellen Ausarbeitungen zunächst, dass die im Rahmen von Smart Work eingesetzte technische Infrastruktur auch eine breite Basis für personalwirtschaftliche Sekundäranwendungen bietet. Dies kann ergänzt werden um eigens für personalwirtschaftliche Zwecke entwickelte Primäranwendungen des Internet der Dinge. Zentrale generelle Potenziale einer solchen Anwendung liegen dann in einer teils beträchtlichen Ausdehnung der Automation und Information des Personalmanagement. Eine hierauf aufbauende Delphi-Studie zeigt, dass eine Anwendung des Internet der Dinge im Personalmanagement von den befragten Experten als ein durchaus realistisches Zukunftsszenario eingeschätzt wird. Die Ergebnisse der Studie belegen ebenfalls, dass die Experten mit dieser Anwendung von spürbaren Veränderungen des Personalmanagements ausgehen. Diese betreffen notwendigerweise zunächst künftige HR-Technologien. Im Gefolge hiervon werden aber auch spürbare Veränderungen von Funktionen und Positionen des Personalmanagements erwartet. Smart HRM

Unveränderter Original-Beitrag Strohmeier et al. (2016) Smart HRM – das „Internet der Dinge" im Personalmanagement, HMD – Praxis der Wirtschaftsinformatik Heft 312, 53(6):838–850.

S. Strohmeier (✉) • D. Majstorovic • C. Theres
Universität des Saarlandes, Saarbrücken, Deutschland
E-Mail: s.strohmeier@mis.uni-saarland.de; d.majstorovic@mis.uni-saarland.de;
http://c.theresqmis.uni-saarland.de

F. Piazza
Universität des Saarlandes/Alumni, Saarbrücken, Deutschland
E-Mail: s.strohmeier@mis.uni-saarland.de

© Springer Fachmedien Wiesbaden GmbH 2017
S. Reinheimer (Hrsg.), *Industrie 4.0*, Edition HMD,
DOI 10.1007/978-3-658-18165-9_9

stellt basierend auf diesen Ergebnissen eine interessante künftige Perspektive für das Personalmanagement dar.

Schlüsselwörter

Smart HRM • Arbeit 4.0 • Industrie 4.0 • HRM 4.0 • Elektronisches Personalmanagement

9.1 Smart HRM als Zukunft des digitalen Personalmanagements?

Das Internet der Dinge (engl. „Internet of Things/IoT") bezieht sich generell auf technische Möglichkeiten vielfältige physische Objekte („Dinge") an das Internet anzubinden und digitale Dienste für diese Dinge und/oder deren Anwender bereitzustellen. Als generelle Folge können sich die angebundenen Dinge in autonomer Weise an unterschiedliche Situationen anpassen und kontextadäquat agieren, weswegen regelmäßig von „smarten Dingen" gesprochen wird. Auf Basis dieser generellen Funktion eines autonomen kontextadäquaten Agierens von Dingen wird das Internet der Dinge seit längerem als „disruptive" Technikkategorie verstanden, die das Potenzial tief greifender ökonomischer und gesellschaftlicher Veränderungen aufweist (z. B. Fleisch 2010).

Inzwischen existiert eine breite Palette an bereits praktizierten wie zukünftig möglichen Anwendungsgebieten des Internet der Dinge. In diesem Zusammenhang wird erwartet, dass das Internet der Dinge auch und gerade in Unternehmen systematisch eingesetzt werden wird (z. B. Fleisch 2010). Diesbezüglich existieren bereits prominente betriebliche Anwendungsgebiete, unter anderem etwa „smart manufacturing", „smart logistics", „smart retailing" oder „smart health". Die Verwendung des Präfixes „*smart*" folgt dabei einer internationalen Bezeichnungskonvention für Anwendungsgebiete des Internet der Dinge; im deutschsprachigen Raum hat sich dagegen basierend auf Industrialisierungsphasen die Versionsnummer „*4.0*" als Suffix für die Bezeichnung eines Anwendungsgebietes breiter etabliert. Solche tatsächlichen wie künftig erwarteten betrieblichen Einsatzgebiete implizieren, dass menschliche Arbeit in Unternehmen zukünftig immer systematischer und intensiver mit und an smarten Dingen erfolgen wird (vgl. z. B. die Beiträge in Botthof und Hartmann 2015 sowie in Spath 2013). Im Gefolge dieser generellen Verwendung von smarten Dingen in der Arbeit der Zukunft ist absehbar, dass auch die Anwendung des Internet der Dinge im Personal- oder Human Resource Management (HRM) interessante Anwendungsperspektiven eröffnet. Ein HRM umfasst dabei im Kern die Planung, Steuerung und Realisation von Beschaffung, Einsatzes, Entwicklung, Vergütung und Leistungserbringung von Mitarbeitern. Zunächst können Sensoren smarter Arbeitsgegenstände vielseitig zur Verbesserung der Informationsversorgung des HRM beitragen. Etwa können detaillierte Daten zu Personaleinsatzbedarfen, Qualifikationsbedarfen, Pausennotwendigkeiten u. v. m. zur Verbesserung des HRM dienen. Ebenso können smarte Arbeitsgegenstände die Auslieferung und Realisation personalwirtschaftlicher Dienste beitragen. Beispielsweise wird das autonome Trainieren von neuen Anwendern durch smarte Werkzeuge diskutiert und entwickelt (z. B. Schuh et al. 2015). Die systematische Nutzung solcher Potenziale smarter Dinge für das HRM kann in Anlehnung an o. a. Benennungskonvention als „Smart HRM" bezeichnet werden (vgl. Strohmeier et al. 2016).

Da eine solche Anwendung des Internet der Dinge im HRM bislang in der Literatur kaum aufgearbeitet ist, führt der vorliegende Beitrag in die *Konzeption des Smart HRM* ein, in dem grundlegende Anwendungsgrundlagen und -potenziale geklärt werden (Abschn. 9.2), und referiert Ergebnisse einer ersten empirischen *Exploration des Smart HRM*, bei der Experten die künftige Realisation von Smart HRM und die damit einhergehende Veränderungen einschätzen (Abschn. 9.3).

9.2 Konzeption des Smart HRM

9.2.1 Anwendungsgrundlagen

Eine Realisierung von Smart HRM beruht zunächst notwendigerweise auf den neuen technischen Potenzialen, die durch das Internet der Dinge bereitgestellt werden. Diese technischen Anwendungsgrundlagen werden daher im Folgenden kurz vorgestellt.

Aus technischer Sicht bedeutet das Internet der Dinge zunächst nicht eine einzelne Technologie oder eine spezifische Funktionalität; stattdessen bilden mehrere komplementäre Technikentwicklungen ein Funktionsbündel (z. B. Wortmann und Flüchter 2015). Grundsätzlich zielen diese Techniken auf die Verbindung von Internet und physischen Objekten („Dingen") (vgl. Abb. 9.1).

An das Internet angebundene Dinge verwenden zunächst ein oder mehrere *Sensoren*, um ein erwünschtes Spektrum an Daten zu erheben und weiterzuleiten. Digitale Internet-Dienste können diese Daten zunächst verwenden, um direkten Nutzen bei Anwendern zu generieren. Weiter können digitale Internet-Dienste diese Daten zur Bereitstellung von Steuerungsinformation für Aktuatoren an den Dingen verwenden, um so eine Fernkontrolle und -steuerung der Dinge zu ermöglichen. Diese integrierte Verwendung von Sensorik und Aktuatorik an den Dingen und von Analyse- und Steuerungsdiensten im Internet ermöglicht es den Dingen sich in autonomer Weise kontextadäquat zu verhalten. Aus diesem Grund werden solche Dinge auch „smarte Dinge" genannt (z. B. Chui et al. 2010; Fleisch 2010).

Abb. 9.1 Generierung von Nutzen durch Verbindung von Dingen und Internet

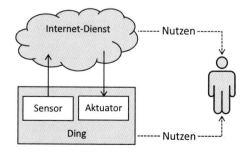

Als sehr einfaches Beispiel kann etwa ein zur Montage eingesetzter Schlag-schrauber angeführt werden, der an das Internet angebunden wird. Sensoren, die Daten zur Verwendung des Schlagschraubers erheben, können beispielsweise die Grundlage für einen Internet-Dienst sein, der menschliche Anwender über War-tungs- und Austauschnotwendigkeiten des Schlagschraubers informiert. Sensoren, die Daten zu Art und Größe der verwendeten Schrauben erheben, können weiter beispielsweise auch die Grundlage für einen Internet-Dienst sein, der das jeweils adäquate Drehmoment berechnet und diese Steuerungsinformation einem Aktuator am Schlagschrauber übermittelt, der seinerseits das jeweils adäquate Drehmoment autonom einstellt.

Eine weitere wesentliche Eigenschaft des Internet der Dinge besteht in der Mög-lichkeit, verschiedene smarte Dinge über das Internet miteinander zu verknüpfen, um Datenaustausch und die Nutzung komplementärer Funktionalitäten zu ermögli-chen („Machine to Machine/M2M"). Dies erlaubt ein autonomes Zusammenwirken verschiedener smarter Dinge. In o. a. Beispiel könnte etwa der smarte Schlagschrau-ber mit unterschiedlichen smarten Werkstücken interagieren, um z. B. zusätzlich die Abhängigkeit des adäquaten Drehmoments vom Material des Werkstücks zu berücksichtigen.

Nutzen durch und im Internet der Dinge entsteht damit entweder aus einem rei-nen Internet-Dienst, der auf Daten angebundener Dinge basiert (z. B. Hinweis auf Wartungsbedarf), und/oder aus der Kombination eines Internet-Dienstes und einem angebundenen Ding (z. B. die autonome Einstellung des adäquaten Drehmoments eines Schlagschraubers). Damit sind je nach konkreter Ausgestaltung einer Anwen-dung des Internet der Dinge Nutzenschwerpunkte durch die Funktionalität der Dinge („dingdominante Anwendung") oder durch die Funktionalität des Dienstes („dienstdominante Anwendung") möglich. Auf Basis dieser technischen Grundla-gen kann das Internet der Dinge damit als die vernetzte Gesamtheit smarter Dinge und der auf sie bezogenen smarten Dienste verstanden werden.

Damit bilden smarte Dinge und Dienste die generelle technische Grundlage des Smart HRM.

9.2.2 Anwendungspotenziale

Basierend auf diesen technischen Charakteristika können spezifische Anwendungs-potenziale des Internet der Dinge im HRM herausgearbeitet werden. Im Folgenden wird daher kurz vorgestellt, welche smarten Dinge im HRM angewendet werden können und welche spezifischen Potenziale eine solche Anwendung im HRM mit sich bringt.

Vor dem Hintergrund der Erwartung, dass Mitarbeiter ihre Arbeit in Zukunft zunehmend mit und an smarten Dingen und Diensten verrichten (z. B. Botthof und Hartmann 2015; Spath 2013) ist es naheliegend, genau diese smarten Dinge in einer Sekundäranwendung auch für Personalaufgaben einzusetzen. In Abhängig-keit von der Branche und dem Funktionsbereich kann sich dies auf zahllose unter-schiedliche smarte Dinge beziehen, wie etwa smarte Werkzeuge und Werkstücke in der Produktion, smarte Güter und Auslieferungsfahrzeuge in der Logistik, smarte Regale und Waren im Handel oder smarte Blutkonserven und Therapeutika im Gesundheitswesen. Diese absehbare systematische Verwendung von smarten Dingen durch Mitarbeiter kann als „Smart Work" (im deutschsprachigen Raum verbreitet auch als „Arbeit 4.0") bezeichnet werden. Die Begründung einer solchen künftigen personalwirtschaftlichen Sekundärnutzung von Dingen, die bereits für Smart Work eingesetzt werden, ist offensichtlich: Zunächst bringt die Sekundärverwendung bereits existierender smarter Dinge Kosten- und Implementierungsvorteile. Weiter erbringt gerade die Anwendung in der Arbeit die vom HRM erwünschte direkte Verbindung zum Mitarbeiter und zur Arbeit. Neben einer Sekundärnutzung kann aber auch eine Primärnutzung des Internet der Dinge stattfinden, d. h. es können zusätzlich smarte Dinge eigens für Zwecke des HRM entwickelt und eingesetzt werden. Je nach Anwendungsintention kann sich dies erneut auf viele verschiedene smarte Dinge beziehen wie etwa auf spezifische Wearables (z. B. Intel 2015) oder auf HR-spezifische „Lernzeuge" (z. B. Schuh et al. 2015). Zusammengefasst können damit smarte Dinge und Dienste, die bereits durch Mitarbeiter im Rahmen von Smart Work angewendet werden („Sekundäranwendung des Internet der Dinge"), durch eigens für personalwirtschaftliche Zwecke entwickelte smarte Dinge und Dienste („Primäranwendung des Internet der Dinge") komplementiert werden, um Smart HRM zu realisieren.

Vor dem Hintergrund, dass generelle Nutzenpotenziale der Informationstechnik in Unternehmen in der *Automation* und der *Information* liegen (Zuboff 1988), werden im Folgenden wesentliche Automations- und Informationspotenziale von Smart HRM herausgearbeitet.

Mit Blick auf die *Automationspotenziale* sind vor dem Hintergrund des HRM insbesondere die Möglichkeiten perzeptiv-kognitive Tätigkeiten zu automatisieren interessant: So können erstens personalwirtschaftliche *Planungsaufgaben* weiter automatisiert werden. Sensoren können beispielsweise zahlreiche Inputdaten für die Personalplanung liefern. Beispielsweise können smarte Dinge automatisch operative Einsatzbedarfe erfassen (etwa bezüglich der Notwendigkeit der Herstellung, Wartung oder Reparatur eines smarten Dings) und diese einem digitalen Dienst zur Personaleinsatzplanung in Echtzeit zur Verfügung stellen. In vergleichbarer Weise können smarte Dinge verwendet werden, um systematisch Trainingsbedarfe von Mitarbeitern zu erheben (etwa bezogen auf die adäquaten Anwendung und Handhabung eines smarten Werkzeugs), um eine automatisierte Entwicklungsplanung zu realisieren. Weiter können zweitens und speziell zahlreiche personalwirtschaftliche *Steuerungs- und Kontrollaufgaben* automatisiert werden. Etwa können Arbeitsprozesse durch smarte Dinge und Dienste gesteuert werden, die Mitarbeiter systematisch durch ihre Aufgabensequenzen führen. Um Fehler wie Übergehen eines Arbeitsschritts oder die Wahl einer inkorrekten Reihenfolge der Bearbeitung von Arbeitsschritten zu vermeiden, können beispielsweise smarte Werkzeuge auch deaktiviert werden, falls diese von Mitarbeitern falsch angewendet werden. In vergleichbarer Weise können zahlreiche weitere Aspekte, wie etwa das Einhalten von Pausenzeiten durch Mitarbeiter überprüft und realisiert werden. Drittens kann auch die Durchführung personalwirtschaftlicher *Realisationsaufgaben* weiter automatisiert werden. Beispielsweise können Anwendertrainings automatisiert werden, d. h. smarte Dinge führen neue Anwender autonom in ihre Zwecksetzung, Funktionalität und Handhabung ein und bieten den Lernenden Probeanwendungen an. Dieses Beispiel zeigt auch auf, dass smarte Dinge einen zusätzlichen Kommunikationskanal zur Realisierung und Expansion eines Mitarbeiter-Selfservice darstellen.

Mit Blick auf die *Informationspotenziale* des Smart HRM ist deutlich, dass die Sensorik zu einer Automation und massiven Expansion personalwirtschaftlicher Datenerhebung beiträgt. Sensordaten können die personalwirtschaftliche Informationsversorgung in vier zusammenhängenden Aspekten erheblich ausdehnen und verbessern (z. B. Fleisch 2010; Swan 2012; Wilson 2013): Erstens trägt Sensorik zur Erfassung zusätzlicher, bislang *unbekannter Information* bei. Sensoren erlauben die Messung von Sachverhalten, die bisher aus technischen oder ökonomischen Gründen nicht sinnvoll möglich war. Beispielsweise konnte Mitarbeiterstress bislang nicht systematisch und detailliert erfasst und damit eben auch nicht systematisch kontrolliert und gesteuert werden. Inzwischen ist dies möglich und entsprechende Sensorinformationen können etwa Mitarbeitern zur Selbstkontrolle bereitgestellt werden. Auf diese Weise können neue Informationen bestehende personalwirtschaftliche Aktivitäten verbessern und sogar gänzlich neue Aktivitäten ermöglichen. Zweitens trägt Sensorik zu objektiver, *vertrauenswürdiger Information* bei. Durch Menschen erfasste Daten sind oft Gegenstand subjektiver Wahrnehmungen, Interpretationen und auch Interessen. Sie sind daher oft von eingeschränkter Objektivität. Etwa gibt es zahlreiche empirische Aufschlüsse zu Fehlern im Rahmen der Leistungsbeurteilung von Mitarbeitern. So böte sich etwa die Möglichkeit Leistung objektiver zu messen (auch wenn dies gerade in Deutschland fraglos von hoher Sensibilität ist). Drittens trägt die Sensorik zu *hochauflösender Information* bei. Derzeit werden personalwirtschaftliche Daten regelmäßig in größeren zeitlichen Abständen erhoben. Sie beziehen sich damit lediglich auf einzelne Zeitpunkte. Sensorik kann dagegen Daten in extrem kurzen Intervallen erheben und so komplette Zeiträume abdecken. Hiervon kann beispielsweise die Arbeitsanalyse und -bewertung profitieren, die nun hochauflösende Informationen zu Art, Dauer, Häufigkeit, Dynamik etc. von einzelnen Aufgaben erhält. Damit lassen sich dann z. B. zur Ableitung fundierter Anforderung einzelner Jobkategorien heranziehen. Schließlich trägt Sensorik viertens zu *Informationen in Echtzeit* bei. Derzeit existieren häufig erhebliche Zeitverzögerungen zwischen dem Auftreten eines personalwirtschaftlichen Ereignisses, dessen Verfügbarkeit als Information in elektronischen Systemen und sich daraus ergebenden personalwirtschaftlichen Maßnahmen. Im Unterschied hierzu ist Sensorinformation direkt zu dem Zeitpunkt verfügbar, zu dem ein personalwirtschaftlich relevantes Ereignis auftritt. Beispielsweise ist die Erhebung von Trainingsbedarfen (z. B. adäquate Anwendung eines Werkzeugs) in Echtzeit möglich. Damit kann eine korrespondierende Online-Trainingsmaßnahme ebenfalls in Echtzeit erfolgen und so ein Just-in-time Training realisiert werden. Auf diese Art ermöglichen sensor-basierte Informationen eine deutliche Beschleunigung und sogar ein Echtzeit-HRM.

Zusammengefasst zeigt das Internet der Dinge umfassende Potenziale für sekundäre und primäre Anwendungen im Personalmanagement. Diese Anwendung wird zunächst umfangreiche neue Automationspotenziale, insbesondere aber nicht nur im Bereich perzeptiv-kognitiver Tätigkeiten, erschließen. Die Tatsache, dass auch im Smart HRM zur Automation eingesetzte Dinge sich autonom kontextadäquat verhalten, leistet einen ersten Beitrag zu einem „smarteren" Personalmanagement. Darüber hinaus erbringen eingesetzte smarte Dinge bislang unbekannte, vertrauenswürdige, hochauflösende Informationen in Echtzeit. Dies birgt die Möglichkeit schnellerer und besserer Personalinformation für eine breite Palette personalwirtschaftlicher Entscheidungen und Aktivitäten. Diese umfassende Informationsversorgung leistet einen zweiten Beitrag zu einem smarteren Personalmanagement. Fasst man diese Ergebnisse zusammen, kann Smart HRM generell als die *Nutzung interagierender smarter Dinge und korrespondierender digitaler Dienste zur Ausdehnung der Automation und Information des Personalmanagements* verstanden werden.

9.3 Exploration des Smart HRM

9.3.1 Konzeption der Studie

Vor dem Hintergrund der obigen konzeptionellen Ausarbeitung wurde eine erste empirische Exploration des Smart HRM durchgeführt mit dem Ziel festzustellen a) ob Smart HRM ein realistisches Zukunftsszenario darstellt und b) welche Veränderungen mit Smart HRM gegebenenfalls einhergehen werden. Um diese Fragestellungen zu beantworten, bot sich als Studiendesign insbesondere eine Delphistudie an (z. B. Häder 2014). Dieses Studiendesign erlaubt, künftige Entwicklungen basierend auf Expertenmeinungen durch mehrmalige Befragungen zu ermitteln. Zur Berücksichtigung unterschiedlicher Perspektiven wurden vier Expertengruppen je 10 Teilnehmer befragt. Nach dem fachlichen Hintergrund wurden *HR-Experten* und, wegen umfassender informationstechnischer Aspekte, *HRIT-Experten* einbezogen. Nach Art der Tätigkeiten können innerhalb dieser Gruppe weiter *Praktiker* und *Wissenschaftler* unterschieden werden. Für die Befragung wurde ein Online-Fragebogen entwickelt. Dieser enthielt zum einen vorformulierte Items, die sich auf konkrete Veränderungen von *HR-Technologien*, *HR-Funktionen* und *HR-Positionen* beziehen. Zusätzlich enthielt der Fragebogen offene Fragen zu weiteren, in den Items nicht berücksichtigten Veränderungen. Der Fragebogen wurde in einem Pre-Test mit fünf Experten überprüft und basierend hierauf diversen Verbesserungen unterzogen. In einer ersten Befragungsrunde äußerten die Befragten den Grad ihrer Zustimmung bzw. Ablehnung zu den vorformulierten Items und konnten in offenen Fragen weitere Veränderung angeben. Die Ergebnisse der ersten Befragungsrunde wurden in einen modifizierten Fragebogen überführt. Dazu wurden die Ergebnisse der vorformulierten Items in Häufigkeitsdiagrammen visualisiert und angegebene weitere Veränderungen in Items überführt. Der modifizierte Fragebogen wurde den

Experten in einer zweiten Fragerunde präsentiert, um die Antworten der ersten Runde ggf. zu überdenken und zu modifizieren sowie um die in der ersten Runde neu hinzugekommen Veränderungen einzuschätzen. Aus dieser zweiten Runde konnte ein verwertbarer Rücklauf von 37 Fragebögen (92,5 % Rücklaufquote) generiert werden (vgl. zur Studie vertieft Strohmeier et al. 2016).

9.3.2 Ergebnisse der Studie

Im Folgenden werden Ergebnisse der Studie überblicksartig zusammengefasst (vgl. zu detaillierten Ergebnissen Strohmeier et al. 2016). Zur Beantwortung der ersten Fragestellung, inwiefern Smart HRM ein realistisches Zukunftsszenario darstellt, wurden Fragen nach der künftigen Verwendung smarter Dinge und Dienste im HRM gestellt. Diesbezüglich zeigt die Einschätzung der Experten zunächst, dass der künftige Einsatz von smarten Dingen und Diensten im HRM als sehr wahrscheinlich angesehen wird. Detailliert nach dem Einsatz von Sensoren befragt, gehen die Experten davon aus, dass künftig personalwirtschaftlich relevante Daten sowohl von Sensoren an Arbeitsgegenständen als auch von tragbaren Sensoren („Wearables") stammen werden. Über diese direkte Zustimmung hinaus, zeigen auch zahlreiche weitere Items des Fragebogens die Zustimmung der Experten zum Konzept des Smart HRM. Beispielhaft kann hier etwa ein Item genannt werden, das den künftigen Einsatz von smarten Dingen im Personaltraining postuliert und sehr hohe Zustimmungswerte erhielt. Insgesamt geht damit eine überraschend klare Mehrheit der befragten Experten davon aus, dass Smart HRM eine durchaus realistische künftige Entwicklung darstellt.

Zur Beantwortung der zweiten Fragestellung, welche Veränderungen mit Smart HRM für das Personalmanagement einhergehen werden, wurden in der Studie Veränderungen von *HR-Technologien*, *HR-Funktionen* und *HR-Positionen* berücksichtigt. Um einen aggregierten Überblick der für diese drei Bereiche prognostizierten Veränderungen zu geben, werden im Folgenden Veränderungsdiagramme verwendet. Ein Veränderungsdiagramm zeigt die Intensität der Veränderung (Mittelwerte mehrerer Items zur Veränderung eines Aspekts wie z. B. mehrere Items zur Veränderung von HR-Daten) in der horizontalen Dimension und die Geschwindigkeit der Veränderung in der vertikalen Dimension. Dies erlaubt eine Einordnung aggregierter Veränderungen in vier Kategorien: Kategorie I („slow minor change") umfasst Veränderungen geringer Intensität und geringer Geschwindigkeit. Diese sind entsprechend kaum von Relevanz für die Personalarbeit. Analoges gilt für Veränderungen der Kategorie II („fast minor change"), die auch von geringer Intensität sind, jedoch im Zeitablauf schneller auftreten werden. Relevant sind Veränderungen der Kategorie III („slow major change"), die eine größere Intensität aufweisen, jedoch einige Zeit bis zu ihrer Realisierung benötigen. Von nachdrücklicher Relevanz für die Personalarbeit sind schließlich Veränderungen der Kategorie IV („fast major change"), also Veränderungen hoher Intensität, die vergleichsweise schnell auftreten werden.

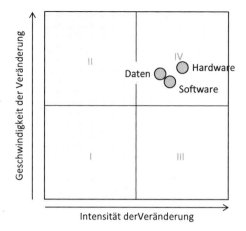

Abb. 9.2 Veränderungen von HR-Technologien

Mit Blick auf *HR-Technologien* wurden Veränderungen in den Subbereichen Hardware, Software und Daten des HRMs untersucht. Das Veränderungsdiagramm in Abb. 9.2 zeigt, dass alle untersuchten Subbereiche in der Kategorie IV („fast major change") liegen. Entsprechend erwarten die Experten relativ zeitnahe und spürbare Veränderungen von HR-Technologien.

Mit dem bereits erwähnten Einsatz von smarten Dingen im HRM entsteht zunächst eine neue Kategorie *personalwirtschaftlicher Hardware*, die mit bestehender Hardware und Software interagieren wird. Künftige *personalwirtschaftliche Software* wird entsprechend – direkt und indirekt – mit dem Internet der Dinge interagieren, etwa um relevante Sensordaten zu importieren oder um Steuerungsinformationen an smarte Dinge zu übermitteln. Künftige *personalwirtschaftliche Daten* werden schließlich über verschiedene Sensoren generiert werden. Dadurch wird auch der personalwirtschaftlich relevante Datenbestand wachsen, sich ständig erweitern und sehr unterschiedliche Daten („Big HR Data") umfassen. Die so gewinnbare Information wird eine umfassende und detaillierte Abbildung personalwirtschaftlich relevanter Sachverhalte ermöglichen.

Mit Blick auf Veränderungen von *HR-Funktionen* wurden die Subbereiche HR-Beschaffung, HR-Performance, HR-Vergütung, HR-Controlling, HR-Einsatz und HR-Entwicklung berücksichtigt. Hier zeigt sich als interessantes Phänomen, dass HR-Funktionen nach Einschätzung der Experten nicht gleichermaßen von Veränderungen betroffen sein werden. Vielmehr wird davon ausgegangen, dass insbesondere das Controlling, der Einsatz und die Entwicklung von Personal zu smarten Funktionen werden, die von größeren Veränderungen betroffen sind. Dagegen wird der Grad der Veränderung der Beschaffung, des Performance Managements und der Vergütung deutlich zurückhaltender eingeschätzt. Die zurückhaltende Einschätzung im Bereich Performance Management ist darauf zurückzuführen, dass eine leichte Mehrheit der Befragten insbesondere einem zukünftigen Einsatz von Sensoren in diesem Bereich nicht zustimmt. Hinsichtlich des Einsatzes von smarten Dingen und Diensten zur Beschaffung und Vergütung gehen die Einschätzungen der Experten

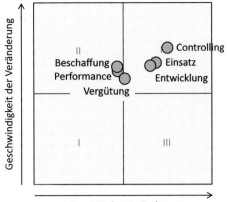

Abb. 9.3 Veränderungen von HR-Funktionen

auseinander, sodass ein Teil der Experten einen Einsatz für wahrscheinlich hält, während ein anderer Teil einen Einsatz in diesen Funktionen nicht für wahrscheinlich hält (vgl. Abb. 9.3).

Folgende interessante Einzelphänomene wurden für HR-Funktionen prognostiziert: Der Einsatz von smarten Dingen wird gemäß der Einschätzung der Experten dazu führen, dass insbesondere die Funktionen HR-Controlling, -Einsatz und -Entwicklung eine Beschleunigung erfahren und entsprechend zunehmend als „Echtzeitfunktionen" umgesetzt werden. Als Informatisierung kann die Einschätzung der Experten zusammengefasst werden, dass sowohl der quantitative Umfang als auch die qualitative Güte personalwirtschaftlich relevanter Informationen durch den Einsatz zahlreicher Sensoren in/an smarten Dingen steigen wird. Entsprechend wird auch davon ausgegangen, dass die Bedeutung des HR-Controllings als informationsbereitstellende Funktion steigen wird. Weiter wird es nach Einschätzung der Experten aufgrund des Einsatzes von smarten Dingen zu einer individuellen und organisationalen Produktivitätssteigerung kommen.

Mit Blick auf Veränderungen von *HR-Positionen* wurden als Subbereiche Veränderungen idealtypischer Positionen auf verschiedenen Hierarchieebenen untersucht (HR-Leitungspositionen, HR-Referentenpositionen und HR-Sachbearbeiterpositionen). Die generelle Übersicht im Veränderungsdiagramm zeigt auf, dass alle drei HR-Positionen deutlich in der Kategorie IV („fast major change") verortet sind und entsprechend innerhalb eines absehbaren Zeithorizontes mit größeren Veränderungen in Art und Inhalt dieser Positionen zu rechnen ist (vgl. Abb. 9.4).

Erwartungsgemäß bildet die Digitalisierung der Positionen ein zentrales Veränderungsphänomen, bei dem steigende Anteile digitaler Arbeitsinhalte und entsprechend steigende digitale Qualifikationsanforderungen auf die entsprechenden Positionen zukommen. Allerdings ist auch mit ansteigender digitaler Unterstützung in diesen Tätigkeitsbereichen zu rechnen. Dieses Phänomen der Digitalisierung gilt dabei gleichermaßen für alle drei untersuchten Positionen. Hinsichtlich der Sachbearbeiterpositionen wird von einer (weiteren) Automatisierung der administrativen

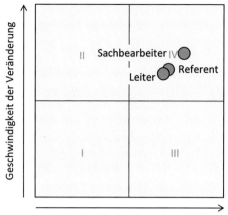

Abb. 9.4 Veränderungen von HR-Positionen

Tätigkeiten und von einer quantitativen Abnahme an entsprechenden Bedarfen ausgegangen, so dass für diese Position mit den größten durch das Internet der Dinge induzierten Veränderungen zu rechnen ist.

9.4 Implikationen des Smart HRM

Während die Anwendung des Internet der Dinge in Unternehmen inzwischen breit diskutiert wird, existierten zu einer möglichen Anwendung im HRM bislang kaum Erkenntnisse. Der vorliegende Beitrag zielte daher auf eine erste Konzeption und Exploration des Internet der Dinge im HRM. Dabei zeigen die konzeptionellen Ausarbeitungen zunächst, dass die im Rahmen von Smart Work eingesetzte technische Infrastruktur auch eine breite Basis für personalwirtschaftliche Sekundäranwendungen bietet. Dies kann ergänzt werden um eigens für personalwirtschaftliche Zwecke entwickelte Primäranwendungen. Zentrale generelle Potenziale einer solchen Anwendung liegen in einer teils beträchtlichen Ausdehnung der Automation und Information des HRM. Eine hierauf aufbauende Delphi-Studie zeigt, dass eine Anwendung des Internet der Dinge im HRM von den befragten Experten als ein durchaus realistisches Zukunftsszenario eingeschätzt wird. Die Ergebnisse der Studie zeigen ebenfalls, dass die Experten von spürbaren, wenngleich nicht unbedingt „disruptiven" Veränderungen des HRM ausgehen.

Da solche Veränderungen des HRM allerdings nicht „von selbst" geschehen und entsprechend nicht einfach abgewartet werden können, bedingt ein Übergang zur Nutzung des Internets der Dinge für die Praxis eine durchaus anspruchsvolle Veränderungs- und Anpassungsaufgabe. Um von möglichen Vorteilen zu profitieren und mögliche Nachteile zu minimieren, besteht ein erster Schritt für die Praxis in einer unternehmensindividuellen Aufarbeitung künftiger Möglichkeiten und Risiken des Internet der Dinge. Eine systematische Analyse künftiger Möglichkeiten bezieht sich auf die Identifikation unternehmensindividueller Unterstützungs- und Verbesserungspotenziale im Sinne verbesserter Information und Automation des HRM. Erkennbar impliziert dies im Kern auch eine Beschäftigung mit den technologischen Möglichkeiten des Internet der Dinge, die in Interaktion mit entsprechenden internen Stellen und externen Anbietern von HR-Technologien durchzuführen ist. Insbesondere sind die Möglichkeiten und Aufwand einer technischen Realisierung abzuschätzen. Eine systematische Analyse künftiger Risiken bezieht sich zunächst auf die Folgen für die HR-Abteilung, insbesondere bezogen auf künftige Verteilung von Verantwortung, Aufgaben und Ressourcen. Absehbar ist die Akzeptanz von Smart HRM bei Arbeitnehmern und Arbeitnehmervertretern ein weiterer kritischer Punkt. Daher ist auch die Abschätzung einer künftigen Beeinträchtigung von Arbeitnehmerinteressen und Möglichkeiten eines Interessensausgleichs von besonderer Bedeutung. Ein zentrales Spannungsverhältnis hierbei besteht ohne Frage in einer Balance zwischen einer sinnvollen Nutzung der umfassenden Informationspotenziale des Internet der Dinge einerseits und dem Schutz der Privatsphäre von Mitarbeitern andererseits (z. B. Cavoukian und Jonas 2012; Weston 2015). Nach einer solchen Abschätzung kann ein zweiter möglicher Schritt in der Ausarbeitung und Realisierung exemplarischer Anwendungen bestehen. Naheliegenderweise bieten sich hierfür zunächst kleinere, technisch einfachere und sozial unstrittige Einstiegsprojekte an. Bereits erarbeitete Anwendungsszenarien (z. B. Intel 2015; Kocielnik et al. 2013; Schuh et al. 2015) zeigen diesbezüglich die mögliche Vorgehensweisen und erste inhaltliche Ansatzpunkte auf. Erneut ist auch dieser zweite Schritt nur in enger Zusammenarbeit mit internen und externen Technologie-Anbietern sinnvoll möglich. Ebenso wird nur eine sorgfältige organisatorische Implementierung mit einem Ausgleich von Arbeitgeber- und Arbeitnehmerinteressen tatsächlich tragfähige Anwendungen ermöglichen. Auf diese Weise kann schrittweise Know-How zur Nutzung des Internet der Dinge im HRM aufgebaut und Smart HRM evolutionär entwickelt werden.

Bis zu einer verbreiteten praktischen Nutzung des Smart HRM sind damit noch erhebliche Herausforderungen zu bewältigen – angesichts der Potenziale von Smart HRM dürfte es aber durchaus lohnenswert sein, sich diesen auch zu stellen.

Literatur

Botthof A, Hartmann EA (Hrsg) (2015) Zukunft der Arbeit in Industrie 4.0. Springer Vieweg, Berlin

Cavoukian A, Jonas J (2012) Privacy by design in the age of big data. Information and Privacy Commissioner of Ontario, Canada

Chui M, Löffler M, Roberts R (2010) The Internet of Things. McKinsey Q 2:1–9

Fleisch E (2010) What is the Internet of Things? An economic perspective. Econ Manage Financ Mark 2:125–157

Häder M (2014) Delphi-Befragungen. Ein Arbeitsbuch. Springer VS, Wiesbaden. doi:10.1007/978-3-658-01928-0

Intel (2015) Connected workers: the IoT industrial revolution. http://www.intel.com/content/dam/www/public/us/en/documents/solution-briefs/honeywell-industrial-wearables-solution.pdf. Zugegriffen am 15.07.2016

Kocielnik R, Sidorova N, Maggi FM, Ouwerkerk M, Westerink JHDM (2013) Smart technologies for long-term stress monitoring at work. In: Rodrigues P, Pechenizkiy M & Gama J et al (Hrsg) Proceedings of the 26th IEEE international symposium on computer-based medical systems. IEEE Computer Society, S 53–58. doi:10.1109/CBMS.2013.6627764

Schuh G, Gartzen T, Rodenhauser T, Marks A (2015) Promoting work-based learning through Industry 4.0. Procedia CIRP 32:82–87. doi:10.1016/j.procir.2015.02.213

Spath D (Hrsg) (2013) Produktionsarbeit der Zukunft – Industrie 4.0. Fraunhofer Verlag, Stuttgart

Strohmeier S, Piazza F, Majstorovic D, Schreiner J (2016) Smart HRM – Eine Delphi-Studie zur Zukunft der digitalen Personalarbeit („HRM 4.0"). Arbeitsbericht 2016, Universität des Saarlandes, Saarbrücken. http://www.uni-saarland.de/fileadmin/user_upload/Professoren/fr13_ProfStrohmeier/Aktuelles/Abschlussbericht_Smart_HRM.pdf. Zugegriffen am 15.07.2016

Swan M (2012) Sensor mania! The Internet of Things, wearable computing, objective metrics, and the quantified self 2.0. J Sens Actuator Netw 1(3):217–253. doi:10.3390/jsan1030217

Weston M (2015) Wearable surveillance – a step too far? Strat HR Rev 14(6):214–219. doi:10.1108/SHR-09-2015-0072

Wilson JH (2013) Wearables in the workplace. Harv Bus Rev 9:1–4

Wortmann F, Flüchter K (2015) Internet of Things – technology and value added. Bus Inf Syst Eng 57(3):221–224. doi:10.1007/s12599-015-0383-3

Zuboff S (1988) In the age of the smart machine: the future of work and power. Basic Books, New York

Verwaltung 4.0 als Beitrag zur Wertschöpfung am Standort Deutschland 4.0 – Bedeutung einer weiterentwickelten Wirtschaftsförderung 4.0

10

Frank Hogrebe und Wilfried Kruse

Zusammenfassung

Die „Umsetzungsstrategie Industrie 4.0" (BITKOM et al. 2015, http://www.platt-form-i40.de/sites/default/files/150410_Umsetzungsstrategie_0.pdf) trifft zur Rolle der öffentlichen Verwaltung bei der Umsetzung der Zielsetzungen von Industrie 4.0 keine Aussage. Der vorliegende Beitrag zeigt 4 Jahre nach der CeBIT 2013 und der zwischenzeitlichen Evolution der 4.0-Themen und -Felder die notwendigen Schnittstellen, Interdependenzen und weiteren Herausforderungen zwischen der Industrie und der öffentlichen Verwaltung im Kontext von Industrie 4.0 neu auf – im Besonderen die Anforderungen an die kommunale Wirtschaftsförderung (4.0). Als Bindeglied zwischen Industrie, Wirtschaft und Verwaltung kommt der kommunalen Wirtschaftsförderung als Teil der öffentlichen Verwaltung bei der Umsetzung von Industrie 4.0 und den weiteren Initiativen mit Blick auf den jeweiligen örtlichen Standort, aber auch mit Blick auf den Standort Deutschland (4.0) im globalen Wettbewerb, eine besondere Bedeutung zu. Unter dem Rubrum „Wirtschaftsförderung 4.0" wird auf Basis der Erkenntnisse aus einer Literaturanalyse, eines Expertenworkshops und weiterer

Vollständig überarbeiteter und erweiterter Beitrag basierend auf Hogrebe und Kruse (2015) Wirtschaftsförderung 4.0 – Anforderungen und Lösungsmodell zur Umsetzung von Industrie 4.0, HMD – Praxis der Wirtschaftsinformatik Heft 305, 52(5):713–723.

F. Hogrebe (✉)
IVM², Wiesbaden, Deutschland
E-Mail: frank.hogrebe@hfpv-hessen.de

W. Kruse (✉)
Hessischen Hochschule für Polizei und Verwaltung (HfPV), Wiesbaden, Deutschland
E-Mail: wilfried.kruse@ivmhoch2.de

© Springer Fachmedien Wiesbaden GmbH 2017
S. Reinheimer (Hrsg.), *Industrie 4.0*, Edition HMD,
DOI 10.1007/978-3-658-18165-9_10

Institutsaktivitäten ein Lösungsmodell vorgeschlagen, das die Herausforderungen von Industrie 4.0 für die staatliche Ebene besonders fokussiert. Ziel des Beitrages ist es, einen wissenschaftlichen wie praxisorientierten Diskurs über die Bedeutung der wirtschaftsrelevanten Fachverwaltung im Kontext der Zielsetzungen von Industrie 4.0 und deren implizierte, wirtschafts- und standortaffine Folgefelder anzuregen und zu korrespondierenden Forschungs- und Praxisprojekten zu motivieren. Der Beitrag adressiert damit sowohl die immer noch junge wissenschaftliche 4.0-Forschung in diesem Bereich als auch die Wirtschaft und Verwaltungspraxis mit ihren zukünftigen Herausforderungen.

Schlüsselwörter

Industrie 4.0 • Verwaltung 4.0 • Wirtschaftsförderung 4.0 • Deutschland 4.0 • Standort 4.0 • Kommunale Wirtschaftsförderung

10.1   Problemstellung und Motivation

Die deutsche Industrie steht vor entscheidenden Veränderungen und Herausforderungen. Das Internet der Dinge und der Dienste ermöglicht Produktionsverfahren, wie sie lange nicht vorstellbar waren. „Das Internet, mobile Computer und Cloud Computing bieten das Potenzial, den industriellen Prozess einmal mehr entscheidend zu verändern. Dank leistungsfähiger Kleinstcomputer, die als eingebettete Systeme in Objekte integriert werden, können Produkte und Maschinen selbstständig Informationen austauschen. Der industrielle Prozess wird nicht mehr zentral aus der Fabrik heraus organisiert, sondern dezentral und dynamisch gesteuert" (BITKOM 2015). Diese Entwicklungen und Potenziale werden unter dem Begriff „Industrie 4.0" subsumiert (vgl. im Weiteren Abschn. 10.3.1).

Die Möglichkeiten und Aktionsradien der Industrie sind in Deutschland eingebettet in Rahmenbedingungen, die bei der wirtschaftlichen Betätigung generell, also auch für die Industrie maßgebend, gelten und damit zu beachten sind. Dabei kommt der öffentlichen Verwaltung eine besondere Rolle zu, sei es z. B. im Rahmen von Zulässigkeitsprüfungen neuer Produkte und Verfahren, bei Genehmigungsprozessen, der Überwachung sonstiger gesetzlicher Vorgaben und der Gewährleistung wirtschafts- und industrieaffiner Infrastruktur. Eine Erstauswertung der maßgeblichen Basispublikationen zur Industrie 4.0, insbesondere der „Umsetzungsstrategie Industrie 4.0" aus dem April 2015 (BITKOM et al. 2015) sowie deren Vorläufer der „Umsetzungsempfehlungen für das Zukunftsprojekt Industrie 4.0" aus dem April 2013 (Kagermann et al. 2013), ergab, dass die öffentliche Verwaltung weder implizit noch explizit in den Kontext von „Industrie 4.0" einbezogen wurde. Dies überrascht mit Blick auf die obigen Ausführungen zu den Bezügen zwischen der öffentlichen Verwaltung und der Industrie. Ob und in wieweit eine Einbeziehung öffentlicher Stellen in den Kontext „Industrie 4.0" geboten oder gar zwingend ist, soll im Rahmen dieses Beitrages näher betrachtet und diskutiert werden.

Seit der Präsentation von „Industrie 4.0" auf der CeBIT 2013 sowie der erstmaligen Publikation der „Verwaltung 4.0" unmittelbar danach (Behörden Spiegel 2013) haben sich die „4.0-Welten" evolutionär weiterentwickelt. „4.0" steht seitdem für die innovative Kraft der Digitalisierung, die sich in Gesellschaft, Staat, Kommunen, Wirtschaft, Verbänden und Wissenschaft seitdem rasant extrahiert hat (Kruse und Hogrebe 2016).

Ziel des Beitrages ist es, einen wissenschaftlichen wie praxisorientierten Diskurs zu führen über

1) die Bedeutung der öffentlichen Verwaltung im Rahmen der Strategie von Industrie 4.0 und seinen Folgewirkungen im Zuge der digitalen Transformation
2) die Relevanz der wirtschaftsrelevanten öffentlichen Fachverwaltungen im Kontext der Ziele von Industrie 4.0 und ihren affinen und ergänzenden Initiativen
3) die Konzeption eines weiterführenden Entwurfes eines Lösungsmodells „Wirtschaftsförderung 4.0", das die vorgenannte Bedeutung (ad 1) und Relevanz (ad 2) für „Industrie 4.0" und weiterer „4.0 Felder" am Standort „Deutschland 4.0" konkretisiert.

10.2 Terminologische Grundlagen

Vor Eintritt in die Diskussion sollen wesentliche Begriffe im thematischen Kontext eingeführt und inhaltlich belegt werden – im Einzelnen: „Industrie 4.0", „Verwaltung 4.0", weitere ausgewählte „4.0-Initiativen" und „Kommunale Wirtschaftsförderung 4.0".

10.2.1 Industrie 4.0

In der „Umsetzungsstrategie Industrie 4.0" (BITKOM 2015, S. 8) wird „Industrie 4.0" wie folgt definiert: „Der Begriff Industrie 4.0 steht für die vierte industrielle Revolution, einer neuen Stufe der Organisation und Steuerung der gesamten Wertschöpfungskette über den Lebenszyklus von Produkten. Dieser Zyklus orientiert sich an den zunehmend individualisierten Kundenwünschen und erstreckt sich von der Idee, dem Auftrag über die Entwicklung und Fertigung, die Auslieferung eines Produkts an den Endkunden bis hin zum Recycling, einschließlich der damit verbundenen Dienstleistungen. Basis ist die Verfügbarkeit aller relevanten Informationen in Echtzeit durch Vernetzung aller an der Wertschöpfung beteiligten Instanzen sowie die Fähigkeit aus den Daten den zu jedem Zeitpunkt optimalen Wertschöpfungsfluss abzuleiten. Durch die Verbindung von Menschen, Objekten und Systemen entstehen dynamische, echtzeitoptimierte und selbst organisierende, unternehmensübergreifende Wertschöpfungsnetzwerke, die sich nach unterschiedlichen Kriterien wie beispielsweise Kosten, Verfügbarkeit und Ressourcenverbrauch optimieren lassen" (BITKOM 2015, S. 8). Eine weitere Begriffsbestimmung findet sich bei Spath et al. (2013, S. 22).

10.2.2 Verwaltung 4.0

Das Rubrum „Verwaltung 4.0" steht für die Korrespondenzinitiative zu „Industrie
4.0". Der Begriff soll eingeführt werden, weil er in direkter Korrespondenz zu
„Industrie 4.0" steht und die Grundlage für die „Wirtschaftsförderung 4.0" legt.
Über die Grundmotivation zur „Verwaltung 4.0" wurde erstmals im März 2013 –
und damit im gleichen Monat, in dem auch auf der Computermesse CeBIT 2013
erstmals die Initiative „Industrie 4.0" einer breiteren Fachöffentlichkeit vorgestellt
wurde – publiziert (Behörden Spiegel Ausgabe 04/2013, S. 8). Die Wortschöpfung
geht zurück auf Kruse und Hogrebe, die im vorgenannten Artikel über die entwickelte Initiative „Verwaltung 4.0" erstmals berichten.

Nach Hogrebe und Kruse (2014a, S. 47) definiert sich der Begriff wie folgt:
„Der Begriff „Verwaltung 4.0" beschreibt eine Verwaltung, die ihr tägliches Handeln systematisch und kooperativ, effektiv und effizient auf eine Kunden-, Personal-
und Organisationssicht einerseits sowie auf eine Prozess-, Technik-, Ressourcen- und
Finanzsicht andererseits ausgerichtet hat. Dabei korrespondieren die Sichten, und
übergreifende Maßnahmen sind miteinander kongruent. Sie begreift und installiert
auch die Zukunftschancen, die sich mit dem Internet der Dienste und der Dinge
entwickeln. Sie entwickelt dazu neue Formen ressort- und ebenenübergreifender
Kooperation; Digitalisierung, medienbruchfreie und interoperable Kommunikation nach innen und außen ist in allen Verantwortungsbereichen selbstverständlich" (Hogrebe und Kruse 2014b, S. 47). Konkretisiert wurde diese Definition in
Form eines Rahmenkonzeptes auf das an dieser Stelle nur verwiesen werden soll,
da es nicht im Fokus dieses Beitrages steht (vgl. Hogrebe und Kruse 2014b, S. 30).
Eine weitere Begriffsbestimmung zu „Verwaltung 4.0" findet sich bei Von Lucke
(2015, S. 6).

10.2.3 Weitere ausgewählte 4.0 Initiativen

In den zurückliegenden vier Jahren seit der CeBIT 2013 haben sich auf der Basis
von „Industrie 4.0" und „Verwaltung 4.0" eine Reihe weiterer „4.0-Felder" ergeben,
die sich in einer beispielhaften Auswahl wie folgt benennen lassen: Wirtschaft 4.0,
Arbeit 4.0, Staat 4.0, Sozialstaat 4.0, NRW 4.0, Handwerk 4.0, Mittelstand 4.0,
Personalrat 4.0, Kommune 4.0, Bildung 4.0, Landwirtschaft 4.0, Zivilgesellschaft
4.0, Führung 4.0 etc. (vgl. Kruse und Hogrebe 2016).

All diesen Folgeinitiativen ist gemein, dass sie die tief greifenden und umfassenden Veränderungen der digitalen Transformation in Staat, Gesellschaft, Wirtschaft
und Wissenschaft thematisieren. Der Anspruch und die Herausforderungen im digitalen Zeitalter mit der stürmischen Entwicklung des Internet der Dienste und der
Dinge, gepaart mit der bevorstehenden demografischen Veränderung, zeigen
darüber hinaus mittlerweile auch auf, dass es um mehr geht als um Technik, um
mehr als Bits und Bytes, M2M Communication, Sensoren und Aktoren.

Es geht um Change Management in den führenden Köpfen, in den Köpfen der Mannschaften, um den nötigen Kulturwandel in allen Bereichen des Zusammenwirkens in Deutschland und darüber hinaus. Aus diesen Herausforderungen der Zukunft wurde der übergreifende Begriff der „MENTALEN Transformation im digitalen Zeitalter" entwickelt. Er zeigt auf, dass es vorrangig um die mentale Bewältigung der Zukunft geht, mit ihren Risiken, Sorgen, persönlichen Ängsten, aber auch mit ihren großen Chancen – auch und gerade mit Blick auf den Standort Deutschland 4.0, um „Made in Germany" und seine prägenden Kraft im globalen Wettbewerb. MENTALE Transformation ist bewusst angelehnt an den Begriff der digitalen Transformation, um die Interdependenzen und Bezüge deutlich zu machen.

Adressiert ist damit die Wohlstandsgrundlage in der digitalen Volkswirtschaft der Zukunft, adressiert sind damit ebenfalls die Verwaltung 4.0 und die Wirtschaftsförderung 4.0 als unverzichtbare Glieder der Wertschöpfungskette am Standort Deutschland 4.0.

Diese erhalten dadurch eine neue und zunehmend zentrale Funktion öffentlicher Dienstleistung und Verständnis eigener Rolle, über die nach wie vor vorhandenen Kernaufgaben von Staat und Verwaltung zur Sicherung des Rechtsstaates, der Grundrecht, der individuellen Freiheit und der Rahmenordnung für Mensch und Wirtschaft hinaus.

10.2.4 Kommunale Wirtschaftsförderung

Die Förderung der Wirtschaft durch den Staat findet primär auf der Ebene der Kommunen statt, wo Unternehmen ihren Sitz haben und entsprechend dort Genehmigungen beantragen und Gewerbesteuern zahlen müssen. „Für den Begriff Wirtschaftsförderung gibt es keine „Legaldefinition" (Schubert 1998, S. 4). Gleichwohl hat sich dieser in Wirtschaft, Verwaltung und Politik etabliert und wird im alltäglichen Sprachegebrauch wie selbstverständlich verwendet (Orlitsch und Pfeifer 1994, S. 112)" (Kruse und Hogrebe 2013, S. 27). Eine umfassende Definition gibt die KGSt (1990, S. 14 f.): „Kommunale Wirtschaftsförderung umfasst alle Maßnahmen zur Verbesserung der Faktoren, die die Standortwahl von Unternehmen beeinflussen. Dies gilt sowohl für die sogenannten harten Faktoren (z. B. Gewerbeflächen, Infrastruktur, überörtliche Verkehrsanbindung) als auch für die sogenannten weichen Faktoren (z. B. Bildungs- und Kulturangebot, Attraktivität der Stadt). Die Maßnahmen beziehen sich auf die vorhandenen Betriebe (Bestandssicherung und -entwicklung) als auch auf anzusiedelnde oder noch zu gründende Betriebe. Zielgruppen der Wirtschaftsförderung sind nicht nur die unternehmerische Wirtschaft, sondern auch Behörden, Verbände und Einrichtungen ohne Erwerbscharakter" (KGSt 1990, S. 14 f.; Wied 2012, S. 1 f.).

Nach Einführung der Begrifflichkeiten wird im folgenden Kapitel der Zielsetzungen des Beitrages nachgegangen, was in ein Lösungsmodell zur „Wirtschaftsförderung 4.0" mündet (Abschn. 10.4). Bei der Verwendung der Terminologie wird das obige Begriffsverständnis zugrunde gelegt.

10.3   Untersuchungsgang

10.3.1 Vorgehen

Der Untersuchungsgang der Arbeit ist wie folgt aufgebaut: In den Abschn. 10.3.2 und
10.3.3 werden die Zielsetzungen (1) und (2) aus Abschn. 10.2 untersucht. Auf Basis
dieser Erkenntnisse folgt in Abschn. 10.4 der Entwurf eines Lösungsmodells
„Wirtschaftsförderung 4.0", das die festgestellte Bedeutung (ad 1) und Relevanz
(ad 2) für „Industrie 4.0" konkretisiert.

10.3.2 Untersuchung der Zielsetzung 1: Bedeutung der Verwaltung für die Strategie von Industrie 4.0

Bevor die einzelnen Strategieelemente von „Industrie 4.0" referenziert werden,
wird auf das Ergebnis der Erstbewertung dieser Publikation (vgl. Abschn. 10.1)
näher eingegangen. Im Rahmen einer Textanalyse in der Basispublikation „Umsetzungsstrategie Industrie 4.0" (BITKOM et al. 2015) wurde zunächst nach dem
Begriff „Verwaltung" gesucht. Das Ergebnis in dieser 100-seitigen Quelle war: *0
Treffer*.

* Gefunden wurden lediglich 43 Begriffskombinationen „Verwaltungs-Schale",
  die einen Gegenstand zu einer Industrie 4.0-Komponente macht, da durch die
  Schale „die virtuelle Repräsentation und die fachliche Funktionalität des
  Gegenstandes" (BITKOM et al. 2015, S. 53) repräsentiert werden.
* Zudem wurden 15 weitere Begriffskombinationen gefunden mit dem Begriffsteil
  „Verwaltungs-", wobei diese stets auf eine technische Ebene des Begriffs abziel-
  ten (wie z. B. „Verwaltungsobjekte").

Der Begriff „Verwaltung" taucht damit in der untersuchten Basispublikation
„Umsetzungsstrategie Industrie 4.0" (BITKOM et al. 2015) nicht auf. Bevor daraus
jedoch voreilige Schlüsse gezogen werden, wird die Untersuchung mit den Begriffen „Behörde" und „Staat" fortgesetzt, da diese häufig im Sprachgebrauch als
Synonyme zu „Verwaltung" verwandt werden.
    Der Begriff „Behörde" als Synonym zum Verwaltungsbegriff ist mit *1 Treffer* in
einer Kombination vertreten. Konkret im Kontext „Genereller Schutzziele", die bei
der Umsetzung von „Industrie 4.0" zu beachten sind (BITKOM et al. 2015, S. 81):
    „Die bestehenden Entwicklungsprozesse müssen angepasst werden. Um Secu-
rity-Requirements dort zielgerichtet einzubringen, sind Bedrohungs- und Risi-
koanalysen erforderlich, die insbesondere die entsprechenden Anwendungsfälle
des späteren Produktes in Betracht ziehen. Schutzziele von Sicherheitsmaßnamen
für ein Produkt orientieren sich an den schützenwerten Assets der betroffenen
Hersteller, Integratoren und Betreiber und gegebenenfalls an *(oft länderspezifi-
schen) regulatorischen Vorgaben von Behördenseite*, zum Beispiel, wenn Einsatzszenarien im Rahmen kritischer Infrastrukturen zu erwarten sind" (BITKOM
et al. 2015, S. 81).

Dieser Hinweis verdeutlicht, dass Veränderungen von Entwicklungsprozessen in der Industrie 4.0 nicht losgelöst vom Gestaltungsrahmen erfolgen können, der u. a. durch (oft länderspezifische) Vorgaben von Behördenseite reglementiert sein kann. Als Beispiel werden Einsatzszenarien bei kritischen Infrastrukturen benannt. Dies soll als *1. allgemeine Bedeutung der Verwaltung für die Industrie 4.0* festgehalten werden.

Wenden wir uns im Weiteren den Treffern zum Staatsbegriff zu: Der Begriff „Staat" als weiteres Synonym zum Verwaltungsbegriff ist mit *1 Treffer* in einer Kombination vertreten. Konkret im Kontext der „Einleitung" (BITKOM et al. 2015, S. 18):[1]

„Industrie 4.0 wird sich letztendlich *nicht durch die staatlich gelenkte Umsetzung* einer vorgegebenen Roadmap erreichen lassen, zumal sich eine exakte Vision von Industrie 4.0 angesichts der unterschiedlichen Interessen und Sichtweisen der verschiedenen Firmen schwerlich festlegen lassen wird. Vielmehr wird Industrie 4.0 das Ergebnis inkrementeller Entwicklungen zur Realisierung konkreter Anwendungsfälle (inklusive Analyse von Nutzen- und Wertschöpfungspotenzialen) sein. Es ist wünschenswert, auch diese eher praktisch ausgerichteten Projekte für eine *Förderung durch den Bund* in Betracht zu ziehen. Die Förderung sollte damit den kompletten Innovationspfad von der Erforschung neuer Methoden und Technologien bis zu deren Einsatz in universitätsnahen Demoanlagen und industrienahen Pilotfabriken unterstützen" (BITKOM et al. 2015, S. 18).

Dieser Hinweis adressiert die Erwartung der Forschungsfinanzierung von Industrie 4.0-Vorhaben durch den Bund – ein nachvollziehbares Anliegen, gleichwohl nicht im Fokus und der Zuständigkeit der ausführenden (Fach-)Verwaltung und damit im vorliegenden Untersuchungsgang nicht relevant.

Zwischenergebnis

Der Begriff „Verwaltung" taucht in der untersuchten Publikation nur in Form der sog. „Behörde" kontextual auf. Dort aber durchaus mit praktischer Relevanz (vgl. oben).

Wenden wir uns nun den einzelnen Strategieelementen von „Industrie 4.0" konkret zu. Diese sind in BITKOM et al. (2015, S. 9) in drei Teilelemente untergliedert und in der Publikation aus April 2015 „Umsetzungsstrategie Industrie 4.0" (BITKOM et al. 2015, S. 9) wie folgt fixiert:

„Damit die Transformation der industriellen Produktion hin zu Industrie 4.0 gelingt, wird in Deutschland eine *duale Strategie* verfolgt:

• Die deutsche Ausrüsterindustrie soll weiterhin führend auf dem Weltmarkt bleiben, indem sie durch das konsequente *Zusammenführen der Informations- und Kommunikationstechnologie* mit ihren klassischen Hochtechnologieansätzen zum Leitanbieter für intelligente Produktionstechnologien wird. Neue Leitmärkte für CPS-Technologien und -Produkte sind zu gestalten und zu bedienen [Strategieelement 1].

---

[1] Zwar findet sich noch eine weitere Begriffskombination. Diese ist hier jedoch ohne Relevanz (vgl. BITKOM et al. 2015, S. 74).

- Gleichzeitig gilt es, die Produktion in Deutschland durch effiziente und die Ressourcen schonende Produktionstechnologien attraktiv und wettbewerbsfähig weiter zu entwickeln. Ziel ist der Ausbau der Wettbewerbsvorteile von Unternehmen in Deutschland, die durch die räumliche Nähe und *aktive Vernetzung der Anwender und Hersteller durch das Internet* entstehen. Automatisierungs-, Prozess- und Produktionstechnik in Deutschland haben von dieser Strategie gleichermaßen Vorteile [Strategieelement 2].
- Der Weg zu Industrie 4.0 ist ein evolutionärer Prozess. Es bedarf der Weiterentwicklung der vorhandenen Basistechnologien um die Erfahrungen und Besonderheiten der *Optimierung der gesamten Wertschöpfungskette* zu erreichen. Die Umsetzung neuer Geschäftsmodelle über Dienste im Internet hat disruptiven Charakter. Erfolgreiche Unternehmen mit guten Produkten oder Dienstleistungen sowie wachsender Nachfrage in ihren Absatzmärkten sollen hohe Bereitschaft zu disruptiven Veränderungen entwickeln. Und zwar bei der Weiterentwicklung bestehender Prozesse im Unternehmen und bei der Entwicklung neuer Geschäftsmodelle" [Strategieelement 3] (BITKOM et al. 2015, S. 9).

Ad Strategieelement 1: *Zusammenführen der Informations- und Kommunikationstechnologie*

- Eine Zusammenführung von IuK-Technologien kann prinzipiell ohne die Einbeziehung der öffentlichen Verwaltung erfolgen, sofern sich diese Zusammenführung ausschließlich in der Sphäre der beteiligten Industrie 4.0-Unternehmen vollzieht. Unter der Voraussetzung, dass Industrie 4.0-Unternehmen räumlich getrennt sind, stellt sich gleichwohl die Frage, wo die öffentliche DV-technische Infrastruktur für entsprechende Datenvolumina ausgelegt ist. Hier soll das Stichwort „Breitband" genannt werden, wo insbesondere im ländlichen Raum noch teilweise erheblicher Ausbau- und Erweiterungsbedarf besteht. Entsprechende Projekte sind ohne die für die Genehmigung und zum Teil Realisierung zuständigen Verwaltungen nicht umzusetzen, so dass eine frühzeitige Einbeziehung der Verwaltung angezeigt ist.

Dies soll als *1. Bedeutung der Verwaltung für die Strategie von Industrie 4.0* festgehalten werden.

Ad Strategieelement 2: *aktive Vernetzung der Anwender und Hersteller durch das Internet*

- Bei der Industrie 4.0-Strategie der Vernetzung der Anwender und Hersteller durch das Internet geht es nicht nur um eine rein technische Vernetzung, vielmehr werden auch die Bereiche Datenschutz und Datensicherheit tangiert, was eine Einbeziehung der dafür zuständigen öffentlichen Verwaltungseinheiten erfordert.

Dies soll als *2. Bedeutung der Verwaltung für die Strategie von Industrie 4.0* festgehalten werden.

Ad Strategieelement 3: *Optimierung der gesamten Wertschöpfungskette*

• Die öffentliche Verwaltung ist an einer Vielzahl an Wertschöpfungsketten beteiligt – dies einerseits als Nachfrager von industriellen Produkten und Dienstleistungen (bspw. im Brückenbau), hier als „Endverbraucher" und damit am Ende der Wertschöpfungskette, andererseits aber auch als Anbieter am Anfang von Wertschöpfungsketten (bspw. durch die Vergabe von öffentlichen industriebezogenen Aufträgen). Soll als Industrie 4.0-Strategie die gesamte (!) Wertschöpfungskette optimiert werden, so bedingt dies zwingend die Einbeziehung der angesprochenen öffentlichen Verwaltungseinheiten.

Dies soll als *3. Bedeutung der Verwaltung für die Strategie von Industrie 4.0* festgehalten werden.

Zwischenergebnis
Halten wir fest: Die öffentliche Verwaltung ist bei allen Industrie 4.0-Strategieelementen von Relevanz.

10.3.3 Untersuchung der Zielsetzung 2: Bedeutung der wirtschaftsrelevanten Fachverwaltung

In wieweit die wirtschaftsrelevante Fachverwaltung als primärer Partner und Beteiligter von Industrieunternehmen auf Seiten der öffentlichen Verwaltung für die Zielsetzung von Industrie 4.0 relevant ist, wird im Folgenden untersucht.

Die „Umsetzungsstrategie Industrie 4.0" (BITKOM et al. 2015) benennt unter dem Gliederungspunkt „Ziele" acht Handlungsfelder, die unter Bezug auf den Abschlussbericht der Forschungsunion Wirtschaft-Wissenschaft zu Industrie 4.0 vom April 2013 (Kagermann et al. 2013) aufgeführt werden (BITKOM et al. 2015, S. 8). Sie lauten wie folgt:

1. *„Standardisierung, offene Standards* für eine Referenzarchitektur
   Dies ermöglicht firmenübergreifende Vernetzung und Integration über Wertschöpfungsnetzwerke hinweg.
2. Beherrschung komplexer Systeme
   Nutzen von Modellen zur Automatisierung von Tätigkeiten und *einer Integration der digitalen und realen Welt.*
3. Flächendeckende Breitband-Infrastruktur für die Industrie
   Sicherstellung der *Anforderungen von Industrie 4.0 an den Datenaustausch bzgl. Volumen, Qualität und Zeit.*
4. Sicherheit
   Das Ziel ist die Gewährleistung der *Betriebssicherheit* (engl. Safety), des *Datenschutzes* (engl. Privacy) und der *IT-Sicherheit* (engl. Security).
5. Arbeitsorganisation und Arbeitsplatzgestaltung
   Klärung der *Implikationen für den Menschen und Arbeitnehmer* als Planer und Entscheider in den Industrie 4.0-Szenarien.

6. Aus- und Weiterbildung
Formulierung der Inhalte und innovativer *Ansätze für die Aus- und Weiterbildung.*
7. Rechtliche Rahmenbedingungen
Das Ziel ist die *Schaffung erforderlicher – möglichst europaweit einheitlicher – rechtlicher Rahmenbedingungen für Industrie 4.0* (Schutz digitaler Güter, Vertragsrecht bei zwischen Systemen geschlossenen Verträgen, Haftungsfragen, …).
8. Ressourceneffizienz
Verantwortungsvoller Umgang mit *allen Ressourcen* (personelle und finanzielle Ressourcen sowie Roh-, Hilfs- und Betriebsstoffe) als Erfolgsfaktor" (BITKOM et al. 2015, S. 8).

Die Sichtung der Zielsetzungen macht deutlich, dass eine erfolgreiche Umsetzung von „Industrie 4.0" wesentlich davon abhängt, wie die jeweils zuständige öffentliche Verwaltung einen solchen Prozess begleitet und sich aktiv und lösungsorientiert in die Verfahren einbringt. Die hervorgehobenen Elemente in den acht Zielsetzungen scheinen kaum – geschweige erfolgreich – ohne eine entsprechende Berücksichtigung und (ggfs. bereits im Vorfeld der Überlegungen proaktive) Einbeziehung der zuständigen Verwaltungseinheiten zu realisieren sein.

Zwischenergebnis
Die öffentliche Verwaltung ist prinzipiell bei allen Zielen von Industrie 4.0 relevant. In wieweit die wirtschaftsrelevanten Fachverwaltungen einbezogen werden sollten, kann nicht pauschal beantwortet werden. Gleichwohl ist für viele Industrieunternehmen die kommunale Wirtschaftsförderung erste Anlaufstelle, so dass im nachfolgenden Lösungsmodell (Abschn. 10.4) „Wirtschaftsförderung 4.0" explizit auf die kommunale Wirtschaftsförderung (vgl. Abschn. 10.3.3) fokussiert werden soll.

10.4 Lösungsmodell „Wirtschaftsförderung 4.0"

Im Blick auf die Interaktionsstufen „Information – Kommunikation – Transaktion" (vgl. z. B. Von Lucke und Reinermann 2000, S. 3) sollen die Anforderungen und Lösungsimpulse strukturiert werden. Zur methodischen Absicherung und Reflexion wurde im Vorfeld zur Thematik ein Expertenworkshop mit Vertretern der staatlichen und kommunalen Wirtschaftsförderung durchgeführt (Kruse und Hogrebe 2015a). Die Erkenntnisse sind in dieses Lösungsmodell eingeflossen. Der Abstraktions- und Konkretisierungsgrad sind dabei noch recht grob, was insbesondere dem Stand der Durchdringung der Industrie 4.0-Thematik in den Wirtschaftsförderungen geschuldet ist (als ein Ergebnis aus dem Expertenworkshop). Dies ist insoweit nachvollziehbar, als die „Umsetzungsstrategie Industrie 4.0" (BITKOM et al. 2015) nur sehr rudimentär die öffentliche Verwaltung unmittelbar adressiert (vgl. Abschn. 10.3.2). Ein weiterer Expertenworkshop mit Unternehmen und Vertretern der Industrie- und Handelskammern in NRW zeigte ein vergleichbares Bild (Kruse und Hogrebe 2015b). Im Ergebnis sind weder Zielsetzungen noch Inhalte der 4.0-Initiativen, die auf Bundesebene aufgelegt werden, ausreichend bei der Unternehmerschaft bekannt.

Tab. 10.1 Lösungsmodell „Wirtschaftsförderung 4.0" – Weiterentwicklung

Wirtschaftsförderung 4.0 – erweitert

Interaktionsstufen	Information	Kommunikation	Transaktion
Anforderungen auf Seiten der Verwaltung	Kenntnis aller relevanten 4.0-bezogenen Programme/ Informationen	Proaktive und nachfrage-orientierte Beratung u. Begleitung	IT-Lösungen zur Unterstützung von 4.0-relevanten Beziehungen
Maßnahmenbündel extern (4.0-Initiativen) intern (z. B. Fachverwaltung)	Programmflyer, Informations-veranstaltungen, Internetangebote Qualifizierungs- und Schulungskonzept, Beratungsmaterialien	Direkte Ansprache der Unternehmen vor Ort und Beratung zu 4.0 Sensibilisierung verwaltungsweit für 4.0-Bedarfe und -Relevanz	Bedarfsabfrage, technische Ausrichtung und Umsetzung vom 4.0 Projekttea-morganisation und Steuerung sowie Ressourcen-bereitstellung

Allen voran: Dienstleistungen 4.0 und Mittelstand 4.0 (BMWi), Arbeiten 4.0 (BMAS), Bildung 4.0 (BMBF), aber auch Staat 4.0 (BMI) und Landwirtschaft 4.0 (BMEL); nur Industrie 4.0 (BMBF mit BMWi) erreicht bei Industrieunternehmen nach mehr als vier Jahren inzwischen eine erste Durchdringung an der Basis.

Diesem Umstand geschuldet und berücksichtigend wurde das Lösungsmodell „Wirtschaftsförderung 4.0" weiterentwickelt (Tab. 10.1).

Das Lösungsmodell muss vor Ort konkretisiert und bedarfsbezogen erweitert werden, insbesondere unter Berücksichtigung der konkreten Rahmenbedingungen vor Ort. Wichtig erscheint die erweiterte Verbreiterung der „4.0-Begrifflichkeiten" über „Industrie 4.0" und „Verwaltung 4.0" hinaus, die wieder in entsprechend neue Anforderungen für die Wirtschaftsförderungen münden.

Beispielhaft sei hierzu auf Dienstleistungen 4.0 (BMWi et al. 2015), Wirtschaft 4.0 (DIHK 2014) und Arbeiten 4.0 (Nahles 2015) verwiesen. Die Entwicklung der „4.0-Metaphern" lässt vermuten, dass sich die kommunalen Wirtschaftsförderun-gen nachhaltig mit den 4.0-Thematiken beschäftigen müssen, denn als „erste Adresse" für die örtliche Wirtschaft wird von diesen besonders erwartet, dass sie „4.0 up to date" sind und die Unternehmen mit entsprechenden Informations- und Unterstützungsangeboten begleiten können.

10.5   Zusammenfassung und Ausblick

Der Beitrag behandelt die Relevanz, Berücksichtigung und Rolle der öffentlichen Verwaltung im Kontext von „Industrie 4.0". Auf Basis einer systematischen Dis-kursanalyse der einschlägigen Publikation wird festgestellt, dass der Begriff „Ver-waltung" nur einmal in Form der sog. „Behörde" kontextual aufgeführt ist, dort aber durchaus mit praktischer Relevanz. Beim weitaus größeren Teil der Strategieelemente und Ziele von „Industrie 4.0" wird zwar eine deutliche Relevanz der öffentlichen Verwaltung festgestellt, diese wird gleichwohl nicht in der einschlägigen Publikation adressiert.

Als Ergebnis wird in diesem Beitrag ein weiterentwickeltes Lösungsmodell „Wirtschaftsförderung 4.0" vorgeschlagen, das der Bedeutung und Relevanz der öffentlichen Verwaltung als weiteren Schritt Rechnung trägt. Besonders der Informationsstand auf den im Kontext der Thematik durchgeführten Expertenworkshops lässt einen nicht unerheblichen Informations- und Qualifizierungsbedarf vermuten.

Hier können Fachtagungen wichtige Unterstützung leisten und Impulse geben. Beispielhaft soll auf die Fachtagungen des Effizienten Staates 2014 bis 2016 verwiesen werden: „Fachtagung 4.0: Industrie und Verwaltung" in 2014 (17. Effizienter Staat 2014), „Deutschland 4.0" in 2015 (18. Effizienter Staat 2015) sowie das Fachforum „Staat 4.0 – Kommune 4.0 – Standort 4.0" in 2016 (19. Effizienter Staat 2016 mit dem Leittitel MENTALE Transformation, in Anlehnung an die digitale Transformation).

Die 4.0-Thematiken stehen immer noch am Anfang einer weitreichenden Diskussion. Ziel des Beitrages ist es, den wissenschaftlichen wie praxisorientierten Diskurs über die allgemeine Bedeutung der Verwaltung und der wirtschaftsrelevanten Fachverwaltung im Kontext der Strategien und Zielsetzungen von 4.0 fortzuführen und weiter zu korrespondierenden Forschungs- und Praxisprojekten zu motivieren.

Literatur

Behörden Spiegel (2013) Verwaltung 4.0 Strategische Kunden-, Produkt- und Prozessorientierung. In: Behörden Spiegel (Hrsg) newsletter E-Government, Informationstechnologie und Politik, Nr. 596 März 2013, S. 8. Interview des Behörden Spiegels mit Wilfried Kruse und Prof. Dr. Frank Hogrebe. http://www.behoerden-spiegel.de/icc/Internet/nav/f68/f6810068-1671-1111-be59-264f59a5fb4 2&page=1&pagesize=10&uCon=807703c3-1992-9d31-6f60-c9157b988f2e&uTem=aaaaaaaa-aaaa-aaaa-bbbb-000000000011.htm. Zugegriffen am 28.02.2017

BITKOM (2015) Der Weg zur Industrie 4.0. http://www.plattform-i40.de/hintergrund/rueckblick. Zugegriffen am 28.02.2017

BITKOM et al (2015) Herausgeberkreis BITKOM e.V. Bundesverband Informationswirtschaft, Telekommunikation und neue Medien e.V., VDMA e.V. Verband Deutscher Maschinen- und Anlagenbau e.V., ZVEI e.V. Zentralverband Elektrotechnik- und Elektronikindustrie e.V. Umsetzungsstrategie Industrie 4.0 Ergebnisbericht der Plattform Industrie 4.0. http://www.plattform-i40.de/sites/default/files/150410_Umsetzungsstrategie_0.pdf. Zugegriffen am 28.02.2017

BMWi, DIHK, verdi (Hrsg) (2015) Gemeinsame Erklärung. Dienstleistungen 4.0 – mit Digitalisierung Dienstleistungen zukunftsfähig machen. Berlin. http://www.bmwi.de/BMWi/Redaktion/PDF/C-D/dienstleistungen-4-0-gemeinsame-erklaerung,property=pdf,bereich=bmwi2012,sprache=de, rwb=true.pdf. Zugegriffen am 28.02.2017

DIHK (2014) Wirtschaft 4.0: Große Chancen, viel zu tun. Das IHK-Unternehmensbarometer zur Digitalisierung. http://www.dihk.de/ressourcen/downloads/ihk-unternehmensbarometer-digitalisierung.pdf. Zugegriffen am 28.02.2017

Hogrebe F, Kruse W (2014a) Verwaltung 4.0 – Erste empirische Befunde. In: Lück-Schneider D, Gordon T, Kaiser S, Von Lucke J, Schweighofer E, Wimmer MA, Löhe MG (Hrsg) Gemeinsam Electronic Government ziel(gruppen)gerecht gestalten und organisieren, Lecture notes in informatics. Gesellschaft für Informatik, Bonn

Hogrebe F, Kruse W (2014b) Deutschland 4.0 – Industrie • Verwaltung • Standort • Wohlstand. Grundwerk zur „Verwaltung 4.0" als Partner von „Industrie 4.0" im Zeitalter des Internets der Dinge und der Dienste. Verlag für Verwaltungswissenschaft, Frankfurt

Kagermann et al (2013) Herausgeber Promotorengruppe Kommunikation der Forschungsunion Wirtschaft – Wissenschaft: Prof. Dr. Henning Kagermann, acatech Deutsche Akademie der Technikwissenschaften e.V. (Sprecher der Promotorenguppe), Prof. Dr. Wolfgang Wahlster, Deutsches Forschungszentrum für Künstliche Intelligenz GmbH, Dr. Johannes Helbig, Deutsche Post AG Umsetzungsempfehlungen für das Zukunftsprojekt Industrie 4.0, Deutschlands Zukunft als Produktionsstandort sichern, Abschlussbericht des Arbeitskreises Industrie 4.0, April 2013. http://www.plattform-i40.de/sites/default/files/Abschlussbericht_Industrie4%200_barrierefrei.pdf. Zugegriffen am 28.02.2017

KGSt (1990) Gutachten „Organisation Wirtschaftsförderung". G8, 8/1990. Kommunale Gemeinschaftsstelle für Verwaltungsmanagement (KGSt), Köln, S 14

Kruse W, Hogrebe F (2013) Kommunale Wirtschaftsförderung. Handbuch und Leitfaden für die Verwaltungspraxis von Heute nach Übermorgen. Verlag für Verwaltungswissenschaft, Frankfurt

Kruse W, Hogrebe F (2015a) Wirtschaftsförderung 4.0: Auswirkungen des digitalen Wandels auf die Arbeit der Kommunalen Wirtschaftsförderung. Expertenworkshop mit Vertretern der staatlichen und kommunalen Wirtschaftsförderung am 03.02.2015, NRW.INVEST, Düsseldorf

Kruse W, Hogrebe F (2015b) Verwaltung als Wegbereiter für Wettbewerbsfähigkeit. Industrie 4.0 und Verwaltung 4.0 als neue Treiber ?! Expertenworkshop mit Unternehmen und Vertretern der Industrie- und Handelskammern NRW am 02.09.2015, Industrie- und Handelskammer zu Köln, Köln

Kruse W, Hogrebe F (2016) Deutschland als Standort 4.0. Konzepte und Lösungen zur 4.0-Evolution. IVM2 Wissenschaftsverlag, Wiesbaden

Nahles A (2015) Die Chancen der Digitalisierung nutzen. Bundesministerin Andrea Nahles startet Fortschrittsdialog „Arbeiten 4.0". http://www.bmas.de/DE/Service/Presse/Pressemitteilungen/start-arbeiten-vier-null.html;jsessionid=E042DADAC9AD9E461A85B0E115B76D49. Zugegriffen am 28.02.2017

Orlitsch G, Pfeifer M (1994) Wirtschaftsförderung durch die Kommunen. Aufgaben und Zusammenwirken mit staatlichen Stellen. In: Iglhaut J (Hrsg) Wirtschaftsstandort Deutschland mit Zukunft. Erfordernisse einer aktiven und zielorientierten Wirtschaftsförderung. Gabler Verlag, Wiesbaden, S 112–121

Schubert R (1998) Kommunale Wirtschaftsförderung. Die kommunale Verantwortung für das wirtschaftliche Wohl – eine theoretische Untersuchung mit Bezügen zur Praxis. Medien-Verlag Köhle, Tübingen

Spath D, Ganschar O, Gerlach, S, Hämmerle M, Krause T, Schlund S (Hrsg) (2013) Studie Produktionsarbeit der Zukunft – Industrie 4.0. Fraunhofer Verlag. http://www.produktionsarbeit.de/content/dam/produktionsarbeit/de/documents/Fraunhofer-IAO-Studie_Produktionsarbeit_der_Zukunft-Industrie_4_0.pdf. Zugegriffen am 28.02.2017

Von Lucke J (2015) Werkstattbericht zu Verwaltung 4.0. Research Day, Friedrichshafen, 04.02.2015. https://www.zu-daily.de/daily-wAssets/pdf/2015/JvL-150309-PRAe-SmartCity-Intro-Verwaltung4.0-V2-1.pdf. Zugegriffen am 28.02.2017

Von Lucke J, Reinermann H (2000) Speyerer Definition von Electronic Government. Ergebnisse des Forschungsprojektes Regieren und Verwalten im Informationszeitalter. http://foev.dhv-speyer.de/ruvii/Sp-EGov.pdf. Zugegriffen am 28.02.2017

Wied A (2012) Grundwissen Kommunalpolitik. Wirtschaftsförderung. In: Trömmer M (Hrsg) Friedrich-Ebert-Stiftung. http://library.fes.de/pdf-files/akademie/kommunal/08975/kapitel_13.pdf. Zugegriffen am 28.02.2017

Die Industrie 4.0 aus Sicht der Ethik

11

Oliver Bendel

Zusammenfassung

Der vorliegende Beitrag arbeitet die wesentlichen Merkmale der Industrie 4.0 heraus und setzt sie ins Verhältnis zur Ethik. Es interessieren vor allem Bereichsethiken wie Informations-, Technik- und Wirtschaftsethik. Am Rande wird auf die Maschinenethik eingegangen, im Zusammenhang mit der sozialen Robotik. Es zeigt sich, dass die Industrie 4.0 neben ihren Chancen, die u. a. ökonomische und technische Aspekte betreffen, auch Risiken beinhaltet, denen rechtzeitig in Wort und Tat begegnet werden muss.

Schlüsselwörter

Industrie 4.0 • Cyber-physische Systeme • Industrieroboter • Automatisierung • Produktion • Ethik • Informationsethik

11.1 Merkmale der Industrie 4.0

„Industrie 4.0", Modewort und Marketingbegriff zugleich, verweist auf die vierte industrielle Revolution. Es sind technische und wirtschaftliche Vorstellungen sowie begründete und unbegründete Hoffnungen damit verbunden. Man mag an „Web 2.0" und „Web 3.0" und an die damit angesprochenen Entwicklungen denken, die mit der Industrie 4.0 durchaus zu tun haben (vgl. Bendel 2015). Für die Wirtschaftsinformatik ist die Industrie 4.0 ein wichtiges Forschungs- und Anwendungsfeld geworden (vgl. Herda und Ruf 2014).

Überarbeiteter Beitrag basierend auf Bendel (2015) Die Industrie 4.0 aus ethischer Sicht, HMD – Praxis der Wirtschaftsinformatik Heft 305, 52(5):739–748.

O. Bendel (✉)
Hochschule für Wirtschaft FHNW, Windisch, Schweiz
E-Mail: oliver.bendel@fhnw.ch

© Springer Fachmedien Wiesbaden GmbH 2017
S. Reinheimer (Hrsg.), *Industrie 4.0*, Edition HMD,
DOI 10.1007/978-3-658-18165-9_11

Charakteristisch für die Industrie 4.0 sind Automatisierung, Autonomisierung, Flexibilisierung und Individualisierung in der Digitalisierung, wobei eine möglichst vollständige Vernetzung sowie die Erhöhung von Effektivität und Effizienz angestrebt werden (vgl. Bendel 2014a). Kern ist die Smart Factory, die intelligente Fabrik. Diese wird mit Hilfe von Datenbanken und -analysewerkzeugen, cyber-physischen Systemen (die aus physischen Komponenten bestehen, virtuelle Inputs erhalten und physische Produkte hervorbringen) und innovativen Industrierobotern (etwa mobilen Robotern und Kooperations- bzw. Kollaborationsrobotern) betrieben und ist mit ihrer Umwelt verbunden (vgl. Bauernhansl et al. 2014; Janiesch 2013). Im Folgenden wird auf die genannten Begrifflichkeiten eingegangen (vgl. Bendel 2015):

- Automatisierung ist ein altes Thema und ein weites Feld. Schon in der Antike wurden Apparaturen erfunden, die sich selbstständig in Bewegung setzten. Die Schweiz ist Automatenland, was u. a. Pierre Jaquet-Droz zu verdanken ist, der im 18. Jahrhundert die berühmten „Androiden" konstruiert hat, Musikerin, Zeichner und Schreiber. Deutschland ist ein Geburtsland des Rechners, dank Pionieren wie Konrad Zuse. Im Kontext der Industrie 4.0 geht es um eine automatisierte Produktion, die elektronisch gesteuert ist, um automatisierte Produktionsanlagen und um automatisierte Datenübertragungen, die wiederum die Produktion beeinflussen.
- Autonomie ist Selbstständigkeit von Maschinen und Menschen. In der Industrie 4.0 löst die eine immer mehr die andere ab. Im Zuge dieser Entwicklung, die in der Autonomisierung der Maschinen endet, rückt der Mensch ins zweite Glied. Er kontrolliert und wartet sie, die selbst zu entscheiden und zu handeln beginnen. Mehr und mehr autonom sind cyber-physische Systeme und Industrieroboter. Letztere verlassen ihre angestammten Plätze und rücken den Arbeitern, sofern noch welche zugegen sind, auf den Leib. Serviceroboter, Flugdrohnen, Kraftfahrzeuge und Anlagen werden gleichfalls immer eigenständiger und transferieren permanent Daten an die intelligente Fabrik.
- Flexibilisierung ist gegeben, wenn just in time auf Anforderungen reagiert werden kann. Die Produktion der intelligenten Fabrik wird von der einen zur anderen Minute beschleunigt, verlangsamt, gestoppt, neu ausgerichtet oder angeordnet. Es werden andere Gegenstände in Serie hergestellt oder spezielle innerhalb der Serie, etwa mit Hilfe von 3D-Druckern. Eingebunden in die Wertschöpfungsprozesse sind Logistik- und Zulieferbetriebe und überhaupt Partnerfirmen, verwendet werden Daten aus sozialen Netzwerken, aus Informationssystemen und Datenbanken, von Verkaufsstellen, Messpunkten und aus dem Internet der Dinge (vgl. Sendler 2013, S. 10).
- Individualisierung hängt in mancherlei Aspekten mit Flexibilisierung zusammen. Die Anforderungen sind z. B. Kundenwünsche, die sich auf Form, Funktion und Inhalt beziehen. Man wird über soziale bzw. partizipative Medien involviert, sodass „Individualisierung" den Einzelnen und eine Gruppe betreffen kann, und über andere digitale und traditionelle Kanäle. Crowdsourcing-Plattformen spielen ebenfalls eine Rolle. Es resultieren hybride Produkte, die nicht nur materiell zum Nachfrager passen, sondern auch „virtuell", in Bezug auf Serviceleistungen aller Art. Bei Einzelanfertigungen können 3D-Drucker eingesetzt werden.

Die Vernetzung in der Industrie 4.0 umfasst demnach Dinge, Technologien und Menschen, konkret Betriebsleiter, Angestellte, Arbeiter, Kunden etc. in Wertschöpfungsprozessen. Die Smart Factory ist das Herzstück und durch die systematische Verknüpfung der internen Betriebsanlagen und Informationssysteme gekennzeichnet, funktioniert aber nicht ohne die ebenso systematische Anbindung an externe Komponenten, die nähere und weitere Umwelt. Eine klassische industrielle Produktion können sich Deutschland, Österreich und Schweiz immer weniger leisten. Outsourcing und Offshoring (mit Near- und Farshoring) sind eine Lösung. Eine andere ist der radikale Umbau der Industrie. Ziele müssen schneller und einfacher erreicht, Bedürfnisse besser befriedigt werden, bei gleichzeitiger Kostensenkung in ausgewählten Geschäftsprozessen.

Neben der Fabrikation gehören Mobilität, Gesundheit sowie Klima und Energie zu den wichtigsten Anwendungsfeldern der Industrie 4.0. Damit ist eine roboterbasierte Fahrzeugproduktion (die zur Smart Production zählt) genauso relevant wie die Weiterentwicklung von Fahrerassistenzsystemen und selbstständig fahrenden Autos, die – wie angedeutet – Daten sammeln und an Werkstätten und Hersteller schicken (vgl. Bendel 2015). Operations-, Pflege- und Therapieroboter ergänzen menschliche Fachkräfte. Sie sind außerordentlich präzise respektive ausdauernd und können rund um die Uhr benutzer- und vorgangsbezogene Daten auswerten. Das intelligente Stromnetz, das Smart Grid, revolutioniert das Energiemanagement und verbindet Energieversorger und -systeme. Ein wichtiges Element ist dabei der Smart Meter, der intelligente Stromzähler.

Insbesondere Konzerne und größere Maschinenbauunternehmen können die Investitionskosten stemmen, die Fabriken umwandeln, die Infrastruktur errichten und die Vermittlungs- und Endgeräte durchsetzen. Dabei ist die Bereitschaft des Konsumenten gefragt, der zum Produzenten wird, zum Prosumenten. Er muss aktiver als bisher sein, seine Wünsche besser artikulieren können und eine veränderte Umgebung, sei es bei der Arbeit, zu Hause oder auf der Straße, akzeptieren (vgl. Bendel 2015).

11.2 Die Bereichsethiken und die Maschinenethik

Die Ethik ist eine Disziplin der Philosophie und hat die Moral zum Gegenstand. Man nennt sie auch Moralphilosophie, in Abgrenzung zu Moraltheologie und -ökonomie. In der empirischen Ethik beschreibt man die Moral, in der normativen arbeitet man an einem Rahmen zu ihrer Begründung und Verortung. Der angewandten Ethik entspringen die Bereichsethiken, die sich auf abgrenzbare Anwendungsgebiete beziehen. Beispiele sind Umwelt-, Bio-, Militär-, Technik-, Medien-, Wissenschafts-, Wirtschafts-, Politik- und Rechtsethik. Institutionell verankert sind hauptsächlich Medien-, Wirtschafts- und Medizinethik. Sie gehen die Problemfelder mit ihrem spezifischen Wissen und ihren speziellen Begriffen an. Neben der Informationsethik werden in diesem Beitrag Technik-, Wirtschafts- und Umweltethik herausgegriffen. Zudem wird die Perspektive der Maschinenethik eingenommen (vgl. Bendel 2012a).

Die Informationsethik findet ihre Gegenstände u. a. im Internet (vgl. Kuhlen 2004). Sie befasst sich zudem mit Chancen und Risiken von Geräten wie Datenbrillen und Privatdrohnen und von Robotern. Nach Bendel (2012c)) untersucht sie die Moral (in) der Informationsgesellschaft, das Denken und Verhalten deren Mitglieder, die Informations- und Kommunikationstechnologien (IKT), Informationssysteme und digitale Medien anbieten und nutzen. Unter ihren Begriff fallen Computer-, Netz- und Neue-Medien-Ethik (vgl. Bendel 2012b). Gelehrt wird sie u. a. innerhalb von Informationswissenschaft und Wirtschaftsinformatik.

Die Technikethik bezieht sich auf moralische Fragen der Geräte- und Werkzeugproduktion und des Technik- und Technologieeinsatzes. Es kann um Gebäude, Fahrzeuge oder Waffen ebenso gehen wie um Nanotechnologie oder Kernenergie. Es bietet sich also ein breites Spektrum dar, inzwischen ein so breites, dass die klare Abgrenzung des Gegenstandsbereichs in Gefahr sein könnte. Zur Wirtschafts- und zur Wissenschaftsethik werden enge Beziehungen unterhalten. In der Informationsgesellschaft ist die Technikethik zudem eng mit der Informationsethik verbunden, die jene mehr und mehr ersetzt.

Die Wirtschaftsethik hat die Moral der Wirtschaft und in der Wirtschaft zum Gegenstand. Dabei ist der Mensch im Blick, der produziert, handelt und führt bzw. ausführt (Individualethik) sowie konsumiert (Konsumentenethik), und das Unternehmen, das Verantwortung gegenüber Mitarbeitern, Kunden und Umwelt trägt (Unternehmensethik als Institutionenethik) und das, nebenbei bemerkt, aus Sicht von Rechtswissenschaft und Rechtswesen eine juristische Person ist. Nicht zuletzt interessieren die moralischen Implikationen von Wirtschaftsprozessen und -systemen sowie von Globalisierung und Monopolisierung (Ordnungsethik). In der Informationsgesellschaft ist die Wirtschaftsethik eng mit der Informationsethik verzahnt.

Die Umweltethik rekurriert auf moralische Fragen beim Umgang mit der belebten (Pflanzen- und Tierethik) und unbelebten Umwelt des Menschen. Im engeren Sinne verstanden, beschäftigt sie sich mit dem Verhalten gegenüber natürlichen Dingen und dem Verbrauch natürlicher Ressourcen. Wenn sie nicht allein Menschen und Unternehmen als moralische Subjekte begreift, die auf die Umwelt einwirken, sondern auch Maschinen, muss sie sich mit der Maschinenethik verständigen. Die Umweltethik unterhält zur Wirtschaftsethik vielfältige Beziehungen. Im Normativen kann sie sich mit dem Umweltschutz treffen; anders als dieser macht sie aber keine Vorschriften und keine Aktionen.

Die Maschinenethik hat die Moral von Maschinen zum Gegenstand, vor allem von teilautonomen und autonomen Systemen wie Agenten, bestimmten Robotern bzw. Drohnen, Computern im automatisierten Handel und selbstständig fahrenden Autos (vgl. Anderson und Anderson 2011). Sie kann Informations- und Technikethik zugeordnet oder als Pendant zur Menschenethik betrachtet werden. Die Moralfähigkeit von Maschinen wird kontrovers diskutiert und die Moral von Menschen in diesem Zusammenhang sowohl über- als auch unterschätzt (vgl. Bendel 2012a).

11.3   Die Industrie 4.0 in der Moral

Ob die Industrie 4.0 bereits Realität ist oder wann sie es wird, ist überaus umstritten. Ihr Konzept birgt Chancen und Risiken. Vorteilhaft sind neben Effizienz- und Effektivitätsgewinn u. a. Anpassungs- und Wandlungsfähigkeit der Wirtschaft sowie Verbesserung der Arbeitsergonomie, etwa wenn Co-Robots beschwerliche Arbeiten übernehmen. Nachteilig ist, dass die komplexen Systeme und Strukturen anfällig sind. Die eigentlichen Probleme entstehen vielleicht dort, wo die Ökonomie ihrem ursprünglichen Anliegen, der Sicherung des Lebensunterhalts, nicht mehr entsprechen kann. Im Folgenden werden die Konzepte der Automatisierung, Autonomisierung, Flexibilisierung, Individualisierung sowie Vernetzung auf Bereichsethiken und Maschinenethik übertragen. Es werden jeweils diejenigen herausgegriffen, die in besonderer Weise von Belang sind.

11.3.1 Informationsethik

In der Industrie 4.0 wird Automatisierung mit Hilfe von Digitalisierung umgesetzt. Die Produktionsanlagen und die stationären und mobilen Roboter werden mit Computertechnologien gesteuert. Die Informationsethik fragt nach der Verlässlichkeit in dieser Hinsicht, nach der Sicherheit für den Menschen mit Blick auf die Programmierung. Auch die Haftung – etwa des Entwicklers, des für den Support zuständigen Informatikers oder des Betriebsleiters – ist von Interesse, nicht nur im rechtlichen Sinne, sondern auch im moralischen.

Die Autonomisierung ist ebenfalls mit Digitalisierung verbunden und mit selbstständigen maschinellen Entscheidungen, wobei diese verschiedene Ebenen betreffen. Die Informationsethik erforscht die Folgen der Entscheidungen für Menschen. Auch hier wird nach der Sicherheit gefragt, aber auf eine spezielle Weise, etwa inwieweit die Entscheidungen der Maschinen für den Mitarbeiter gut sind und ob er Gefahren und Belastungen ausgesetzt ist. Weiter geht es um teilautonome oder autonome Entscheidungen, die den Kunden und überhaupt das Mitglied der Informationsgesellschaft betreffen.

Die Individualisierung kann Verluste bei der informationellen Autonomie zeitigen. Persönliche Daten des Kunden, die in der Industrie 4.0 massenhaft anfallen, werden bei der Produktion und bei Marketing und Vertrieb verwendet und möglicherweise weitergegeben (Hauptfleisch 2015). Zudem können evtl. Supportmitarbeiter darauf zugreifen und die Daten missbrauchen. Ein zentraler Aspekt ist, dass der Kunde noch mehr als bisher in Abläufe integriert und er als Prosument aktiver als früher wird und die Daten, mit denen er das Produkt mitbestimmt und -gestaltet, viel über ihn und seine Vorlieben verraten. Zuweilen wird in solchen Zusammenhängen nach einer Ethik von Small und Big Data gefragt.

Vernetzt werden Produktionsanlagen, cyber-physische Systeme, stationäre und mobile Roboter und Bestandteile des Internets der Dinge, zudem Datenbanken und Informationssysteme aller Art. Ein wichtiger Aspekt für die Informationsethik ist das Hacken der Systeme. Durch Vernetzung entsteht tendenziell eine größere Anfälligkeit, insofern mehr Schwachstellen und Einfallstore vorhanden sind. Das Hacken kann zur Übernahme der Systeme führen sowie informationelle Autonomie und Datenschutz betreffen (vgl. Kagermann et al. 2013, S. 51).

11.3.2 Technikethik

Automatisierung bedeutet die Omnipräsenz der Technik. Diese dominiert die Fabrikhallen, reduziert die Interaktionen zwischen bzw. substituiert Menschen. Im Extremfall zieht sie Vereinsamung und Isolation nach sich. Sie beinhaltet auch die Erhöhung der Abhängigkeit von Technik. Diejenigen, die noch anwesend sind, sind in jedem Arbeitsschritt auf diese angewiesen. Wichtig ist die „Abwesenheit unvertretbarer Risiken und Gefahren für Menschen und Umgebung durch den Betrieb des Systems" (Kagermann et al. 2013, S. 51) und die Herstellung von „Safety" (Liggesmeyer und Trapp 2014).

Ein Problem bei der Individualisierung ist, dass Erfolge bei der Standardisierung technischer Elemente zerstört werden können. Haushalte bauen sich ihre eigenen Lösungen und setzen diese im Freundeskreis, in der Nachbarschaft oder in der Region durch, über das Internet sogar darüber hinaus. Zudem werden Automatisierung und Autonomisierung im Haushalt weitergeführt, bei damit entstehender Abhängigkeit und Anfälligkeit. Zugleich wird durch andere Merkmale der Industrie 4.0 Standardisierung gewünscht und gefördert.

Vernetzung ermöglicht, wie angesprochen, das Hacken von Komponenten und Systemen. Dadurch kann jemand sowohl in die Systeme eindringen und diese über informationstechnische Komponenten übernehmen als auch die Technik manipulieren und ruinieren und damit die Produkte verändern oder verunmöglichen, mit dem Ergebnis gefährdeter oder enttäuschter Verbraucher. Neben den erheblichen Risiken gibt es zahlreiche Chancen, etwa wenn Autos und Serviceroboter wie Überwachungs- und Transportroboter an Fabriken Fehler zurückmelden und diese dadurch beheben helfen.

11.3.3 Wirtschaftsethik

Automatisierung impliziert in der Industrie 4.0 die Ersetzung menschlicher Arbeitskraft (vgl. Hirsch-Kreinsen 2014, S. 18). Betroffen sind mehrheitlich Arbeiter im Niedriglohnbereich, deren Handgriffe und Fingerfertigkeiten von Maschinen nachgeahmt werden können, während Informatik- und Führungskräfte zumindest in den ersten Phasen der Revolution unentbehrlich bleiben. Automatisierung ist aber genauso inhärent, dass Maschinen und Menschen in Arbeitszellen kollaborieren und kooperieren, mit dem erwünschten Nebeneffekt körperlicher Entlastung und höherer Sicherheit. Generell ist zu berücksichtigen, dass auch Outsourcing und Offshoring massive Umwälzungen nach sich ziehen. Die Wirtschaftsethik interessiert sich nicht nur für die Veränderung der Arbeit zugunsten der Wertschöpfung, sondern z. B. auch für die Veränderung der Wertschöpfungstiefe.

Die Autonomisierung im Kontext der Wirtschaftsethik ist mit der Frage verbunden, ob ökonomische Konsequenzen positiver oder negativer Art vorhanden sind. Die Smart Factory kann selbst Urteile fällen, die ihre Existenz gefährden, ihre mittel- und langfristige Produktion, die Arbeitsplätze, die an ihr hängen. Zugleich kann sie sich durch schnell getroffene und umgesetzte Entscheidungen Standort- und Wettbewerbsvorteile verschaffen. Ferner ist relevant, ob Geschäftsleitung und Management und überhaupt moralische Akteure im Unternehmen an Autonomie verlieren.

Flexibilisierung wird erreicht durch selbst entscheidende und selbstlernende Maschinen, die mit anderen Systemen just in time Daten- und Informationsaustausch betreiben. Notwendig sind schnelle Anbindung und enge Vernetzung, aber auch Zugang zu und Aneignung von hochwertiger und aktueller Information, um Marktumfeld und -entwicklung beurteilen zu können. Der digitale Graben kann dadurch größer werden. Wer Investitionen dieser Größenordnung tätigen kann, bestimmt Produktionsarten und -standorte. Staatliche Förderungen haben bis dato vor allem Konzerne erhalten (vgl. Zühlke 2014). Flexibilisierung kann zudem Flexibilität von Mitarbeitenden notwendig machen, bis hin zu Spontaneinsätzen, Überstunden und Nachtarbeit.

Ein besonderer Gesichtspunkt ist das Algorithmic und High-frequency Trading (Rettberg 2010), mitsamt dem Ausbau von High-speed Networks, mit dem Ziel, Mikrosekunden einzusparen. Ein damit verbundener und bereits angesprochener Aspekt ist, wer an der Vernetzung partizipiert und wer nicht. Diese ermöglicht oder erleichtert, wie ausgeführt, das Eindringen in die technischen Systeme. Angreifer können die Produktion stoppen oder verändern und dadurch betriebliche Ausfälle und finanzielle Schäden, mit Folgen für Betrieb und Mitarbeiterschaft, verursachen.

11.3.4 Umweltethik

Der Automatisierung geht die Produktion von Automaten voraus. Für diese braucht es Kunststoffe und Metalle verschiedener Art, für die Elektronikkomponenten u. a. Kobalt, Gold, Platin und Coltan (Columbit-Tantalit bzw. Niobit-Tantalit). Bei der Gewinnung werden z. T. Umwelt und Gesundheit von Arbeitern und Einwohnern zerstört. Zudem müssen die zum Teil sehr schweren Anlagen über weite Strecken transportiert werden, in Einzelteilen oder gesamt, und installiert werden, was wiederum Energie und mithin Lebensraum verbraucht. Bei mobilen Robotern kommt hinzu, dass sie den Lebensraum mit Menschen in dynamischer Weise teilen und diese womöglich einschränken und gefährden.

Flexibilisierung und Individualisierung führen einerseits dazu, dass punkt- und personengenau Bedürfnisse erfüllt werden, andererseits dazu, dass Sonderwünsche ständig umgesetzt werden, dass kreative Anwandlungen in einen Ressourcenabbau und eine vielleicht nicht notwendige Produktionskette münden. Wenn der Kunde das Sagen hat, stehen seine Bedürfnisse im Vordergrund, nicht diejenigen einer nachhaltigen Umweltpolitik, und nicht immer kann man der Corporate Social Responsibility genügend Raum verschaffen. Ein mögliches Ergebnis ist, dass die Müllberge wachsen und noch mehr – teils giftiger – Schrott entsorgt werden muss.

Vernetzung beinhaltet das Aufbauen und Betreiben von Fest- und Funknetzen. Durch Telefon- und Freileitungsmasten sowie Mobilfunkantennen werden Landschaften zerstört und Strahlungen verursacht. Zudem weisen damit zusammenhängende Geräte elektromagnetische Felder auf, etwa Smartphones, über die man mit der Smart Factory bzw. den Mittlerdiensten kommuniziert. Kabel müssen im Boden oder durch Meere verlegt werden, wodurch Erdbewegungen notwendig sind sowie Strömungen und Strukturen beeinflusst werden. Das Internet der Dinge, das mit der Industrie 4.0 zusammenhängt, wird das dichteste Geflecht sein, das jemals die Erde überwuchert hat.

In diesem Zusammenhang kann die Tierethik involviert werden. Die zunehmende Automatisierung, Autonomisierung und Vernetzung geschieht lediglich zum Teil in der geschlossenen Fabrik. Es ist ja geradezu Merkmal der Smart Factory, dass sie über sich selbst hinauswächst. Daraus resultieren immer mehr Tier-Maschine-Beziehungen, etwa zwischen Wildtieren und Fahrerassistenzsystemen oder Windkraftanlagen und zwischen Nutztieren und automatisierten Ställen samt Melkmaschinen, die mit Produktionsanlagen verbunden sind, und es wird nicht nur Lebensraum von Menschen, sondern auch von Tieren eingenommen. Den damit verbundenen Fragen kann sich die Tierethik in Zusammenarbeit mit neueren und neuen Disziplinen wie der Tier-Computer-Interaktion und der Tier-Maschine-Interaktion widmen. Letztlich geht es um eine angemessene Einbeziehung und Berücksichtigung aller Lebewesen und eine verbesserte Gestaltung von Interfaces und Habitaten.

11.3.5 Maschinenethik

Autonomisierung beinhaltet maschinelle Entscheidungen, die moralische Konnotationen haben. Die Maschinenethik kann dazu beitragen, den Produktionsanlagen, den stationären und mobilen Robotern und einzelnen Geräten wie 3D-Druckern moralische Fähigkeiten beizubringen (vgl. Bendel 2014b). Autonome Systeme entscheiden sich zuweilen falsch, entweder weil sie unpassende Regeln befolgen oder Situationen und Vorgänge unkorrekt interpretieren bzw. fehlerhafte oder unvollständige Daten erhalten. Sie können Menschen verletzen und Unfälle verursachen (vgl. Kagermann et al. 2013, S. 51), was neben der Maschinenethik die soziale Robotik zu bekämpfen versucht. Dieser geht es vor allem um sozial verträgliche Maschinen, beispielsweise darum, dass diese adäquat reagieren und agieren, in den Arbeitszellen und auf ihrem Weg durch die Hallen.

11.4   Lösungsansätze und Handlungsempfehlungen

Im vorigen Kapitel wurde die eingangs erarbeitete Strukturierung der Industrie 4.0 auf ausgewählte Bereichsethiken und die Maschinenethik übertragen. Diese konnten mit ihren speziellen Kompetenzen auffällige Risiken herausarbeiten. Um Lösungsansätze und Handlungsempfehlungen skizzieren zu können, braucht es sie nicht mehr. Vielmehr erfolgt die Darstellung allgemein aus der angewandten Ethik heraus, wiederum anhand der genannten Strukturierung. Dabei wird auf das direkt tangierte Wohl des Menschen fokussiert:

- Im Kontext der Automatisierung ist die Sicherheit der Menschen zu gewährleisten, im Sinne der Haftungs- und der Lebenssicherheit. Strenge Sicherheitsrichtlinien und regelmäßige Überprüfungen können hierbei helfen, ebenso Erkenntnisse der sozialen Robotik. Bezüglich der Verantwortungs- und Haftungsfragen ist mit Philosophen und Juristen zusammenzuarbeiten. Arbeiter sind nach Möglichkeit für höherwertige Aufgaben (etwa das Monitoring oder die Konzeption der Automation) umzuschulen.
- Was die Autonomisierung angeht, müssen die Entscheidungen der Maschinen, sofern sie Auswirkungen auf Menschen und deren Arbeitsplätze haben, fortwährend in Frage gestellt und gegebenenfalls durch Änderungen des Regelsatzes oder der Fallsammlung angepasst werden. Das Management der Smart Factory muss sich in diesem Zusammenhang mit Erkenntnissen der Maschinenethik und der KI vertraut machen und Kooperationen mit Hochschulen und Forschungseinrichtungen eingehen.
- Mit Blick auf die Flexibilisierung ist eine gewisse Flexibilität der Mitarbeitenden vorauszusetzen; diese sind aber vor Missbrauch und Ausbeutung zu schützen. So müssen Ruhezeiten eingehalten werden, Nachtarbeit ist streng zu regeln, ebenso die Verfügbarkeit am Feierabend. Trends kann durchaus auch kritisch begegnet werden, und Verantwortliche müssen entscheiden, ob die Smart Factory bloße Erfüllungsgehilfin der Märkte sein soll. Auf Gewerkschaften kommen in diesem Zusammenhang neue Aufgaben zu.
- In Bezug auf die Individualisierung sind die persönlichen Daten von Kunden zu schützen, etwa durch Verschlüsselung und Anonymisierung. Die Bürger werden mit ihren Eigenlösungen soweit wie möglich unterstützt, indem neue Standards entwickelt werden; mindestens werden sie auf die Gefahren hingewiesen. Über Rückkanäle kann versucht werden, auf die Wünsche der Kunden Einfluss zu nehmen und sie für Konsumentenethik und Umweltschutz zu sensibilisieren. Ein gutes Produkt kann auch eines sein, das nur erdacht und nicht verwirklicht wird.
- Die Vernetzung von Menschen, Systemen und Dingen ist ständig zu überprüfen und teilweise wieder aufzulösen, etwa wenn Hacker an persönliche Daten gelangen, das eigene Auto übernehmen oder man sich durch zu viele Funkmasten und Accesspoints gestört und beeinträchtigt fühlt. Es muss regelmäßig nach den Wünschen und Bedürfnissen der Mitarbeitenden und Kunden gefragt werden, z. B. mit Hilfe von Umfragen, und es sollte eine möglichst große Informationstransparenz vorhanden sein, sodass man als Betroffener nötigenfalls reagieren kann.

Es braucht demnach eine Reihe von Maßnahmen und Wegleitungen. Diese können durch Moralkodizes und die Arbeit von Ethikkommissionen sowie weitere Instrumente der angewandten Ethik und des Ethikmanagements ergänzt werden. Es wurde deutlich, dass die Lösungsansätze und Handlungsempfehlungen eine informationelle, rechtliche, technische und wirtschaftliche Absicherung beinhalten. Dabei sind nicht zuletzt Informatik und Wirtschaftsinformatik gefordert.

11.5 Ein gutes, glückliches Leben

Als Buzzword entzieht sich „Industrie 4.0" ein Stück weit einer wissenschaftlichen Präzisierung (vgl. Bendel 2014a). Die Frage ist, was man zur Industrie zählt, was man als Industrialisierung bezeichnet und ob diese ein wertendes Konzept bedeutet. Vorteilhaft sind u. a. Anpassungs- und Wandlungsfähigkeit, Ressourceneffizienz, Verbesserung von Ergonomie und Erhöhung von (bestimmten Formen der) Sicherheit. Nachteilig ist, dass die komplexen Strukturen der Industrie 4.0 hochgradig anfällig sind und Mensch und Umwelt in ihrer Existenz gefährdet werden können.

Die Bereichsethiken sind gefragt, um nicht nur Risiken aufzudecken, sondern auch Vorschläge zu unterbreiten für ein gutes, glückliches sowie gesundes Leben. Dabei besteht ein solches für die Mehrheit kaum in der Technologiefreiheit, obwohl diese für bestimmte Bereiche durchaus zu diskutieren ist (vgl. Bendel 2012d). Vielmehr geht es darum, einerseits Innovations- und Wettbewerbsfähigkeit sowie Sicherheit an der Werkbank zu gewährleisten, andererseits den Menschen Beschäftigungs- und Entfaltungsmöglichkeiten zu bieten und sie nicht von Maschinen an den Rand drängen zu lassen. Die Maschinenethik hilft dabei, Geräte und Roboter im doppelten Sinne besser zu machen. Die angewandte Ethik hat mit der Industrie 4.0 ein neues, großes Untersuchungsgebiet gefunden.

Literatur

Anderson M, Anderson SL (Hrsg) (2011) Machine ethics. Cambridge University Press, Cambridge
Bauernhansl T, ten Hompel M, Vogel-Heuser B (2014) Industrie 4.0 in Produktion, Automatisierung und Logistik. Springer Vieweg, Wiesbaden
Bendel O (2012a) Maschinenethik. Gabler Wirtschaftslexikon. Gabler/Springer, Wiesbaden. http://wirtschaftslexikon.gabler.de/Definition/maschinenethik.html. Zugegriffen am 23.06.2015
Bendel O (2012b) Informationsethik. Gabler Wirtschaftslexikon. Gabler/Springer, Wiesbaden. http://wirtschaftslexikon.gabler.de/Definition/informationsethik.html. Zugegriffen am 23.06.2015
Bendel O (2012c) Die Medizin in der Moral der Informationsgesellschaft. IT Health 3(2):17–18
Bendel O (2012d) Die Rache der Nerds. UVK, Konstanz
Bendel O (2014a) Industrie 4.0. Gabler Wirtschaftslexikon. Gabler/Springer, Wiesbaden. http://wirtschaftslexikon.gabler.de/Definition/industrie-4-0.html. Zugegriffen am 23.06.2015
Bendel O (2014b) Maschinenethik in der Industrie 4.0: Plädoyer für einfache moralische Maschinen. In: Wissenschaftsjahr 2014 – Die Digitale Gesellschaft, 12.06.2014. http://www.digital-ist.de/experten-blog/maschinenethik-in-der-industrie-40.html. Zugegriffen am 23.06.2015
Bendel O (2015) Chancen und Risiken 4.0. Unternehmerzeitung 2(21):35
Hauptfleisch K (2015) Über Machine-to-Machine und Internet der Dinge zur Industrie 4.0. Computerwoche, 10.03.2015. http://www.computerwoche.de/a/ueber-machine-to-machine-und-internet-der-dinge-zur-industrie-4-0,3068010. Zugegriffen am 23.06.2015
Herda N, Ruf S (2014) Industrie 4.0 aus der Perspektive der Wirtschaftsinformatik. Wirtschaftsinf Manage 5:7–19

Hirsch-Kreinsen H (2014) Wandel von Produktionsarbeit – „Industrie 4.0". Soziologisches
   Arbeitspapier   Nr. 38/2014.   http://www.wiso.tu-dortmund.de/wiso/is/de/forschung/soz_
   arbeitspapiere/Arbeitspapier_Industrie_4_0.pdf. Zugegriffen am 23.06.2015
Janiesch C (2013) Cyber-physische Systeme. In: Kurbel K, Becker J, Gronau N et al (Hrsg)
   (2014) Enzyklopädie der Wirtschaftsinformatik, 8. Aufl. Oldenbourg, München. http://www.
   enzyklopaedie-der-wirtschaftsinformatik.de. Zugegriffen am 23.06.2015
Kagermann H, Wahlster W, Helbig J (Hrsg) Umsetzungsempfehlungen für das Zukunftsprojekt Industrie 4.0, Deutschlands Zukunft als Produktionsstandort sichern: Abschlussbericht
   des Arbeitskreises Industrie 4.0, April 2013. http://www.plattform-i40.de/sites/default/files/
   Abschlussbericht_Industrie4%200_barrierefrei.pdf. Zugegriffen am 28.02.2017.
Kuhlen R (2004) Informationsethik: Umgang mit Wissen und Informationen in elektronischen
   Räumen. UVK, Konstanz
Liggesmeyer P, Trapp M (2014) Safety: Herausforderungen und Lösungsansätze. In: Bauernhansl T,
   ten Hompel M, Vogel-Heuser B (Hrsg) Industrie 4.0 in Produktion, Automatisierung und Logis-
   tik. Springer Vieweg, Wiesbaden, S 433–449
Rettberg U (2010) An der Börse geht es um Nanosekunden. Handelsblatt, 10.05.2010. http://www.
   handelsblatt.com/finanzen/maerkte/boerse-inside/handelssysteme-an-der-boerse-geht-es-um-
   nanosekunden/3432762.html. Zugegriffen am 23.06.2015
Sendler U (2013) Industrie 4.0 – Beherrschung der industriellen Komplexität mit SysLM (Systems
   Lifecycle Management). Springer Vieweg, Wiesbaden, S 1–19
Zühlke K (2014) Industrie 4.0-Förderung fast nur für die Großen. elektroniknet.de, 06.08.2014.
   http://www.elektroniknet.de/elektronikfertigung/strategien-trends/artikel/111743/. Zugegriffen
   am 23.06.2015

Zwischenruf: Hochschule 4.0 – ein Paradigmenwechsel?[1]

Peter Mertens

4.0 – eine Zahl macht Karriere. In meiner Materialsammlung zu Industrie 4.0 finde ich unter vielen anderen die folgenden „In-Wörter": Allianz 4.0, Angst 4.0, Arbeit 4.0, Bayern 4.0, Erfindergeist 4.0, Essen & Trinken 4.0, Fashion Retail 4.0, Fiskus 4.0, Human-Machine-Interaction 4.0, Kompetenzstreit 4.0, Kriminalität 4.0, Messe 4.0, Mitgefühl 4.0, Schiene 4.0, Traum 4.0, Tristesse 4.0, Urlaub 4.0, Wirtschaftsinformatik 4.0 und Universität 4.0.

Die letztgenannte Position wollen wir in einer Publikation, zu deren Herausgeber und Leserschaft auch Hochschullehrer gehören, einen Moment aufgreifen:

Die Inhalte einer Studienrichtung kommen mehr oder weniger zufällig zustande. Das Spektrum reicht vom Hobby des Dozenten/der Dozentin bis zu einem in intensiven Verhandlungen vielseitig besetzter Fachgremien entstandenen Curriculum.

Gemeinsam ist fast allen Erscheinungsformen, dass Wissen auf Vorrat geliefert wird. Welcher Prozentsatz davon wird von dem/der Lernenden im Beruf gebraucht und ist bis dahin nicht vergessen? Man könnte sarkastisch von einem Produktionsprozess mit hoher Ausschussrate bzw. geringer Ausbeute sprechen.

In vielen Zweigen des Wirtschaftslebens hat es sich anders entwickelt. In der Industrie treten sog. Just-in-time-Lieferungen und KANBAN an die Stelle von umfangreichen, viel Kapital bindenden Lagern einschließlich Sicherheitsbeständen. Im Marketing ist seit Langem die Minimierung von Streuverlusten bei der Kundenansprache ein wesentliches Ziel. Immer mehr wird dies durch IT-gestützte Empfehlungssysteme erreicht.

Was können Hochschuldozenten und -dozentinnen daraus lernen? Wie wäre es mit Echtzeitinstruktion?

---

[1] Überarbeiteter Beitrag basierend auf Mertens (2015) Zwischenruf: Hochschule 4.0 – ein Paradigmenwechsel?, HMD – Praxis der Wirtschaftsinformatik Heft 305, 52(5):645–646.

© Springer Fachmedien Wiesbaden GmbH 2017
S. Reinheimer (Hrsg.), *Industrie 4.0*, Edition HMD,
DOI 10.1007/978-3-658-18165-9

Beispiel 1

Die Vision, dass man jedes Produkt auf die individuellen Eigenschaften und Prä-
ferenzen des Kunden zuschneidet, dass also jedes Erzeugnis ein Unikat ist („Losgröße 1"), wird Realität. Dann stehen die Entwickler, die Vertriebsmitarbeiter,
die Leute am Montageband und die Betreuer im Kundendienst laufend vor neuen
Detailproblemen. Sie können darauf nicht in langwierigen Kursen auf Verdacht
vorbereitet werden.

Beispiel 2

Ein Spezialist des internationalen Steuerrechts in einer Konzernzentrale plagt
sich mit der Interpretation eines Doppelbesteuerungsabkommens mit einem Ent-
wicklungsland herum. Die weit mehr als 100 solchen Abkommen mit all ihren
Facetten und Varianten kann der Mitarbeiter nicht „drauf haben".

In beiden Fällen könnte ein „mitdenkendes" bzw. „antizipierendes" System der
Künstlichen Intelligenz die benötigten „Wissensbrocken" in dem Moment liefern,
in dem sie gebraucht werden, dazu noch personalisiert, d. h. auf die Kompetenz des
Angestellten zugeschnitten. Sebastian Thrun verwendet für diese Wissenspartikel
die Silbe „nano". Alle „Nanos", d. h. alle Prozesse der Wissensaufnahme und -ver-
wertung, werden in ein zentralisiertes elektronisches Buch eingetragen, dem Nach-
folger des guten alten Studienbuchs. Die Qualifikation des Einzelnen kann aus dem
Buchinhalt in etwa abgeschätzt werden.

Was bliebe für die Hochschule? Pädagogen kennen den Begriff „Erschließungs-
wissen" und meinen jene Kenntnisse, die unabdingbar sind, um die automatisch
gelieferten „Wissensmoleküle" aufnehmen und umsetzen zu können. Hier ent-
stünde die „Marktlücke" für Hochschulen, nach den zu erwartenden Erst-Investiti-
onen und nach den Anlaufschwierigkeiten zu füllen mit einem Bruchteil des
heutigen Aufwandes.

Seneca: Non scholae, sed vitae discimus

Stichwortverzeichnis

© Springer Fachmedien Wiesbaden GmbH 2017
S. Reinheimer (Hrsg.), *Industrie 4.0*, Edition HMD,
DOI 10.1007/978-3-658-18165-9

}essentials{

HMD Best Paper Award – *essentials* mit ausgezeichnetem Inhalt

Mit dem »HMD Best Paper Award« werden alljährlich die drei besten Beiträge eines Jahrgangs der Zeitschrift »HMD – Praxis der Wirtschaftsinformatik« gewürdigt. Die prämierten Beiträge sind nun als *essentials* verfügbar!

HMD Best Paper Award 2016

Ch. Brandes, M. Heller
Qualitätsmanagement in agilen IT-Projekten – quo vadis?
erscheint 2017

H. Schröder, A. Müller
IT-Organisation in der digitalen Transformation
erscheint 2017

M. Böck, F. Köbler, E. Anderl, L. Le
Social Media-Analyse – Mehr als nur eine Wordcloud?
erscheint 2017

HMD Best Paper Award 2015

M. M. Herterich, F. Uebernickel, W. Brenner
Industrielle Dienstleistungen 4.0
ISBN print 978-3-658-13910-0; ISBN eBook 978-3-658-13911-7

P. Lotz
E-Commerce und Datenschutzrecht im Konflikt
ISBN print 978-3-658-14160-8; ISBN eBook 978-3-658-14161-5

S. Schacht, A. Reindl, S. Morana, A. Mädche
Projektwissen spielend einfach managen mit der ProjectWorld
ISBN print 978-3-658-14853-9; ISBN eBook 978-3-658-14854-6

Springer Vieweg

Änderungen vorbehalten. Stand Februar 2017. Erhältlich im Buchhandel oder beim Verlag.
Abraham-Lincoln-Str. 46 . 65189 Wiesbaden . www.springer.com/essentials

}essentials{

HMD Best Paper Award – *essentials* mit ausgezeichnetem Inhalt

Mit dem »HMD Best Paper Award« werden alljährlich die drei besten Beiträge eines Jahrgangs der Zeitschrift »HMD – Praxis der Wirtschaftsinformatik« gewürdigt. Die prämierten Beiträge sind nun als *essentials* verfügbar!

HMD Best Paper Award 2014

T. Walter
Bring your own Device
ISBN print 978-3-658-11590-6; ISBN eBook 978-3-658-11591-3

S. Wachter, T. Zaelke
Systemkonsolidierung und Datenmigration
ISBN print 978-3-658-11405-3; ISBN eBook 978-3-658-11406-0

A. Györy, G. Seeser, A. Cleven, F. Uebernickel, W. Brenner
Projektübergreifendes Applikationsmanagement
ISBN print 978-3-658-12328-4; ISBN eBook 978-3-658-12329-1

HMD Best Paper Award 2013

A. Wiedenhofer
Flexibilitätspotenziale heben
ISBN print 978-3-658-06710-6; ISBN eBook 978-3-658-06711-3

N. Pelz, A. Helferich, G. Herzwurm
Wertschöpfungsnetzwerke dt. Cloud-Anbieter
ISBN print 978-3-658-07010-6; ISBN eBook 978-3-658-07011-3

G. Disterer, C. Kleiner
Mobile Endgeräte im Unternehmen
ISBN print 978-3-658-07023-6; ISBN eBook 978-3-658-07024-3

Springer Vieweg

Änderungen vorbehalten. Stand Februar 2017. Erhältlich im Buchhandel oder beim Verlag.
Abraham-Lincoln-Str. 46 . 65189 Wiesbaden . www.springer.com/essentials

Springer Vieweg

springer-vieweg.de

Edition HMD
Neue Titel der Reihe

Business-IT-Alignment

S. Reinheimer,
S. Robra-Bissantz (Hrsg.)
Business-IT-Alignment
Gemeinsam zum
Unternehmenserfolg
2017. XVI, 282 S. 70 Abb.
35 Abb. in Farbe. Geb.
€ (D) 59,99 | € (A) 61,67 | *sFr 62,00
ISBN 978-3-658-13759-5
€ 46,99 | *sFr 49,50
ISBN 978-3-658-13760-1 (eBook)

Smart City

A. Meier, E. Portmann (Hrsg.)
Smart City
Strategie, Governance und
Projekte
2016. XXXII, 346 S. 75 Abb.
66 Abb. in Farbe. Geb.
€ (D) 69,99 | € (A) 71,95 | *sFr 72,00
ISBN 978-3-658-15616-9
€ 54,99 | *sFr 57,50
ISBN 978-3-658-15617-6 (eBook)

- Umfassende Zusammenstellung zum Thema
  Business-IT-Alignment
- Beleuchtet das Thema aus den verschiedensten
  Blickwinkeln
- Betrachtet Probleme und zeigt lösungsorient
  Wege auf

- Bietet einen umfassenden Überblick zum Thema
  Smart City
- Hilft Einsatzgebiete im öffentlichen Lebensraum
  zu erkennen
- Unterstützt Entscheider und Planer
  Lösungsansätze zu bewerten

Big Data

D. Fasel, A. Meier (Hrsg.)
Big Data
Grundlagen, Systeme und
Nutzungspotenziale
2016. XVIII, 380 S. 123 Abb. Geb.
€ (D) 59,99 | € (A) 61,68 | *sFr 63,50
ISBN 978-3-658-11588-3
€ 46,99 | *sFr 50,50
ISBN 978-3-658-11589-0 (eBook)

Mobile Computing

M. Knoll, S. Meinhard (Hrsg.)
Mobile Computing
Grundlagen – Prozesse und
Plattformen – Branchen und
Anwendungsszenarien
2016. XVI, 190 S. 61 Abb. Geb.
€ (D) 59,99 | € (A) 61,67 | *sFr 62,00
ISBN 978-3-658-12028-3
€ 46,99 | *sFr 49,50
ISBN 978-3-658-12029-0 (eBook)

- Nutzungsoptionen von NoSQL-Datenbanken
  besser einschätzen
- Handlungsempfehlungen für die Nutzung von
  Big-Data-Technologien im Unternehmen
- Antworten auf Marktpotenzial, Governance,
  Fähigkeitsprofil oder rechtliche Aspekte

- Umfassende Einführung in die Themen Mobile
  Computing und Mobile Enterprise
- Chancen und Risiken mobiler
  EndgeräteAuswirkungen beim Einsatz von
  Mobilgeräten

) sind gebundene Ladenpreise in Deutschland und enthalten 7 % für Printprodukte bzw. 19 % MwSt. für elektronische Produkte. € (A) sind gebundene Ladenpreise in
erreich und enthalten 10 % für Printprodukte bzw. 20% MwSt. für elektronische Produkte. Die mit * gekennzeichneten Preise sind unverbindliche Preisempfehlungen
enthalten die landesübliche MwSt. Preisänderungen und Irrtümer vorbehalten.

tzt bestellen auf springer.com/Angebot1 oder in Ihrer Buchhandlung   Part of **SPRINGER NATURE**

Ihr Bonus als Käufer dieses Buches

Als Käufer dieses Buches können Sie kostenlos das eBook zum Buch nutzen.
Sie können es dauerhaft in Ihrem persönlichen, digitalen Bücherregal
auf **springer.com** speichern oder auf Ihren PC/Tablet/eReader downloaden.

Gehen Sie bitte wie folgt vor:

1. Gehen Sie zu **springer.com/shop** und suchen Sie das vorliegende Buch
   (am schnellsten über die Eingabe der eISBN).
2. Legen Sie es in den Warenkorb und klicken Sie dann auf:
   zum Einkaufswagen/zur Kasse.
3. Geben Sie den untenstehenden Coupon ein. In der Bestellübersicht wird
   damit das eBook mit 0 Euro ausgewiesen, ist also kostenlos für Sie.
4. Gehen Sie weiter **zur Kasse** und schließen den Vorgang ab.
5. Sie können das eBook nun downloaden und auf einem Gerät Ihrer Wahl lesen.
   Das eBook bleibt dauerhaft in Ihrem digitalen Bücherregal gespeichert.

EBOOK INSIDE

eISBN	978-3-658-18165-9
Ihr persönlicher Coupon	XrTx7fk7FkX5sAk

Sollte der Coupon fehlen oder nicht funktionieren, senden Sie uns bitte
eine E-Mail mit dem Betreff: **eBook inside** an **customerservice@springer.com**.